< CDA数字化人才系列丛书 >

从零开始学算法

（基于Python）

李峰 编著

电子工业出版社
Publishing House of Electronics Industry
北京·BEIJING

内 容 简 介

本书的目的是帮助初学者掌握编程中的基础算法,并通过 Python 语言进行实战演练,通过即学即练的方式掌握这些经典算法,让读者真正体会算法的美妙,成为读者学习算法的领路人。

本书分为 8 章,涵盖的主要内容有:算法之美,通过生活中的例子学习算法;贪心算法,选择当前最优的方案;分而治之算法,将复杂的问题拆分为简单的问题;树算法,围绕树结构的各种算法;图算法,围绕图结构的各种算法;动态规划,一种求解最优问题的强大工具;回溯法,深度优先遍历问题的解空间;分支限界法,广度优先遍历问题的解空间。

本书内容通俗易懂,案例丰富,实用性强,适合算法初学者阅读,也适合 Python 程序员及其他编程爱好者阅读。另外,本书也适合作为相关培训机构的教材。

未经许可,不得以任何方式复制或抄袭本书之部分或全部内容。
版权所有,侵权必究。

图书在版编目(CIP)数据

从零开始学算法:基于 Python / 李峰编著. —北京:电子工业出版社,2022.1
(CDA 数字化人才系列丛书)
ISBN 978-7-121-42241-6

Ⅰ.①从… Ⅱ.①李… Ⅲ.①软件工具-程序设计 Ⅳ.①TP311.561

中国版本图书馆 CIP 数据核字(2021)第 212455 号

责任编辑:高洪霞　　　特约编辑:田学清
印　　刷:三河市龙林印务有限公司
装　　订:三河市龙林印务有限公司
出版发行:电子工业出版社
　　　　　北京市海淀区万寿路 173 信箱　　邮编:100036
开　　本:787×980　1/16　印张:20.75　字数:490 千字
版　　次:2022 年 1 月第 1 版
印　　次:2022 年 1 月第 1 次印刷
定　　价:109.00 元

凡所购买电子工业出版社图书有缺损问题,请向购买书店调换。若书店售缺,请与本社发行部联系,联系及邮购电话:(010)88254888,88258888。
质量投诉请发邮件至 zlts@phei.com.cn,盗版侵权举报请发邮件至 dbqq@phei.com.cn。
本书咨询联系方式:010-51260888-819,faq@phei.com.cn。

前　言

这个技术有什么前途

随着计算机编程人员的不断增多，公司面试要求也越来越高，而算法无疑是面试官最喜欢考察的内容之一，学会算法是面试者或程序员应具备的基本能力；在面试的过程中，面试官通常也会考查面试者的编程能力。现在最流行的编程语言无疑是 Python，本书不仅帮助初学者掌握算法，而且通过 Python 语言进行实战演练，让读者在理解算法的同时掌握 Python，提升读者的综合竞争力。

笔者的使用体会

笔者也是从学生时代一路走来的，深知算法对编程者的重要性，也知道对于一名普通的初学者来说，算法入门多么不容易。算法并不神秘，算法就在我们身边，我们的吃喝住行样样离不开算法，我们吃的饭菜的烹饪顺序，喝的饮料的配方，房子里使用的扫地机器人的扫地路径，开车规划的最短路线等，都充斥着大量美妙的算法。算法种类繁多，给人"乱花渐欲迷人眼"的感觉，让很多初学者望而却步。其实算法本质上是有规律可循的，掌握这些规律，就会有一种"初极狭，才通人，复行数十步，豁然开朗"的感觉。笔者愿意把自己对算法的理解和掌握的规律分享给读者，希望读者通过本书能对算法也有一种"豁然开朗"的感觉，真正体会到算法的美妙。

本书的特色

本书描述的都是算法中的一些经典问题、经典解法，读者在学习的时候往往会惊叹这些算法设计得巧妙，会思考这些算法是怎么被想到的。其实这些算法都经过了严格的数学证明，但是证明过程对于初学者来说很难理解，如果深挖下去，不但会花费很多时间，而且还会把自己绕进去。本书从实际出发，省略掉令人乏味的数学证明，通过形象生动的图解演示整个算法过程，目的是让读者形象地了解算法的整个运行过程，加深记忆。再遇到类似问题，读者可以像求解数学题一样，触类旁通，用已经掌握的经典算法解决遇到的新问题。求解问题流程如下图所示。

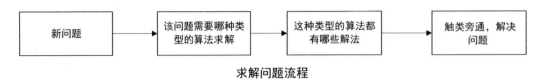

求解问题流程

本书不仅描述算法的流程，而且还配以大量的 Python 实战演练，因为算法的设计和实现不应该被分割。有些面试者在面试的时候，可以将算法的原理讲得头头是道，但是一旦面试官让其将算法通过程序实现出来，就会出现无法下笔或者实现出来的程序和自己设计的算法不一致的情况。这主要是因为算法从设计到实现还需要一个大量训练的过程，如果只是训练算法的设计而忽略了算法的实现，那么对于程序员来说就相当于跛着脚走路，所以我建议初学者在理解算法以后要进行大量的实际编程，在编程中领悟算法。本书基于以上观点，在介绍完算法以后，会配以可执行的程序，通过程序的实际结果来验证算法的正确与否，让读者在理解算法的同时进行实战训练，加深对算法的理解，填补算法设计和算法实现之间的沟壑。

本书主要内容

本书主要讲解了 7 种常用的算法，分别是贪心算法、分而治之算法、树算法、图算法、动态规划算法、回溯法和分支限界法。

- 贪心算法。"贪心"又名"贪婪"，是求解最优化问题的一种算法，在求解最优问题时，贪心算法是最直观和最容易理解的。事物是具有两面性的，当前的最优并不一定是最终结果的最优，所以贪心算法并不能保证有最佳答案，但是常常可以帮助我们得到接近最佳答案的答案。
- 分而治之算法。顾名思义，先"分"而后"治"，"分"就是将整体划分成部分，"治"就是先求解部分问题，每个部分问题都解决了，整体也就解决了，"天下难事，必作于易；天下大事，必作于细"，只要事物达到了一定的规模，就需要不断地拆分，然后求解。
- 树算法。树结构是一个非常重要的数据结构，树结构在现实生活中随处可见，如家谱、公司组织结构、操作系统的目录等，围绕着树结构也有各种各样的算法，掌握这些算法以后处理树结构问题就可以得心应手。
- 图算法。图结构也是一个非常重要的数据结构，图结构在现实生活中也随处可见，如城市的交通轨道、人际关系、互联网等，围绕着图结构也有各种各样的算法，掌握这些算法以后处理图结构问题也就可以得心应手了。
- 动态规划算法。动态规划算法是比贪心算法更加强大、更通用的求解最优化问题的工具。在用动态规划算法对问题求解时，从整体最优上加以考虑是"目光长远"的，其从最终结果的最优解不断反推前面决策的最优。人们一旦学会了动态规划算法，无疑就掌握了一种求解最优问题的利器。

- 回溯法。通过深度优先搜索对待选解决方案进行系统的检查，在搜索的过程中去除不必要的搜索，极大地减少了程序的整个搜索时间，保证了在有限的时间内找到问题的答案。
- 分支限界法。通过广度优先搜索对待选解决方案进行系统的检查，在搜索的过程中去除不必要的搜索，极大地减少了程序的搜索时间，保证了在有限的时间内找到问题的答案。

本书读者对象

- 算法初学者
- Python 程序员及其他编程爱好者
- 各计算机专业的大中专院校学生
- 需要算法入门工具书的人员
- 其他对算法有兴趣的人员

目　　录

第1章　算法之美 1
1.1　生活中的算法——猜数游戏 1
1.1.1　好玩的猜数游戏 2
1.1.2　游戏的秘密——二分搜索技术 2
1.1.3　猜数游戏算法实现 4
1.2　算法的指标——空间复杂度和时间复杂度 6
1.2.1　时间复杂度 6
1.2.2　空间复杂度 9
1.3　经典算法回顾——排序算法 10
1.3.1　冒泡排序 10
1.3.2　简单选择排序 14
1.3.3　直接插入排序 19
1.4　怎样才能学好算法 23

第2章　贪心算法 24
2.1　短浅的眼光——贪心 24
2.1.1　适当的贪心——坏事变好事 25
2.1.2　过度贪心——赔了夫人又折兵 25
2.1.3　为贪心加上限制 25
2.2　美丽心灵——哈夫曼编码 26
2.2.1　认识哈夫曼编码 26
2.2.2　如何设计哈夫曼编码 27
2.2.3　哈夫曼编码算法实现 33
2.3　带你去旅行——单源最短路径 36

2.3.1 如何最快到朋友家做客 36
2.3.2 从最短的第一条路开始分析 37
2.3.3 找到抵达朋友家的最短路径 38
2.3.4 Dijkstra 算法实现 44
2.4 选择困难症——背包问题 46
2.4.1 如何装沙子赚更多的钱 47
2.4.2 海盗的智慧 47
2.4.3 背包问题算法实现 50
2.5 搬家师傅的烦恼——集装箱装载问题 52
2.5.1 如何装更多的物品 53
2.5.2 搬家师傅的十年经验 53
2.5.3 装载问题算法实现 55

第 3 章 分而治之算法 58

3.1 纵横捭阖，各个击破——分而治之 58
3.1.1 分而治之——把复杂的事情简单化 59
3.1.2 可分可治，缺一不可 59
3.1.3 合久必分，分久必合——治而合之 60
3.2 真币和假币——伪币问题 61
3.2.1 可恶的假币 62
3.2.2 先对一半的硬币进行考虑 62
3.2.3 找出硬币的规律 64
3.3 再谈排序算法（1）——合并排序 66
3.3.1 如何将分而治之思想应用到合并排序上 67
3.3.2 先对一半的数字进行考虑 67
3.3.3 合并排序算法实现 70
3.4 再谈排序算法（2）——快速排序 74
3.4.1 如何将分而治之思想应用到快速排序上 74
3.4.2 找到一个"分"的中心 75
3.4.3 快速排序算法实现 79
3.4.4 排序算法总结 81

3.5 累人的比赛——循环赛日程安排 82
    3.5.1 最公平的比赛 82
    3.5.2 如何设计循环赛 83
    3.5.3 找出循环赛的排列规律 86

第 4 章 树算法 89

4.1 生活中的"树" 89
    4.1.1 炎黄子孙，生生不息 90
    4.1.2 学校的组织结构 90
    4.1.3 操作系统的目录结构 91

4.2 一叶一菩提——二叉树的遍历 92
    4.2.1 什么是二叉树 92
    4.2.2 二叉树的前序遍历 92
    4.2.3 二叉树的中序遍历 97
    4.2.4 二叉树的后序遍历 102
    4.2.5 二叉树的平层遍历 107

4.3 重建家谱图——二叉树的还原 111
    4.3.1 什么是二叉树的还原 112
    4.3.2 前序遍历和中序遍历还原家谱图 113
    4.3.3 中序遍历和后序遍历还原家谱图 118

4.4 十年树木，百年树人——二叉树的高度 123
    4.4.1 什么是树的高度 123
    4.4.2 在树的遍历基础上增加高度信息 124
    4.4.3 遍历树获得高度信息 126

4.5 寻根溯源——找到所有祖先结点 128
    4.5.1 什么是树的祖先 128
    4.5.2 在树的遍历基础上增加结点找到信息 129
    4.5.3 遍历树获得所有祖先 131

第 5 章 图算法 134

5.1 生活中的"图" 134

5.1.1　城市的交通轨道 135
　　5.1.2　人与人之间的关系 136
　　5.1.3　互联网的连接 136
5.2　寻找所有的城市——有向图的遍历 137
　　5.2.1　什么是有向图 137
　　5.2.2　有向图的深度优先遍历 138
　　5.2.3　有向图的广度优先遍历 144
5.3　最短的管道——Kruskal 算法 149
　　5.3.1　如何铺设最短的管道 149
　　5.3.2　什么是最小生成树 150
　　5.3.3　Kruskal 算法的贪心思想 151
　　5.3.4　Kruskal 算法实现 156
5.4　再谈最短的管道——Prim 算法 158
　　5.4.1　基于管道的边和结点贪心的区别 159
　　5.4.2　Prim 算法的贪心思想 159
　　5.4.3　Prim 算法实现 162
5.5　多源最短路径——Floyd 算法 164
　　5.5.1　朋友之间相互访问的最短路径 164
　　5.5.2　自上而下分析朋友之间的最短路径 165
　　5.5.3　自下而上迭代朋友之间的最短路径 166
　　5.5.4　Floyd 算法实现 172

第 6 章　动态规划算法 176

6.1　长远的眼光——动态规划 176
　　6.1.1　时间倒流，改变历史 177
　　6.1.2　慎用贪心算法 177
　　6.1.3　强者恒强，弱者恒弱——最优子结构 178
6.2　智能的语言翻译——编辑距离 178
　　6.2.1　设计语言翻译系统 179
　　6.2.2　考虑最后一次编辑情况 180
　　6.2.3　自下而上进行距离编辑 186

6.3 智能的电梯——电梯优化 196
6.3.1 设计智能电梯 196
6.3.2 先考虑最后一次电梯停留的情况 197
6.3.3 自下而上计算电梯的停留过程 200
6.4 名字的相似度——最长公共子序列 208
6.4.1 外国人名的相似度 208
6.4.2 考虑最后一个字符比较情况 209
6.4.3 自下而上进行距离编辑 213

第 7 章 回溯法 219
7.1 现代计算机的福音——回溯法 220
7.1.1 让猴子打出《莎士比亚全集》 220
7.1.2 一条路走到黑——深度遍历 221
7.1.3 乱花渐欲迷人眼——搜索中的剪枝 223
7.2 不能攻击的皇后——8 个皇后问题 224
7.2.1 一山不容二虎 224
7.2.2 如何设计 8 个皇后的解向量 226
7.2.3 搜索过程中的剪枝 228
7.3 绝望的小老鼠——迷宫中的小老鼠 241
7.3.1 上帝视角帮助小老鼠 241
7.3.2 小老鼠如何进行搜索 242
7.3.3 小老鼠的出逃之路 248
7.4 再谈 0/1 背包问题 253
7.4.1 背包问题回顾 253
7.4.2 还可以使用贪心算法求解吗 253
7.4.3 通过搜索求解背包问题 255
7.5 再谈集装箱装载问题 262
7.5.1 集装箱装载问题回顾 263
7.5.2 使用贪心算法求解而存在的问题 263
7.5.3 通过搜索求解装载问题 264

第 8 章 分支限界法 276

8.1 一步一个脚印——分支限界 277
8.1.1 步步为营——广度遍历 277
8.1.2 剪掉没有营养的分支 279
8.1.3 条条大路通罗马——和回溯法的区别 280

8.2 再谈迷宫中的小老鼠问题 281
8.2.1 迷宫中的小老鼠问题回顾 281
8.2.2 使用分支限界思路规划小老鼠的路径 283
8.2.3 小老鼠的出逃之路 287

8.3 三谈 0/1 背包问题 291
8.3.1 0/1 背包问题回顾 292
8.3.2 使用分支限界的思路装船 294
8.3.3 背包的搜索过程 300

8.4 三谈集装箱装载问题 305
8.4.1 集装箱装载问题回顾 305
8.4.2 使用分支限界的思路装载集装箱 307
8.4.3 集装箱的装载过程 314

第 1 章

算法之美

程序是什么？程序就是算法+数据结构，如果把程序比作一篇作文，那么数据结构就是一个个词语，而算法就是将词语串联起来的语法；如果把程序比作一个人，那么数据结构就是人的身体，而算法就是人的大脑，学好算法对于程序员来说是基本的能力之一。如果我们细心留意身边的事情就可以发现，算法无处不在，它就在生活的点滴处。

算法并不是枯燥无味的八股文，它是对日常生活的抽象和提炼，可以实实在在地解决生活中的实际问题，一次旅游路线的规划、一次玩具的组装等都离不开算法。当读者朋友可以在日常生活中运用算法求解问题时，就会真正体会到算法的魅力所在。

本章主要涉及的知识点如下。

- 生活中的算法——猜数游戏：通过生活中的一个小例子介绍算法，生活中处处都是算法，算法源于生活。
- 算法的指标——空间复杂度和时间复杂度：介绍衡量算法的关键指标，即空间复杂度和时间复杂度。
- 经典算法回顾——排序算法：排序算法是最经典的算法之一，不同的排序算法隐藏着不同的算法思想。
- 怎样才能学好算法：初学者总是惧怕算法，让本书揭开算法的神秘面纱，指引初学者掌握算法的本质规律，并举一反三。

1.1 生活中的算法——猜数游戏

本节首先介绍生活中一个常见的小游戏，游戏虽小，却隐藏着经典的算法，通过小游戏的玩法，读者将了解到算法其实就隐藏在生活中。

1.1.1　好玩的猜数游戏

我们小时候应该都玩过这样一个游戏：假设你和小王玩这个游戏，你在一张纸上写上 0~100 的某个数字，且不能让小王看见，小王在不知道纸上数字的情况下需要猜中这个纸上的数字。在小王说完一个数字以后，你需要提示小王其猜测的数字是大于纸上数字，还是小于纸上数字，小王要用最少的次数猜中这个数字。你看了看小王，在纸上轻轻地写下了 66，开始让小王猜。

小王："50。"
你："小了。"
小王："75。"
你："大了。"
小王："62。"
你："小了。"
小王："68。"
你："大了。"
小王："65。"
你："小了。"
小王："66。"
你："猜中啦！"

小王只用了 6 次就猜中了写在纸片上的数字，其实无论纸上写什么数字，只要我们了解了二分搜索技术，就可以保证在 7 次之内猜中数字。那么猜数游戏中到底隐藏着什么样的秘密呢？

1.1.2　游戏的秘密——二分搜索技术

猜数游戏最笨的办法就是从 0 一直猜到 100，一个一个地猜，如果纸上的数字是 100，那就猜 101 次，游戏得多么无聊。其实我们没有必要一个一个地猜，可以像小王一样，每次和中间的元素比较，如果比中间元素小，我们就在中间元素的前面查找，如果比中间元素大，我们就在中间元素的后面查找。二分搜索技术其实在我们的日常生活中随处可见，比如，图书馆安检门响了，图书管理员通常会把你借的书的一半过一下安检，来寻找是哪本书引起的，这就是使用二分搜索技术的典型例子。接下来我们详细讲解一下猜数游戏中的二分搜索技术。如图 1.1 所示，一共有 101 个数字，我们现在通过二分搜索技术找到数字 66。

0~49	50	51~61	62	63	64	65	66	67	68	69~74	75	76~100

图 1.1　猜数游戏

(1)我们先猜 0～100 的中间数字，即 50，50 比 66 小，我们需要在 51～100 中接着查找，如图 1.2 所示。

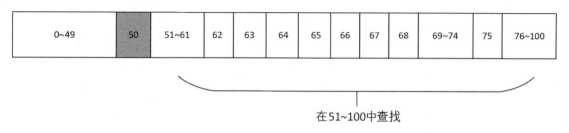

图 1.2　在 51～100 中查找数字

(2) 51～100 的中间数字是(100+51)/2=75.5，向下取整是 75，75 比 66 大，我们需要在 51～74 中接着查找，如图 1.3 所示。

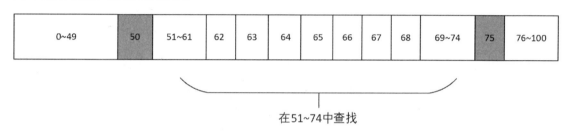

图 1.3　在 51～74 中查找数字

(3) 51～74 的中间数字是(51+74)/2=62.5，向下取整是 62，62 比 66 小，我们需要在 63～74 中接着查找，如图 1.4 所示。

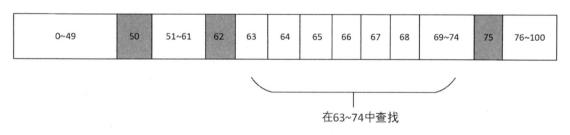

图 1.4　在 63～74 中查找数字

(4) 63～74 的中间数字是(63+74)/2=68.5，向下取整是 68，68 比 66 大，我们需要在 63～67 中接着查找，如图 1.5 所示。

(5) 63～67 的中间数字是 65，65 比 66 小，我们需要在 66～67 中接着查找，如图 1.6 所示。

(6) 66～67 的中间数字是(66+67)/2=66.5，向下取整是 66，我们找到了目标数字，游戏结束，如图 1.7 所示。

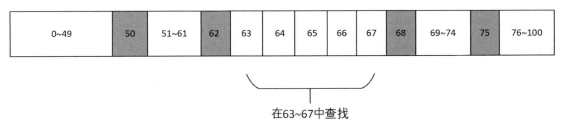

图 1.5　在 63～67 中查找数字

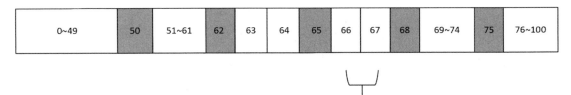

图 1.6　在 66～67 中查找数字

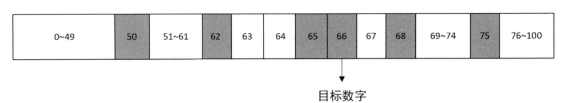

图 1.7　找到目标数字 66

1.1.3　猜数游戏算法实现

通过上面的图解，相信大家对二分搜索问题的算法已经有了了解，猜数游戏算法的实质就是对半查找。那么接下来就要通过程序帮助小王在 0～100 中找到写在纸上的数字。通过递归的方式实现这个算法，完整代码如下。

```
# -*- coding: utf-8 -*-
"""
:param a: 数组，0～100 的数字
:param low: 数字查找的最低边界
:param high:数字查找的最高边界
:param value:需要查找的目标值
"""
def bsearch(a,low,high,value):
    middle = int((low + high) / 2)
    if(a[middle] == value):
```

```
            print("找到了目标数字%d" % value)
        elif(a[middle] > value):
            print("猜的数字是%d,比目标数字大" % a[middle])
            bsearch(a,low,middle-1,value)
        else:
            print("猜的数字是%d,比目标数字小" % a[middle])
            bsearch(a,middle+1,high,value)

if __name__ == "__main__":
    a = [x for x in range(0,101)]
    bsearch(a,0,100,66)
```

递归程序运行结果如图 1.8 所示。

```
猜的数字是50,比目标数字小
猜的数字是75,比目标数字大
猜的数字是62,比目标数字小
猜的数字是68,比目标数字大
猜的数字是65,比目标数字小
找到了目标数字 66
```

图 1.8　递归程序运行结果

可以发现，程序的运行结果和小王的猜数策略是一致的，这样就可以通过该程序来玩这个游戏了。上面的算法是通过递归的方式来实现的二分搜索算法，那可不可以通过非递归的方式实现呢？答案是可以。非递归方式的算法完整代码如下。

```
"""
:param a: 数组,0~100 的数字
:param low: 数字查找的最低边界
:param high:数字查找的最高边界
:param value:需要查找的目标值
"""
def bsearch1(a,low,high,value):
    while(low <= high):
        middle = int((low + high)/2)
        if(a[middle] == value):
            print("找到了目标数字%d" % value)
            break
        elif (a[middle] > value):
            print("猜的数字是%d,比目标数字大" % a[middle])
            high = middle - 1
        else:
            print("猜的数字是%d,比目标数字小" % a[middle])
            low = middle + 1
```

非递归程序运行结果如图 1.9 所示。

```
猜的数字是50，比目标数字小
猜的数字是75，比目标数字大
猜的数字是62，比目标数字小
猜的数字是68，比目标数字大
猜的数字是65，比目标数字小
找到了目标数字 66
```

图 1.9 非递归程序运行结果

通过图 1.8 和图 1.9 可以发现，两个程序的运行结果是一致的，但是两个程序的实现方式却不一样，不一样就可以进行比较，那么如何评判两个程序实现方式的优劣呢？

1.2 算法的指标——空间复杂度和时间复杂度

1.1.3 节中留了个问题，同一个算法通过不同的程序都可以实现，那么如何评价算法是好是坏呢？一个算法如果要运行 1000 年，那么这个算法肯定不是好算法；如果一个算法要占用整个计算机内存，那么这个算法肯定也不是好算法。一个好的算法要求运行时间尽可能的短，占用的空间尽可能的少。当然，由于现在计算机技术的飞速发展，其运算速率越来越高，存储越来越大，人们对算法的运行时间和占用空间要求越来越低，反而对程序的健壮性和可维护性等要求比较高。但是一些嵌入式设备，如手表，内存很小，因此其对算法的性能要求是非常高的，运行时间和占用空间都会受到严格限制。我们通常通过时间复杂度来衡量算法的运行时间，通过空间复杂度来衡量算法的占用空间。

（1）时间复杂度：算法运行需要的时间，我们一般用算法的执行次数进行表示。

（2）空间复杂度：算法运行需要的内存空间，我们一般使用算法在运行过程中开辟的空间进行表示。

如果一个算法的时间复杂度和空间复杂度都很小，那么这个算法无疑是一个非常优秀的算法，但是这种算法少之又少。通常我们会在时间复杂度和空间复杂度之间进行取舍，以时间换空间，或以空间换时间。

算法复杂度分为时间复杂度和空间复杂度，当然我们可以通过运行一遍程序直接统计算法的运行时间和占用内存，但是这个方法存在很大的弊端，因为我们在考虑算法的时候，还没有办法完整地运行程序。所以我们需要一种通过理论分析算法复杂度的方法——大 O 表示法。大 O 表示法因使用符号大 O 而得名。

1.2.1 时间复杂度

时间复杂度 $T(n)=O(f(n))$，其中，$f(n)$ 表示代码的执行次数；空间复杂度 $S(n)=O(f(n))$，其中，$f(n)$ 表示程序分配的空间。大 O 表示法并不用于真实代表算法的精确时间和空间，它用来表示代码在执行过程中时间或者空间的增长变化趋势。比如，一个算法的时间复杂度是 $O(2n+1)$，另一个算法的时间复杂度是 $O(10n+1)$，虽然两个算法的代码执行次数不一样，但是它们的时间复杂度却是一样的，我们都可以说两个算法的时间复杂度都是 $O(n)$。通常算法复杂度有如下几个量级，如表 1.1 所示。

表 1.1 算法复杂度

度量级别	常用指标	性能评价
常数阶	$O(1)$	非常好
对数阶	$O(\log_2 n)$	非常好
线性阶	$O(n)$	很好
线性对数阶	$O(n\log_2 n)$	不错
平方阶	$O(n^2)$	可以接受
立方阶	$O(n^3)$	可以忍受
k 次方阶	$O(n^k)$	不能接受
指数阶	$O(n!), O(2^n)$	不能接受

当 n 无限大时，算法复杂度之间的关系是

$$O(1) < O(\log_2 n) < O(n) < O(n\log_2 n) < O(n^2) < O(n^3) < O(n^k) < O(2^n) < O(n!)$$

算法复杂度越大，执行的效率越低，通常我们实际编写程序的算法复杂度不会超过 $O(n^3)$，因此我们选取 $O(n^3)$ 之前的算法复杂度进行讲解。我们先介绍时间复杂度。

常见的时间复杂度有常数阶 $O(1)$、对数阶 $O(\log_2 n)$、线性阶 $O(n)$、线性对数阶 $O(n\log_2 n)$、平方阶 $O(n^2)$ 及立方阶 $O(n^3)$。

（1）常数阶 $O(1)$：通常最简单的算法没有循环等复杂结构，那么这个算法的时间复杂度就是 $O(1)$，如下代码表示一个加法函数，该函数的时间复杂度就是 $O(1)$。

```
def add( a, b):
    return a+b
```

（2）对数阶 $O(\log_2 n)$：一般是二分搜索算法的时间复杂度，一个程序可以通过折半的思路不断递归，如猜数游戏的代码就是一个典型的二分搜索算法，该算法的时间复杂度就是 $O(\log_2 n)$，如下所示。

```
def bsearch(a,low,high,value):
    middle = int((low + high) / 2)
    if(a[middle] == value):
        print("找到了目标数字 %d" % value)
    elif(a[middle] > value):
        print("猜的数字是%d, 比目标数字大" % a[middle])
        bsearch(a,low,middle-1,value)
    else:
```

```
        print("猜的数字是%d,比目标数字小" % a[middle])
        bsearch(a,middle+1,high,value)
```

（3）线性阶 $O(n)$：代码中只有一层循环，就是常数阶，常数阶的算法基本进行一次遍历即可求出结果，如下代码表示一个求和函数，该函数的时间复杂度就是 $O(n)$。

```
def sum(list):
    result = 0
    for index,value in enumerate(list):
        result = result + value
    return result
```

（4）线性对数阶 $O(n\log_2 n)$：顾名思义，将时间复杂度为 $O(\log_2 n)$ 的代码循环 n 遍就是 $nO(\log_2 n)$，也就是 $O(n\log_2 n)$。我们知道二分搜索算法的时间复杂度是对数阶 $O(\log_2 n)$，那么我们现在将数组打乱，找到新数组对应原来数组的对应关系，我们通过循环 n 遍二分查找来解决这个问题，具体代码如下所示，这样算法的时间复杂度是 $O(n\log_2 n)$。

```
def bsearch(a,low,high,value):
    while(low <= high):
        middle = int((low + high)/2)
        if(a[middle] == value):
            print("找到了目标数字 下标是：%d" % middle)
            break
        elif (a[middle] > value):
            high = middle - 1
        else:
            low = middle + 1

if __name__ == "__main__":
    list = [1,2,3,4]
    new_list = [3,2,4,1]
    for index,value in enumerate(new_list):
        bsearch(list,0,3,value)
```

（5）平方阶 $O(n^2)$：很容易理解，二维数组的遍历的时间复杂度就是 $O(n^2)$，如下代码，表示一个二维数组所有元素求和。

```
def sumMatrix(list2d):
    result = 0
    for i in range(len(list2d)):
        for j in range(len(list2d[i])):
            result = result + list2d[i][j]
    return result

if __name__ == "__main__":
    list2d = [[1,2,3],[4,5,6]]
    print(sumMatrix(list2d))
```

（6）立方阶 $O(n^3)$：有了平方阶的基础，立方阶 $O(n^3)$ 就更容易理解了，三维数组的遍历的时间复杂度就是 $O(n^3)$，如下代码表示一个三维数组所有元素求和，时间复杂度是 $O(n^3)$。

```python
def sum3DMatrix(list3d):
    result = 0
    for i in range(len(list3d)):
        for j in range(len(list3d[i])):
            for k in range(len(list3d[i][j])):
                result = result + list3d[i][j][k]
    return result

if __name__ == "__main__":
    list3d = [[[1,2,3],[4,5,6],[7,8,9]],[[10,11,12],[13,14,15],[16,17,18]]]
    print(sum3DMatrix(list3d))
```

如果算法的复杂度超过了立方阶，那么在数据量很大的情况下，这个时间复杂度是不可忍受的。

1.2.2 空间复杂度

比较常用的空间复杂度有 $O(1)$、$O(n)$、$O(n^2)$。

（1）常数阶 $O(1)$：如果算法在执行的时候，所需要的临时空间不会变化，即开辟了固定大小的空间，那么这个算法的空间复杂度就是 $O(1)$。比如，前面介绍的二分搜索算法，在搜索的过程中只有一些变量占用了辅助空间，所以二分搜索算法的空间复杂度是 $O(1)$。

```python
def bsearch1(a,low,high,value):
    while(low <= high):
        middle = int((low + high)/2)
        if(a[middle] == value):
            print("找到了目标数字 %d" % value)
            break
        elif (a[middle] > value):
            print("猜的数字是%d，比目标数字大" % a[middle])
            high = middle - 1
        else:
            print("猜的数字是%d，比目标数字小" % a[middle])
            low = middle + 1
```

（2）线性阶 $O(n)$：如果算法在执行的时候，所需要的临时空间会随着 n 线性增加，那么这个算法的空间复杂度就是 $O(n)$。最常见的算法例子就是开辟一个有 n 个数值的数组，具体代码如下所示，求解原来数组中每个元素的平方，该算法的空间复杂度就是 $O(n)$。

```python
def powerArray(list):
    new_list = []
    for index,value in enumerate(list):
```

```
            new_list.append(value * value)

    return new_list

if __name__ == "__main__":
    list = [1,2,3,4]
    print(powerArray(list))
```

（3）平方阶 $O(n^2)$：如果把 $O(n)$ 的代码再嵌套循环一遍，那么它的空间复杂度就是 $O(n^2)$ 了。最常见的算法例子就是开辟一个具有 $n×n$ 个数值的二维数组，具体代码如下所示，求解该数组中每个元素的平方，该算法的空间复杂度就是 $O(n^2)$。

```
def power2DArray(list2d):
    new_list = []
    for i in range(len(list2d)):
        temp_list = []
        for j in range(len(list2d[i])):
            temp_list.append(list2d[i][j] * list2d[i][j])
        new_list.append(temp_list)
    return new_list

if __name__ == "__main__":
    list = [[1,2,3,4],[5,6,7,8]]
    print(power2DArray(list))
```

其实我们可以发现，算法的空间复杂度和算法选用的数据结构有密切的关系，如果我们的数据结构就是简单的辅助变量，那么算法的空间复杂度就是 $O(1)$；如果我们的数据结构是一维数组，那么算法的空间复杂度就是 $O(n)$；如果我们的数据结构是二维数组，那么算法的空间复杂度就是 $O(n^2)$。

1.3 经典算法回顾——排序算法

排序算法是最经典的算法之一，每种排序算法的求解思路都是不一样的，通过对排序算法进行介绍，相信可以让读者领会算法的美妙，同时发现求解问题并不是只有一种算法，条条大路都可以通罗马，不同的算法都可以对问题进行求解。排序算法有很多种，我们先介绍简单的三种，即冒泡排序、简单选择排序及直接插入排序。这三种算法的思路是排序算法中比较好理解的，也是时间复杂度较大的，它们的时间复杂度都是 $O(n^2)$。

1.3.1 冒泡排序

冒泡排序，顾名思义，就像烧开水的壶底的气泡一样，不断地上冒，如果从小到大排序，第一次最大的会冒出来，第二次次大的会冒上来，以此类推，直到整个数组都排序完成。现在需要对数字 5，4，3，1，2 进行排序，我们借助图例来仔细讲解冒泡排序。

（1）我们要开始第一次冒泡，第一次冒泡的目的是将最大的数字 5 冒泡到数组的顶部。冒泡策略就是从第一个数开始，依次往后比较，如果前面的数比后面的数大就交换，否则不做处理，通过不断的交换将数字冒出来。第一次是 5 和 4 比较，因为 5 比 4 大，所以进行交换，交换完成后的排序是 4，5，3，1，2；然后第二次是 5 和 3 比较，因为 5 比 3 大，所以交换，交换完成后的排序是 4，3，5，1，2；然后第三次是 5 和 1 比较，因为 5 比 1 大，所以交换，交换完成后的排序是 4，3，1，5，2；最后第四次是 5 和 2 比较，因为 5 比 2 大，所以交换，交换完成后的排序是 4，3，1，2，5，这样最大的数字 5 就冒了出来，如图 1.10 所示。

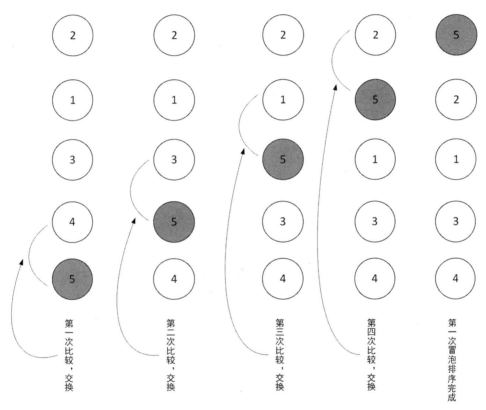

图 1.10　第一次冒泡排序

（2）我们要开始第二次冒泡，经过第一次冒泡排序，现在的数字序列是 4，3，1，2，5。第二次冒泡的目的是将次大的数字 4 冒泡到数组的次顶部，冒泡的策略还是一样，从第一个数开始，依次往后比较，如果前面的数比后面的数大就交换，否则不做处理，通过不断的交换将数字冒出来。第一次是 4 和 3 比较，因为 4 比 3 大，所以进行交换，交换完成后的排序是 3，4，1，2，5；然后第二次是 4 和 1 比较，因为 4 比 1 大，所以交换，交换完成后的排序是 3，1，4，

2，5；第三次是 4 和 2 比较，因为 4 比 2 大，所以交换，交换完成后的排序是 3，1，2，4，5。这样次大的数字 4 就冒出来了，如图 1.11 所示。

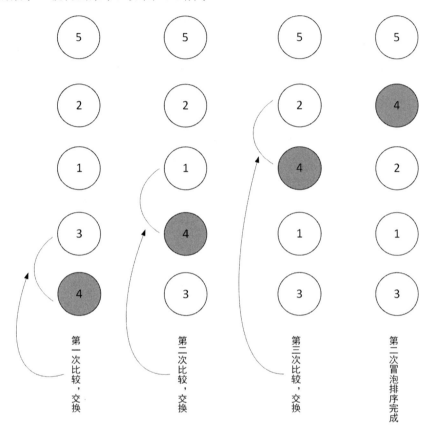

图 1.11　第二次冒泡排序

（3）我们要开始第三次冒泡，经过第二次冒泡排序，现在的数字序列是 3，1，2，4，5。第三次冒泡的目的是将剩下未排序的最大的数字 3 冒泡到数组的相应位置，冒泡的策略还是一样，从第一个数开始，依次往后比较，如果前面的数比后面的数大就交换，否则不做处理，通过不断的交换将数字冒出来。第一次是 3 和 1 比较，因为 3 比 1 大，所以进行交换，交换完成后的排序是 1，3，2，4，5；第二次是 3 和 2 比较，因为 3 比 2 大，所以交换，交换完成后的排序是 1，2，3，4，5。这样第三大的数字 3 就冒出来了，如图 1.12 所示。

（4）我们要开始第四次冒泡，经过第三次冒泡排序，现在的数字序列是 1，2，3，4，5。第四次冒泡的目的是将剩下未排序的最大的数字 2 冒泡到数组的相应位置，冒泡的策略还是一样，从第一个数开始，依次往后比较，如果前面的数比后面的数大就交换，否则不做处理，通过不断的交换将数字冒出来。第一次是 1 和 2 比较，因为 1 比 2 小，所以不做处理，排序保持不变，还是 1，2，3，4，5。这样第四大的数字 2 就冒出来了，如图 1.13 所示。

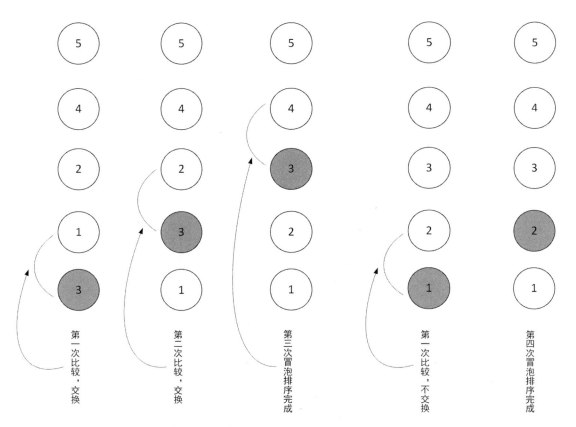

图 1.12　第三次冒泡排序　　　　　　　图 1.13　第四次冒泡排序

通过上面的图解，相信大家对冒泡排序算法已经有了了解，冒泡排序算法的实质就是两两比较，不断冒泡，那么接下来我们就要通过程序来实现冒泡排序，把整个冒泡过程通过程序体现出来。冒泡排序算法完整代码如下。

```python
def BubbleSort(list):
    #冒泡的次数，最后一次不需要冒泡
    for i in range( len(list) - 1 ):
        print("\n 第%d 次排序" % (i+1))
        #交换的次数
        for j in range(len(list) - 1 - i):
            #如果前面的数字大于后面的数字，则交换
            if   list[j] > list[j+1] :
                print("%d 大于%d ，交换" % (list[j],list[j+1]))
                temp = list[j]
                list[j] = list[j+1]
                list[j+1] = temp
                print("交换后的排序是 ： ",list)
```

```
            else:
                print("%d 不大于%d，不交换" % (list[j],list[j+1]))
                print("不交换后的排序保持不变 ： ", list)

    return list

if __name__ == "__main__":
    list = [5,4,3,1,2]
    BubbleSort(list)
```

冒泡排序运行结果如图 1.14 所示。

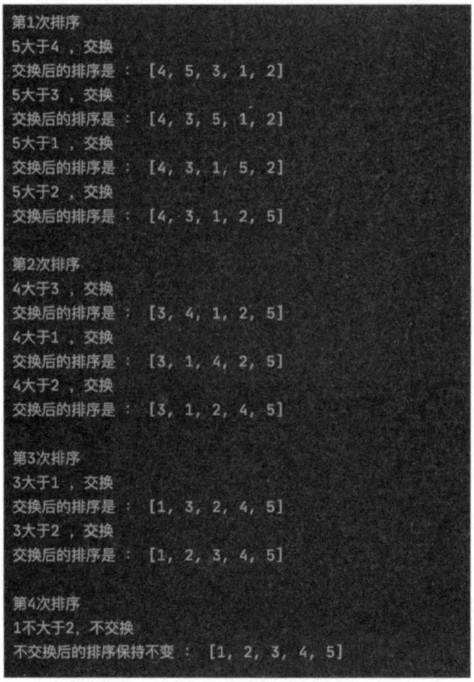

图 1.14　冒泡排序运行结果

可以发现，程序的运行结果和前面的分析结果是一致的。我们已经成功地通过程序将冒泡排序的内部细节进行了展示。冒泡排序属于交换排序中的一种，上面的图解以及程序每次将前后紧连的两个数字进行交换，其目的是每次将最大的数字通过不断的交换冒泡出来。

1.3.2　简单选择排序

接下来介绍另一种排序方式——简单选择排序，简单选择排序就是不断地选择未排序的第一个数字，其目的是每次将最小的数字通过不断的比较选择出来。如果是从小到大排序，那么第一次会将最小的选择出来，第二次会将次小的选择出来，以此类推，直到整个数组都排序完成。现在我们还是对数字 5，4，3，1，2 进行排序，通过图例讲解简单选择排序。

（1）我们开始第一次选择，第一次选择的目的是将最小的数字 1 选择到数组的底部，选择策略就是不断和第一个数进行比较，如果后面的数比第一个数小就交换，否则不做处理，通过不断的选择将数字选择出来。第一次是 5 和 4 比较，因为 5 比 4 大，所以进行交换，交换完成后的排序是 4，5，3，1，2；第二次是 4 和 3 比较，因为 4 比 3 大，所以交换，交换完成后的排序是 3，5，4，1，2；第三次是 3 和 1 比较，因为 3 比 1 大，所以交换，交换完成后的排序是 1，5，4，3，2；第四次是 1 和 2 比较，因为 1 比 2 小，所以不交换，排序依然是 1，5，4，3，2，这样最小的数字 1 就选择了出来，如图 1.15 所示。

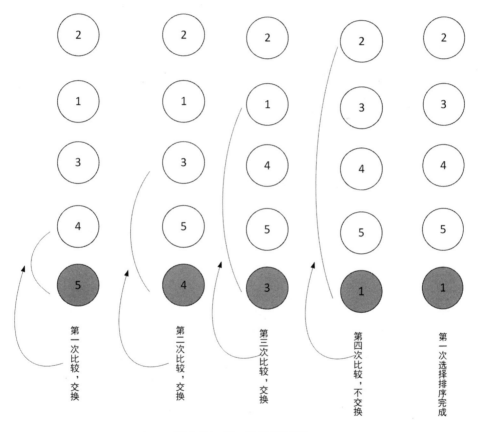

图 1.15 第一次选择排序

（2）我们要开始第二次选择，经过第一次选择排序，现在的数字序列是 1，5，4，3，2。第二次选择的目的是将次小的数字 2 选择到数组的次底部，选择的策略还是一样，不断地和第二个数比较，如果后面的数比第二个数小就交换，否则不做处理，通过不断的比较将数字选择出来。第一次是 5 和 4 比较，因为 5 比 4 大，所以进行交换，交换完成后的排序是 1，4，5，3，2；第二次是 4 和 3 比较，因为 4 比 3 大，所以交换，交换完成后的排序是 1，3，5，4，2；第三次是 3 和 2 比较，因为 3 比 2 大，所以交换，交换完成后的排序是 1，2，5，4，3。这样次小的数字 2 就选择出来了，如图 1.16 所示。

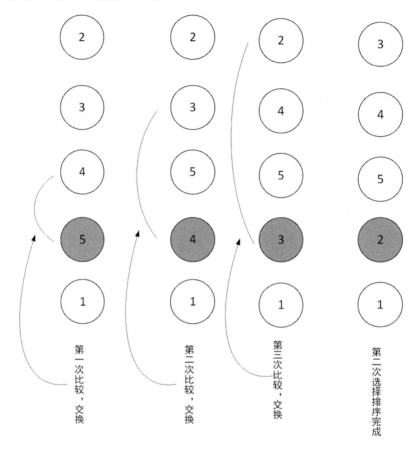

图 1.16　第二次选择排序

（3）我们要开始第三次选择排序，经过第二次选择排序，现在的数字序列是 1，2，5，4，3。第三次选择的目的是将剩下未排序的最小数字 3 选择到数组的相应位置，选择的策略还是一样，不断地和第三个数比较，如果后面的数比第三个数小就交换，否则不做处理，通过不断的比较将数字选择出来。第一次是 5 和 4 比较，因为 5 比 4 大，所以进行交换，交换完成后的排序是 1，2，4，5，3；第二次是 4 和 3 比较，因为 4 比 3 大，所以交换，交换完成后的排序是 1，2，3，5，4。这样第三小的数字 3 就选择出来了，如图 1.17 所示。

（4）我们要开始第四次选择排序，经过第三次选择排序，现在的数字序列是 1，2，3，5，4。第四次选择的目的是将剩下未排序的最小的数字 4 选择到数组的相应位置，选择的策略还是一样，不断地和第四个数比较，如果后面的数比第四个数小就交换，否则不做处理，通过不断的比较将数字选择出来。第一次是 5 和 4 比较，因为 5 比 4 大，所以进行交换，交换完成后的排序是 1，2，3，4，5。这样第四小的数字 4 就选择出来了，如图 1.18 所示。

图 1.17　第三次选择排序　　　　　　　　　图 1.18　第四次选择排序

通过上面的图解，相信大家对选择排序算法已经有了了解，选择排序算法的实质就是对数组固定位置上的元素不断进行比较，选择最小的元素放入，那么接下来我们就要通过程序来实现简单选择排序，把整个选择过程通过程序体现出来。选择排序算法完整代码如下。

```
def SelectionSort(list):

    #选择的次数，最后一次不需要选择
    for i in range( len(list) - 1 ):
        print("\n 第%d 次排序" % (i+1))
        #比较的次数
        for j in range(i+1,len(list)):
            #如果前面的数字大于后面的数字，交换
            if   list[i] > list[j] :
                print("%d 大于%d ，交换" % (list[i],list[j]))
                temp = list[j]
                list[j] = list[i]
```

```
            list[i] = temp
            print("交换后的排序是 : ",list)
        else:
            print("%d 不大于%d，不交换" % (list[i],list[j]))
            print("不交换后的排序保持不变 : ", list)

    return list

if __name__ == "__main__":
    list = [5,4,3,1,2]
    SelectionSort(list)
```

简单选择排序运行结果如图 1.19 所示。

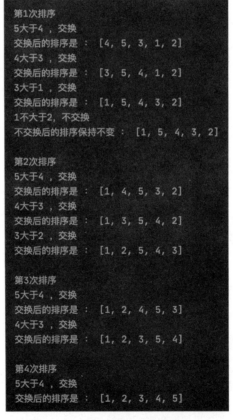

图 1.19　简单选择排序运行结果

可以发现，程序的运行结果和前面的分析结果是一致的。我们已经成功地通过程序将简单选择排序的内部细节进行了展示。简单选择排序属于选择排序中的一种，上面的图解及程序每次将无序部分的最小元素移动到有序部分的尾部，从而达到排序的目的。

1.3.3 直接插入排序

接下来介绍最后一种简单排序方式——直接插入排序，直接插入排序就是不断地选择未排序的第一个数字，插入已经排好序的有序列表中。如果是从小到大排序，第一次会将前两个元素通过直接插入的方式排好序，第二次会将前三个元素通过直接插入的方式排好序，以此类推，直到整个数组都排序完成。现在我们还是对数字 5，4，3，1，2 进行排序，我们通过图例讲解直接插入排序。

（1）我们开始第一次插入，第一次插入的目的是将前两个元素排好序，插入策略就是不断和前面的有序列表进行比较，找到合适的插入位置后，将整个有序列表向后退 1，并将数字插入有序列表的正确位置。第一次是 4 和 5 比较，因为 5 比 4 大，所以需要将 4 插入 5 的前面，插入完成后的排序是 4，5，3，1，2，这样前两个元素就排好序了，如图 1.20 所示。

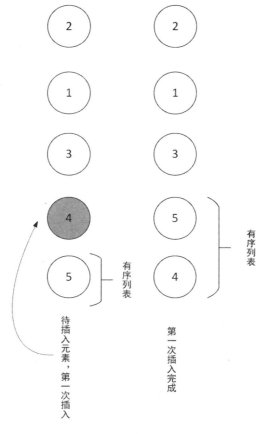

图 1.20　第一次插入排序

（2）我们要开始第二次插入，经过第一次插入排序，现在的数字序列是 4，5，3，1，2。

第二次插入的目的是将前三个元素排好序，插入的策略还是一样，不断地和前面的有序列表进行比较，找到合适的插入位置后，将整个有序列表向后退 1，并将数字插入有序列表的正确位置。第一次是 3 和 5 比较，因为 5 比 3 大，所以还需要向前比较；第二次是 3 和 4 比较，因为 4 比 3 大，所以需要将 3 插入 4 的前面。首先将 4 和 5 两个元素整体向后退 1，将 3 插入 4 的前面，插入后的排序是 3，4，5，1，2，这样前三个元素就排好序了，如图 1.21 所示。

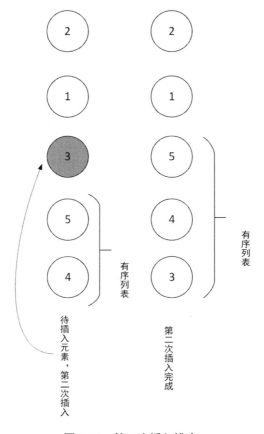

图 1.21　第二次插入排序

（3）我们要开始第三次插入，经过第二次插入排序，现在的数字序列是 3，4，5，1，2。第三次插入的目的是将前四个元素排好序，插入的策略还是一样，不断地和前面的有序列表进行比较，找到合适的插入位置后，将整个有序列表向后退 1，并将数字插入有序列表的正确位置。第一次是 1 和 5 比较，因为 5 比 1 大，所以还需要向前比较；第二次是 4 和 1 比较，因为 4 比 1 大，所以还需要向前比较；第三次是 3 和 1 比较，因为 3 比 1 大，所以需要将 1 插入 3 的前面。首先将 3，4，5 三个元素整体向后退 1，将 1 插入 3 的前面，插入后的排序是 1，3，4，5，2，这样前四个元素就排好序了，如图 1.22 所示。

（4）我们要开始第四次插入，经过第三次插入排序，现在的数字序列是 1，3，4，5，2。

第四次插入的目的是将五个元素排好序，插入的策略还是一样，不断地和前面的有序列表进行比较，找到合适的插入位置后，将整个有序列表向后退 1，并将数字插入有序列表的正确位置。第一次是 2 和 5 比较，因为 5 比 2 大，所以还需要向前比较；第二次是 4 和 2 比较，因为 4 比 2 大，所以还需要向前比较；第三次是 3 和 2 比较，因为 3 比 2 大，所以还需要向前比较；第四次是 1 和 2 比较，因为 1 比 2 小，所以需要将 2 插入 3 的前面，首先将 3，4，5 三个元素整体向后退 1，将 2 插入 3 的前面，插入后的排序是 1，2，3，4，5，这样整个数组就排好序了，如图 1.23 所示。

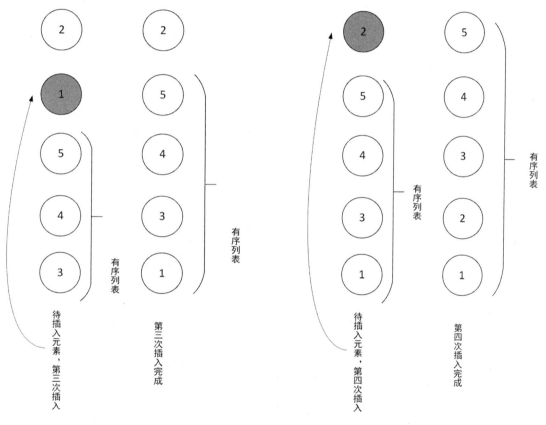

图 1.22　第三次插入排序　　　　　图 1.23　第四次插入排序

通过上面的图解，相信大家对直接插入排序算法已经有了了解，直接插入排序算法的实质就是将数组没有排序的部分不断地插入已经排好序的有序列表。那么接下来我们就要通过程序来实现直接插入排序，把整个插入过程通过程序体现出来。插入排序算法完整代码如下。

```
def InsertSort(list):
    #待插入的元素，第一个元素默认有序
    for i in range(1,len(list)) :
        print("\n 第%d 次排序" % i)
```

```python
        #需要和有序列表进行比较
        if list[i] < list[i-1]:
            temp = list[i]
            for j in range(i-1,-1,-1):
                if list[j] > temp:
                    #向后退 1
                    list[j + 1] = list[j]
                    print("%d 大于%d ，向后退 1" % (list[j], temp))
                else:
                    list[j+1] = temp
                    break
            else:
                list[0] = temp

            print("%d 插入合适的位置 ，插入后排序为： " % temp, list)


if __name__ == "__main__":
    list = [5,4,3,1,2]
    InsertSort(list)
```

直接插入排序运行结果如图 1.24 所示。

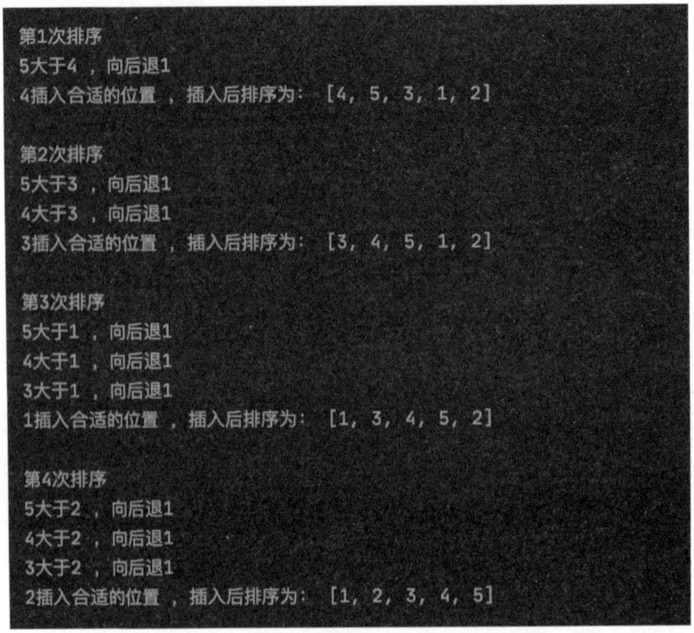

图 1.24　直接插入排序运行结果

可以发现，程序的运行结果和前面的分析结果是一致的。我们已经成功地通过程序将直接插入排序的内部细节进行了展示。直接插入排序属于插入排序中的一种，上面的图解及程序每次将无序部分的元素不断插入前面的有序列表，从而达到排序的目的。

1.4　怎样才能学好算法

初学者总是抱怨：算法为什么这么难！

主要的原因是初学者没有找到学习算法的门路，算法是计算机行业的前辈们智慧的精华，本身固然存在一定的复杂性，但是学习起来困难的主要原因还是讲解者讲得不到位。学习算法就好像我们上学的时候学习数学，虽然数学的复杂公式与逻辑对于学习者确实存在一定的难度，但是解题思路还是有规律可循的，通过对具体的题型分类，辅以大量的训练，学习者很快就会掌握该题型的解法。学习算法也是一样的道理，首先我们要将算法进行分类，在各种各样的算法中抽丝剥茧，找到每种算法的本质规律，然后配以大量的实战演练，让读者在明白算法的同时可以进行实战训练，通过即学即练的方式加深记忆，掌握这些经典算法。

（1）笔者从实际出发并参考其他的经典算法书籍，去掉实际工作中并不能用到的复杂算法，使本书只保留了初学者应该掌握的经典算法：贪心算法、分而治之算法、树算法、图算法、动态规划、回溯法和分支限界法。本书并不像传统算法书籍那样对算法进行严密的数学推理、八股文式的讲解，而是采用形象的生活中的例子阐述算法，让读者身临其境，通过采用算法解决生活中的小问题的方式，让读者明白算法就在我们的身边，算法可以解决生活中的实际问题，以此来让读者加深对算法的理解。

（2）从笔者的面试和被面试经验来看，作为一名程序员，仅仅能理解算法只能说是刚刚合格，想让面试官眼前一亮还需要一定的编程功底。算法的设计和实现就像一个人的两条腿走路，缺一条都是走不快的，所以本书不仅描述算法的流程，通过算法得出结论后，还会通过实战编程对算法进行实现，从而验证算法设计的正确性，不仅加深读者对算法的理解，还让读者可以通过编程实现该算法，真正地做到让读者不仅会设计算法，还会实现算法。

第 2 章

贪心算法

我们首先来学习一种简单的算法——贪心算法,"贪心"又名"贪婪",是求解最优化问题的一种方法,生活中有很多使用"贪心"的例子,例如,吃水果时选最大的,旅游时选最好玩的地方,吃饭时点最好吃的菜。因此在求解最优问题时,贪心算法是最直观和最容易理解的。但是事物总是存在两面的,当前的最优并不一定是最终结果的最优,贪心算法并不能保证有最佳答案,而是常常帮助我们得到接近于最佳的答案。

本章主要涉及的知识点如下。

- 短浅的眼光——贪心:学会贪心思想的本质及贪心算法的优缺点。
- 美丽心灵——哈夫曼编码:通过电影《美丽心灵》的编码问题,学会使用贪心算法进行哈夫曼编码。
- 带你去旅行——单源最短路径:通过实际生活中的旅行问题,学会使用贪心算法规划旅游路径。
- 选择困难症——背包问题:通过装背包的问题,学会使用贪心算法将尽可能多的物品装进背包。
- 搬家师傅的烦恼——集装箱装载问题:结合实际生活中的搬家问题,学会使用贪心算法进行搬家。

注意:贪心算法是求解最优问题的一种思路。

2.1 短浅的眼光——贪心

本节首先介绍贪心算法的核心思想,接着介绍贪心算法的优缺点,最后介绍贪心策略的重要性及贪心算法的适用范围。

2.1.1 适当的贪心——坏事变好事

现在每个学生都有考试的压力，例如，我们的目标是考到班级前五，而现在的名次是班级中等，那么怎样使用贪心思想呢？首先我们要考到班级前十，然后考到班级前七，最后考到班级前五。

再举一个生活中的例子，每个女生都爱美，希望自己的身材婀娜多姿，希望自己的体重为90斤（1斤=500g），而现在的体重是110斤，那要怎样使用贪心思想呢？首先第一个月减肥到100斤，第二个月减肥到95斤，第三个月达到目标，减肥到90斤。通过上面两个生活中的例子，我们可以发现，通过不断地贪心，我们离目标越来越近，最终达成目标。

在贪心算法中，对问题求解时，总是做出在当前看来是最好的选择，不从整体最优上加以考虑，是"目光短浅"的，因此贪心算法不需要回溯，省去了蛮力搜索的代价，这使得贪心算法效率很高。贪心算法在某些最优问题的解决上有出乎意料的效果。

2.1.2 过度贪心——赔了夫人又折兵

适当的贪心，成绩会越来越好，女生会变得越来越漂亮，但是过度贪心，反而会适得其反，生活中有很多因为过度贪心造成悲剧的例子，比如，为了"贪心"，要求学生必须考到班级第一名，给学生身心造成了很大压力；为了"贪心"，女生过度减肥给自己的身体造成了无法挽回的伤害。古人云："日中则昃，月满则亏"，说的就是这个道理。

因为贪心考虑的是局部最优，在每一阶段中构造一个最优解，我们要按照某一准则做出当前阶段的最好决定，某一阶段所做的决定不可以在随后的阶段中更改，即我们常说的没有"后悔药"，一旦做出选择，就不可以反悔。所以这个选择对于贪心算法是至关重要的，在贪心算法中用来作为贪心决定的策略称为贪心策略。例如，吃苹果的时候，如果认为越大的苹果越好吃，那么我们的贪心策略就是每次选择最大的；如果认为越小的苹果越好吃，那么我们的贪心策略就是每次选择最小的，求解问题不同，贪心策略也会不同，贪心策略的选择会直接影响贪心算法的好坏和正确性。

2.1.3 为贪心加上限制

没有带上脖套的狗可能会咬人，带上脖套的狗可以看家，适当的贪心可以得到问题的最优解，过度的贪心会适得其反，这就需要我们为贪心加个"度"。对于一个具体的最优解问题，是否使用贪心算法求解，按照贪心策略得到的全局解是否一定最优，没有一个通用的判定方法。但是，可以通过贪心算法求解的最优问题一般有两个特点：

（1）最优子结构——问题的最优解包含了子问题的最优解，比如，你要考到班级第一名，那你一定是考进了班级前两名，考进了班级前两名，那一定是考进了前五名。

（2）贪心选择性质——可通过局部最优选择来达到全局最优解，贪心选择性质是贪心算法的核心，贪心的每一步都只依赖当前已有的信息，而不依赖"未来"的信息。如果把贪心的过程当作人生的旅程，那么当我们回首往事时，会发现每个阶段的自己做的选择都是最正确的，由此我们可以意识到贪心选择条件是多么的严苛，所以我们要慎用贪心。

注意：我们要慎用贪心，贪心往往不能保证是全局最优解，一般产生的是整体最优解的近似解。

2.2 美丽心灵——哈夫曼编码

喜欢电影的人可能听说过《美丽心灵》这部电影，我们对电影中主人公帮助政府破解苏联密码的桥段惊叹不已，那么神秘的密码是如何加密、传输和破解的呢？21世纪是互联网时代，计算机之间的通信是一串 0/1 数字，那么人类可以理解的图片、声音、视频等信息又是怎样被编码在计算机中传输的呢？接下来我们介绍计算机中的一种编码——哈夫曼编码。

2.2.1 认识哈夫曼编码

什么是编码？编码就是将信息从一种形式或格式转换为另一种形式的过程，我们常说的汉语是一种编码形式，而英语也是一种编码形式，我们可以将汉语编码成英语，比如，猫编码成 Cat，狗编码成 Dog。现在我们想将英文字符串"i want to learn algorithm"通过计算机编码发送，编码条件要求如下。

（1）因为计算机只能识别二进制 0 和 1，所以编码要由 0 和 1 组成，这样才能用于计算机的数据传输。

（2）保证编码的唯一性，即任一编码不是另一编码的前面部分，这样可以连在一起传送，例如，ABCD 编码如下，

A：0；B：1；C：01；D：10

如果我们想要传输 CD 的字符串 0110，那么计算机要怎样解码呢？是解码成 ABBA，还是 CD？因此，我们要保证任一编码不是另一编码的前缀，这也叫作"异前置码字"，这样可以使各码字连在一起传送，中间不需另加隔离符号，只要传送时不出错，接收端就可分离各个码字，不致混淆。

（3）编码是不定长的，即编码可以是任意长度，这种编码方式叫作可变字长编码（VLC）。有不定长的编码方式，就有定长的编码方式，计算机中常用的 ASCII 编码就属于定长编码。

（4）满足以上条件以后需要保证编码的长度是最短的。

哈夫曼于 1952 年提出了一种编码方式，该方法完全依据字符出现的概率来构造异前置的平均长度最短的码字，因为是哈夫曼提出的，所以称为哈夫曼编码，该方法完美解决了上述编码要求。哈夫曼编码已经被广泛用于计算机的通信压缩等领域。

2.2.2 如何设计哈夫曼编码

保证编码的长度最短,这是一个最优问题,如果没有条件(2)的限制,那么我们可以将所有字符都编码成 0,这样肯定是最短的,每个字符只需要一个数字即可,编码长度就是字符的长度,但是由于"异前置码字"要求,所以不能这样编码。我们已经意识到在保证条件(2)的情况下出现次数越多的字符编码应该越短,出现次数越少的字符编码应该越长,这样构造的编码长度应该是最短的,这里已经蕴含了贪心的思想。那么如何构造异前置码字呢?这里我们引入二叉树,如图 2.1 所示。

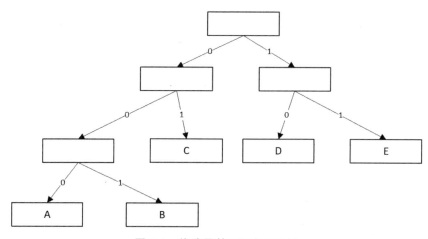

图 2.1 构造异前置码字二叉树

该二叉树由左右子树组成,并且左子树的路径被编码成 0,右子树的路径被编码成 1,叶子结点是我们要编码的字符,那么从根到叶子结点组成的编码就是异前置码字,图 2.1 中 ABCDE 的编码如下:

A:000 ;B:001 ;C:01 ;D:10 ;E:11

我们可以发现,通过二叉树进行编码后的 ABCDE 字符是异前置码字。现在我们已经学会了异前置码字的构造,接下来我们思考如何使构造的编码长度最短?出现次数越多的字符编码应该越短,出现次数越少的字符编码应该越长,我们首先统计一下"i want to learn algorithm"出现的频率,如表 2.1 所示。

表 2.1 字符频率统计(1)

字符	i	w	a	n	t	o	l	e	r	g	h	m
频率	2	1	3	2	3	2	2	1	2	1	1	1

首先我们给上面的字符按频率从低到高排序,如表 2.2 所示。

表 2.2　字符频率统计（2）

字符	w	e	g	h	m	i	n	o	l	r	a	t
频率	1	1	1	1	1	2	2	2	2	2	3	3

出现次数越多的字符编码长度越短，叶子离根越近，出现次数越少的字符编码长度越长，叶子离根越远。我们使用如下贪心思想，每次选取权重最低的两个字符组成新的子树，不断让树长高，那么就可以保证权重越低的字符，离根越远，编码长度越长，权重越高的字符，离根越近，编码长度越短。我们通过图例进行仔细讲解。

（1）首先选取表 2.2 中频率最低的两个字符 w 和 e 组成一个二叉树，如图 2.2 所示。

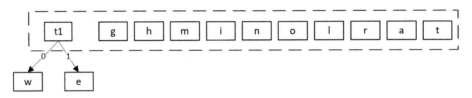

图 2.2　选取频率最低的 w 和 e 组成二叉树

字符 w 和 e 组成的二叉树权重为 2，我们使用新的字符 t1 表示，我们将新的字符列表重新按频率从低到高进行排序，如表 2.3 所示。

表 2.3　字符频率统计（3）

字符	g	h	m	i	n	o	l	r	t1	a	t
频率	1	1	1	2	2	2	2	2	2	3	3

（2）选取表 2.3 中频率最低的两个字符 g 和 h 组成一个二叉树，如图 2.3 所示。

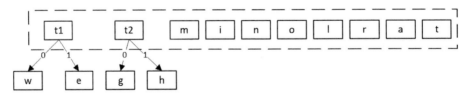

图 2.3　选取频率最低的 g 和 h 组成二叉树

字符 g 和 h 组成的二叉树权重为 2，我们使用新的字符 t2 表示，我们将新的字符列表重新按频率从低到高进行排序，如表 2.4 所示。

表 2.4　字符频率统计（4）

字符	m	i	n	o	l	r	t1	t2	a	t
频率	1	2	2	2	2	2	2	2	3	3

（3）选取表 2.4 中频率最低的两个字符 m 和 i 组成一个二叉树，如图 2.4 所示。

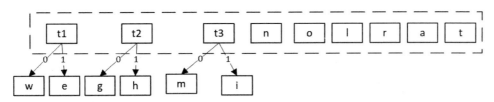

图 2.4　选取频率最低的 m 和 i 组成二叉树

字符 m 和 i 组成的二叉树权重为 3，我们使用新的字符 t3 表示，我们将新的字符列表重新按频率从低到高进行排序，如表 2.5 所示。

表 2.5　字符频率统计（5）

字符	n	o	l	r	t1	t2	a	t	t3
频率	2	2	2	2	2	2	3	3	3

（4）选取表 2.5 中频率最低的两个字符 n 和 o 组成一个二叉树，如图 2.5 所示。

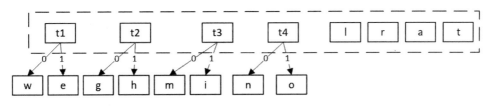

图 2.5　选取频率最低的 n 和 o 组成二叉树

字符 n 和 o 组成的二叉树权重为 4，我们使用新的字符 t4 表示，我们将新的字符列表重新按频率从低到高进行排序，如表 2.6 所示。

表 2.6　字符频率统计（6）

字符	l	r	t1	t2	a	t	t3	t4
频率	2	2	2	2	3	3	3	4

（5）选取表 2.6 中频率最低的两个字符 l 和 r 组成一个二叉树，如图 2.6 所示。

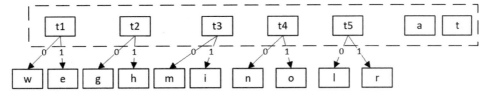

图 2.6　选取频率最低的 l 和 r 组成二叉树

字符 l 和 r 组成的二叉树权重为 4，我们使用新的字符 t5 表示，我们将新的字符列表重新按频率从低到高进行排序，如表 2.7 所示。

表 2.7　字符频率统计（7）

字符	t1	t2	a	t	t3	t4	t5
频率	2	2	3	3	3	4	4

（6）选取表 2.7 中频率最低的两个字符 t1 和 t2 组成一个二叉树，如图 2.7 所示。

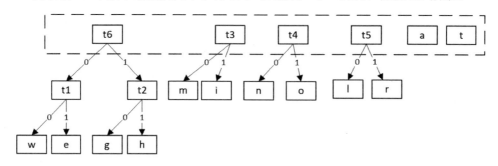

图 2.7　选取频率最低的 t1 和 t2 组成二叉树

字符 t1 和 t2 组成的二叉树权重为 4，我们使用新的字符 t6 表示，我们将新的字符列表重新按频率从低到高进行排序，如表 2.8 所示。

表 2.8　字符频率统计（8）

字符	a	t	t3	t4	t5	t6
频率	3	3	3	4	4	4

（7）选取表 2.8 中频率最低的两个字符 a 和 t 组成一个二叉树，如图 2.8 所示。

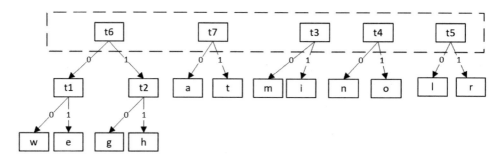

图 2.8　选取频率最低的 a 和 t 组成二叉树

字符 a 和 t 组成的二叉树权重为 6，我们使用新的字符 t7 表示，我们将新的字符列表重新按频率从低到高进行排序，如表 2.9 所示。

表 2.9　字符频率统计（9）

字符	t3	t4	t5	t6	t7
频率	3	4	4	4	6

（8）选取表 2.9 中频率最低的两个字符 t3 和 t4 组成一个二叉树，如图 2.9 所示。

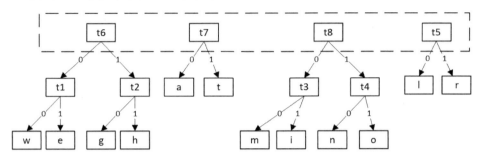

图 2.9　选取频率最低的 t3 和 t4 组成二叉树

字符 t3 和 t4 组成的二叉树权重为 7，我们使用新的字符 t8 表示，我们将新的字符列表重新按频率从低到高进行排序，如表 2.10 所示。

表 2.10　字符频率统计（10）

字符	t5	t6	t7	t8
频率	4	4	6	7

（9）选取表 2.10 中频率最低的两个字符 t5 和 t6 组成一个二叉树，如图 2.10 所示。

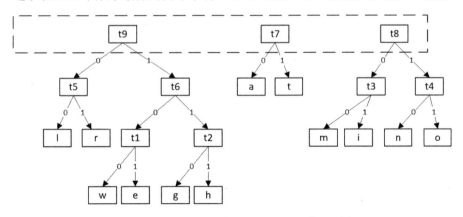

图 2.10　选取频率最低的 t5 和 t6 组成二叉树

字符 t5 和 t6 组成的二叉树权重为 8，我们使用新的字符 t9 表示，我们将新的字符列表重新按频率从低到高进行排序，如表 2.11 所示。

表 2.11 字符频率统计（11）

字符	t7	t8	t9
频率	6	7	8

（10）选取表 2.11 中频率最低的两个字符 t7 和 t8 组成一个二叉树，如图 2.11 所示。

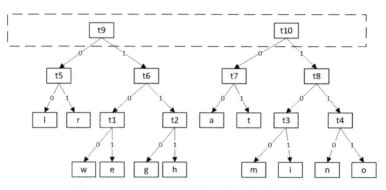

图 2.11 选取频率最低的 t7 和 t8 组成二叉树

字符 t7 和 t8 组成的二叉树权重为 13，我们使用新的字符 t10 表示，我们将新的字符列表重新按频率从低到高进行排序，如表 2.12 所示。

表 2.12 字符频率统计（12）

字符	t9	t10
频率	8	13

（11）最后选取表 2.12 中剩下的最后两个字符 t9 和 t10 组成一个二叉树，如图 2.12 所示。

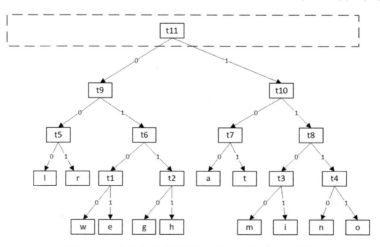

图 2.12 选取频率最低的 t9 和 t10 组成二叉树

字符 t9 和 t10 组成的二叉树权重为 21，我们使用新的字符 t11 表示，最终的结果如表 2.13 所示。

表 2.13　字符频率统计（13）

字符	t11
频率	21

根据图 2.12，从根到叶子结点的路径就是该字符的编码，我们可以得到字符串"i want to learn algorithm"的哈夫曼编码，如表 2.14 所示。

表 2.14　字符串的哈夫曼编码

字符	编码
l	000
r	001
w	0100
e	0101
g	0110
h	0111
a	100
t	101
m	1100
i	1101
n	1110
o	1111

2.2.3　哈夫曼编码算法实现

通过上一节的图解，相信大家对哈夫曼编码的构造已经有了了解，接下来我们就要进行实战编程。我们想要将字符串"i want to learn algorithm"进行哈夫曼编码以后，通过计算机发送，那么应该如何实现呢？完整代码如下。

```python
#结点类
class Node(object):
    def __init__(self,name=None,weight=None):
        #字符名字
        self._name=name
        #字符频率
        self._weight=weight
        #左子树
```

```python
        self._left=None
        #右子树
        self._right=None

#哈夫曼树类
class HuffmanTree(object):

    #构建 Huffman 树
    def __init__(self,char_weights):
        #Huffman 最大编码长度
        MAX_HUFFMAN_CODE_LENGTH = 10
        #根据输入的字符及其频数生成叶子结点
        self.huffmanTree = [Node(part[0],part[1]) for part in char_weights]
        while len(self.huffmanTree) != 1:
            #根据频率进行排序
            self.huffmanTree.sort(key=lambda node:node._weight,reverse=False)
            #构建二叉树
            parent=Node(weight=(self.huffmanTree[0]._weight+self.huffmanTree[1]._weight))
            parent._left=self.huffmanTree.pop(0)
            parent._right=self.huffmanTree.pop(0)
            self.huffmanTree.append(parent)
        #根结点
        self.root=self.huffmanTree[0]
        #保存编码列表
        self.bits=list(range(MAX_HUFFMAN_CODE_LENGTH))

    #遍历二叉树
    def trave(self,tree,length):
        node=tree
        if (not node):
            return
        elif node._name:
            print(node._name + '的编码为:',end='')
            for i in range(length):
                print(self.bits[i],end='')
            print("")
            return
        self.bits[length]=0
        self.trave(node._left,length+1)
        self.bits[length]=1
        self.trave(node._right,length+1)
    #生成哈夫曼编码
    def huffman_code(self):
        self.trave(self.root,0)
```

```
if __name__=='__main__':
    #输入的是字符及其频数
    char_weights=[('w',1),('e',1),('g',1),('h',1),('m',1),('i',2),('n',2),('o',2),('l',2),('r',2),('a',3),('t',3)]
    tree=HuffmanTree(char_weights)
    tree.huffman_code()
```

哈夫曼编码算法程序运行结果如图 2.13 所示。

图 2.13　哈夫曼编码算法程序运行结果

可以发现，程序的运行结果和分析结果是一致的。我们已经成功地将字符串 "i want to learn algorithm" 进行了哈夫曼编码。接下来我们对程序重要的数据结构和方法进行讲解。

下面我们定义一个哈夫曼结点类，该结点类包含如下信息：字符名字、字符频率、左子树、右子树，如下所示。

```
#结点类
class Node(object):
    def __init__(self,name=None,weight=None):
        #字符名字
        self._name=name
        #字符频率
        self._weight=weight
        #左子树
        self._left=None
        #右子树
        self._right=None
```

哈夫曼树的构造需要首先对字符频率进行排序，然后选取频率最低的两个字符构造子树，循环往复，最终剩下一个根结点。

```
#哈夫曼最大编码长度
MAX_HUFFMAN_CODE_LENGTH = 10
```

```python
#根据输入的字符及其频数生成叶子结点
self.huffmanTree = [Node(part[0],part[1]) for part in char_weights]
while len(self.huffmanTree) != 1:
    #根据频率进行排序
    self.huffmanTree.sort(key=lambda node:node._weight,reverse=False)
    #构建二叉树
    parent=Node(weight=(self.huffmanTree[0]._weight+self.huffmanTree[1]._weight))
    parent._left=self.huffmanTree.pop(0)
    parent._right=self.huffmanTree.pop(0)
    self.huffmanTree.append(parent)
```

生成哈夫曼树后，需要输出每个字符的结点，从根结点到叶子结点的路径就是该字符的编码，这是一个二叉树的遍历过程，如下所示。

```python
#遍历二叉树
def trave(self,tree,length):
    node=tree
    if (not node):
        return
    elif node._name:
        print(node._name + '的编码为:',end='')
        for i in range(length):
            print(self.bits[i],end='')
        print('')
        return
    self.bits[length]=0
    self.trave(node._left,length+1)
    self.bits[length]=1
    self.trave(node._right,length+1)
```

2.3 带你去旅行——单源最短路径

"我想要带你去浪漫的土耳其，然后一起去东京和巴黎"，这首网络歌曲《带你去旅行》曾红遍大江南北，优雅的歌词里隐藏了一个非常经典的算法问题，从地理位置来看，从土耳其到巴黎有各种各样的路线，那么哪一种路线是最短的呢？我们该如何寻找最短路线，来减少路上的行程，以便将更多的时间放在城市的游玩上呢？

2.3.1 如何最快到朋友家做客

你的好朋友老王刚刚搬到了新家，邀请你去他那里做客庆祝乔迁之喜，你准备欣然前往，这时老王告诉你饭菜都已经做好了，希望你能尽快赶过去。但是，从你家到老王新家有很多条路径，如图2.14所示。

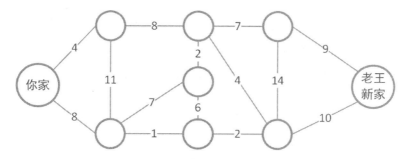

图 2.14 去老王家的路径

从图 2.14 来看，从你家到老王新家的路径真是太多了，为了尽快到达老王新家吃到丰盛的午餐，应该选择一条最短的路径，但是哪一条路径是最短的呢？

2.3.2 从最短的第一条路开始分析

选择最短的路径，这明显是一个最优问题，图 2.14 比较复杂，不容易分析，我们先从较简单的图开始分析，如图 2.15 所示。

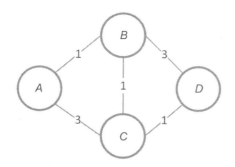

图 2.15 简化图的路线

这个图就简单很多了，从 A 到 D 一共就四条路径，具体如下。

（1）路径一：$A—B—D$，长度是 4。
（2）路径二：$A—B—C—D$，长度是 3。
（3）路径三：$A—C—D$，长度是 4。
（4）路径四：$A—C—B—D$，长度是 7。

很明显，路径二的长度是最短的，所以我们的贪心策略是首先不能选择经过的结点数最少的，如果贪心结点数最少，那么选择的最优路径应该是路径一或者路径三，因为路径一或者路径三经过的结点数是 3 个，少于路径二经过的结点数。那么是不是应该贪心结点之间的距离呢？貌似比较符合问题，比较结点 A 到结点 B 和结点 C 的距离，结点 B 距离结点 A 比较近，选择结点 B；然后从结点 B 出发，比较结点 C 和结点 D 到结点 B 的距离，结点 C 距离结点 B 比较近，优先选择结点 C，因为从结点 C 只有一条路径到结点 D，所以最后的路径是 $A—B—C—D$。

看似很有道理，其实其中存在一些问题，如图2.16所示，把结点C到结点D的路径长度改为3。

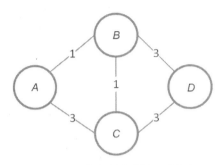

图2.16 贪心结点距离示例图

（1）路径一：A—B—D，长度是4。
（2）路径二：A—B—C—D，长度是5。
（3）路径三：A—C—D，长度是6。
（4）路径四：A—C—B—D，长度是7。

最优路径应该是路径一，如果按照贪心结点距离进行路径选择，选择的路径依然是路径二，所以仅仅贪心结点距离是错误的，这也从另一个方面说明，贪心策略的选择会影响算法的正确性。

从上面的两个例子我们可以发现，图中的任何路径都可能是最短路径，那么有没有什么好的贪心策略可以解决路径选择问题呢？计算机科学家Dijkstra于1959年发表了单源最短路径Dijkstra算法。该算法的贪心策略很巧妙，它是从集合的角度进行贪心，该算法首先求出长度最短的一条路径，然后参照这条最短路径求出长度次短的一条路径，直到求出从源点到其他各个结点的最短路径。

2.3.3 找到抵达朋友家的最短路径

为了方便阐述找到抵达朋友家的最短路径的Dijkstra算法，我们将地图的结点通过编号进行标注，如图2.17所示。

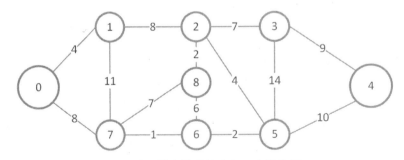

图2.17 带有编号的去老王家的路径

我们的目的是找到 0 号结点到 4 号结点的最短路径,图的复杂度要比前面的例子大很多,仅靠数路径是肯定数不过来的。接下来我们通过图例仔细讲解如何找到最短路径,尽可能快地到达老王家吃饭。最开始结点 0 到其余结点的距离如表 2.15 所示。

表 2.15　结点 0 到其他结点的距离（1）

结点	0	1	2	3	4	5	6	7	8
到结点 0 的距离	**0**	∞	∞	∞	∞	∞	∞	∞	∞

如表 2.15 所示,黑色加粗表示我们找到了最短距离,最开始的时候结点 0 到自身的距离是 0,到其他结点的距离是无穷远,使用符号∞表示。

（1）我们从结点 0 出发,它可以到达结点 1 和结点 7,结点 0 到结点 1 的距离是 4,到结点 7 的距离是 8,我们更新一下距离表格,如表 2.16 所示。

表 2.16　结点 0 到其他结点的距离（2）

结点	0	1	2	3	4	5	6	7	8
到结点 0 的距离	**0**	4	∞	∞	∞	∞	∞	8	∞

因为结点 1 离结点 0 比较近,所以我们选择结点 1,如图 2.18 所示。黑色结点代表我们已经找到了到结点 0 最近的距离。

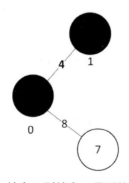

图 2.18　结点 0 到结点 1 最近的距离是 4

（2）我们从结点 1 出发,它可以到达结点 2 和结点 7,结点 0 经过结点 1 到达结点 7 的距离是 15,大于结点 0 直接到结点 7 的距离 8,所以不需要更新路径。结点 0 经过结点 1 到达结点 2 的距离是 12,所以我们更新表格,如表 2.17 所示。

表 2.17　结点 0 到其他结点的距离（3）

结点	0	1	2	3	4	5	6	7	8
到结点 0 的距离	**0**	**4**	12	∞	∞	∞	∞	**8**	∞

如表 2.17 所示，现阶段结点 0 到达结点 7 的最短距离是 8，小于结点 0 到达结点 2 的距离 12，所以我们选择结点 7，如图 2.19 所示。

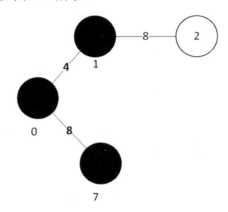

图 2.19　结点 0 到结点 7 最近的距离是 8

（3）我们从结点 7 出发，它可以到达结点 8 和结点 6，结点 0 经过结点 7 到达结点 8 的距离是 15。结点 0 经过结点 7 到达结点 6 的距离是 9。所以我们更新表格，如表 2.18 所示。

表 2.18　结点 0 到其他结点的距离（4）

结点	0	1	2	3	4	5	6	7	8
到结点 0 的距离	0	4	12	∞	∞	∞	9	8	15

如表 2.18 所示，现阶段结点 0 到达结点 6 的距离是 9，小于结点 0 到达结点 2 的距离 12，以及结点 0 到达结点 8 的距离 15，所以我们选择结点 6，如图 2.20 所示。

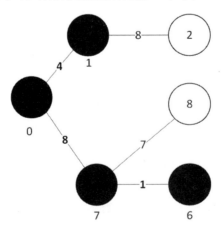

图 2.20　结点 0 到结点 6 最近的距离是 9

（4）我们从结点6出发，它可以到达结点8和结点5，结点0经过结点6到达结点8的距离是15，不小于结点0经过结点7到达结点8的距离15，不需要更新路径。结点0经过结点6到达结点5的距离是11，所以我们更新表格，如表2.19所示。

表 2.19　结点 0 到其他结点的距离（5）

结点	0	1	2	3	4	5	6	7	8
到结点 0 的距离	0	4	12	∞	∞	11	9	8	15

如表2.19所示，现阶段结点0到达结点5的距离是11，小于结点0到达结点2的距离12，以及结点0到达结点8的距离15，所以我们选择结点5，如图2.21所示。

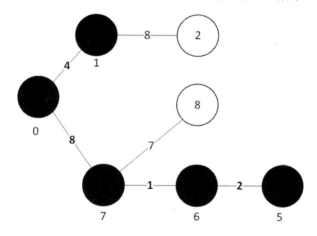

图 2.21　结点 0 到结点 5 最近的距离是 11

（5）我们从结点5出发，它可以到达结点4、结点3及结点2，结点0经过结点5到达结点4的距离是21。结点0经过结点5到达结点3的距离是25。结点0经过结点5到达结点2的距离是15，大于结点0经过结点1到达结点2的距离12，不需要更新路径。所以我们更新表格，如表2.20所示。

表 2.20　结点 0 到其他结点的距离（6）

结点	0	1	2	3	4	5	6	7	8
到结点 0 的距离	0	4	12	25	21	11	9	8	15

如表2.20所示，现阶段结点0到达结点2的距离是12，小于结点0到达结点3的距离25，以及结点0到达结点4的距离21和结点0到达结点8的距离15。所以我们选择结点2，如图2.22所示。

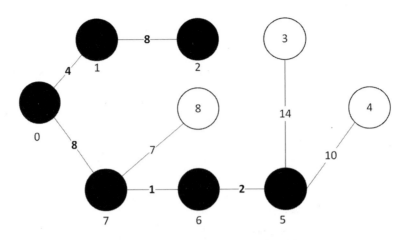

图 2.22 结点 0 到结点 2 最近的距离是 12

（6）我们从结点 2 出发，它可以到达结点 8 和结点 3，结点 0 经过结点 2 到达结点 8 的距离是 14，小于结点 0 经过结点 7 到达结点 8 的距离 15，需要更新路径。结点 0 经过结点 2 到达结点 3 的距离是 19，小于结点 0 经过结点 5 到达结点 3 的距离 25，需要更新距离。所以我们更新表格，如表 2.21 所示。

表 2.21　结点 0 到其他结点的距离（7）

结点	0	1	2	3	4	5	6	7	8
到结点 0 的距离	0	4	12	19	21	11	9	8	14

如表 2.21 所示，现阶段结点 0 到达结点 8 的距离是 14，小于结点 0 到达结点 3 的距离 19，以及结点 0 到达结点 4 的距离 21。所以我们选择结点 8，如图 2.23 所示。

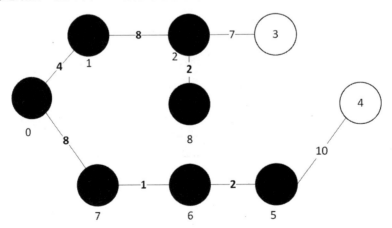

图 2.23　结点 0 到结点 8 最近的距离是 14

（7）我们从结点 8 出发，发现没有可到达的最短距离的结点，现在我们还剩下两个结点，一个是结点 0 经过结点 2 到达结点 3，距离是 19。另一个是结点 0 经过结点 5 到达结点 4，距离是 21。因为距离结点 3 较近，所以我们选择结点 3，如表 2.22 所示。

表 2.22　结点 0 到其他结点的距离（8）

结点	0	1	2	3	4	5	6	7	8
到结点 0 的距离	0	4	12	19	21	11	9	8	14

如表 2.22 所示，我们把结点 3 加粗，表示我们找到了结点 0 到达结点 3 的最短距离 19，同时我们的结点更新如图 2.24 所示。

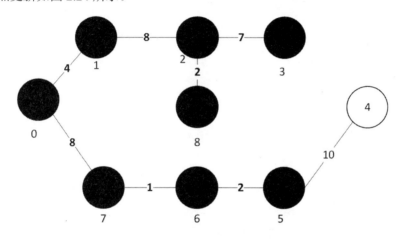

图 2.24　结点 0 到结点 3 最近的距离是 19

（8）我们从结点 3 出发，它可以达到结点 4，结点 0 经过结点 3 到达结点 4 的距离是 28，大于结点 0 经过经典 5 到达结点 4 的距离 21，所以不更新路径，如表 2.23 所示。

表 2.23　结点 0 到其他结点的距离（9）

结点	0	1	2	3	4	5	6	7	8
到结点 0 的距离	0	4	12	19	21	11	9	8	14

如表 2.23 所示，我们把结点 4 加粗，表示我们找到了结点 0 到达结点 4 的最短距离 21，结点 4 也是我们需要找的目标结点，所以最终结点 0 到达结点 4 的距离是 21，我们找到了去老王家的最短路径：结点 0—结点 7—结点 6—结点 5—结点 4。我们的结点更新如图 2.25 所示。

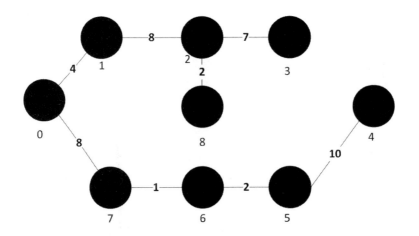

图 2.25 结点 0 到结点 4 最近的距离是 21

2.3.4 Dijkstra 算法实现

通过上一节的图解，相信大家对单源最短路径 Dijkstra 算法已经有了了解，那么接下来我们进行实战编程。我们通过程序来找到到达老王家的最短路径，吃到丰盛的午餐。去老王家的路径如图 2.14 所示。算法完整代码如下。

```
"""
:param start: 出发结点的索引，从 0 开始
:param mgraph: 设置好的邻接矩阵，二维数组
:return: 一个列表，各元素值是从 start 到对应下标的结点的最短距离
"""
def dijkstra(start: int, mgraph: list) -> list:

    #passed：存放已经确定最短距离的结点
    passed = [start]
    #nopass：存放还不确定最短距离的结点
    nopass = [x for x in range(len(mgraph)) if x != start]
    #dis：存放最短距离
    dis = mgraph[start]

    while len(nopass):
        idx = nopass[0]
        #贪心找出最小距离的结点，并将该结点从 nopass 转移到 passed 列表中
        for i in nopass:
            if dis[i] < dis[idx]: idx = i

        nopass.remove(idx)
```

```python
            passed.append(idx)

            #参照找到的结点距离更新各个结点的最短距离
            for i in nopass:
                if dis[idx] + mgraph[idx][i] < dis[i]: dis[i] = dis[idx] + mgraph[idx][i]
    return dis


if __name__ == "__main__":
    inf = 10000
    #通过邻接矩阵表示图
    mgraph = [[0  , 4 ,  inf, inf, inf, inf,inf,8  , inf],
              [4  , 0 ,  8  , inf, inf, inf,inf,11 , inf],
              [inf, 8 ,  0  , 7  , inf, 4  ,inf,inf, 2  ],
              [inf, inf, 7  , 0  , 9  , 14 ,inf,inf, inf],
              [inf, inf, inf, 9  , 0  , 10 ,inf,inf, inf],
              [inf, inf, 4  , 14 , 10 , 0  , 2 ,inf, inf],
              [inf, inf, inf, inf, inf, 2  , 0 , 1 , 6  ],
              [8  , 11, inf, inf, inf, inf, 1 , 0 , 7  ],
              [inf, inf, 2 , inf, inf, inf, 6 , 7 , 0  ]]

    dis = dijkstra(0, mgraph)
    for n,d in enumerate(dis):
        print(" 结点 0  距离 结点%d 的距离 %d " % (n,d))
```

Dijkstra 算法程序运行结果如图 2.26 所示。

```
结点0 距离 结点0 的距离 0
结点0 距离 结点1 的距离 4
结点0 距离 结点2 的距离 12
结点0 距离 结点3 的距离 19
结点0 距离 结点4 的距离 21
结点0 距离 结点5 的距离 11
结点0 距离 结点6 的距离 9
结点0 距离 结点7 的距离 8
结点0 距离 结点8 的距离 14
```

图 2.26　Dijkstra 算法程序运行结果

可以发现，程序的运行结果和表 2.23 的分析结果是一致的。我们已经成功地找到了到达老王家的最短路径，出发去吃午餐喽。接下来我们对程序重要的数据结构和方法进行讲解。

首先我们通过邻接矩阵表示图，邻接矩阵在 Python 中通过二维列表进行表示，二维列表的行号表示结点，每行的数据是一维列表，表示结点之间的距离，图 2.17 的邻接矩阵如下所示。

```
inf = 10000
#通过邻接矩阵表示图
mgraph = [[0  , 4  , inf, inf, inf, inf,inf,8  , inf],
          [4  , 0  , 8  , inf, inf, inf,inf,11 , inf],
          [inf, 8  , 0  , 7  , inf, 4  ,inf,inf, 2  ],
          [inf, inf, 7  , 0  , 9  , 14 ,inf,inf, inf],
          [inf, inf, inf, 9  , 0  , 10 ,inf,inf, inf],
          [inf, inf, 4  , 14 , 10 , 0  , 2 ,inf, inf],
          [inf, inf, inf, inf, inf, 2  , 0 , 1 , 6  ],
          [8  , 11 , inf, inf, inf, inf, 1 , 0 , 7  ],
          [inf, inf, 2  , inf, inf, inf, 6 , 7 , 0]]
```

算法中我们定义三个列表，passed、nopass 和 dis 分别存放的是已经确定最短距离的结点、还不确定最短距离的结点和最短距离。

```
#passed：存放已经确定最短距离的结点
passed = [start]
#nopass：存放还不确定最短距离的结点
nopass = [x for x in range(len(mgraph)) if x != start]
#dis：存放最短距离
dis = mgraph[start]
```

通过贪心策略，找到最小距离的结点进行扩展：

```
for i in nopass:
    if dis[i] < dis[idx]: idx = i
```

最后是 Dijkstra 算法的核心，找到最新的结点以后，根据最新的结点更新其他未找到最短距离结点的距离，如下所示。

```
for i in nopass:
    if dis[idx] + mgraph[idx][i] < dis[i]: dis[i] = dis[idx] + mgraph[idx][i]
```

2.4 选择困难症——背包问题

喜欢电影的人可能看过《加勒比海盗》这部电影，在电影中每个海盗都想获得无尽的财宝。我们假设一种场景，一伙海盗在岛上发现了一个沙矿，这座沙矿可以生产三种沙子：沙子 A、沙子 B 和沙子 C。三种沙子有不同的质量和价值，沙子 B 质量最大，价值也最高，沙子 C 质量最小，价值也最低，沙子 A 的价值和质量在沙子 B 和沙子 C 之间。海盗的小船有承重限制，所有沙子的质量已经超过小船承重的极限，超过承重极限船就会浮不起来，所以不可能把所有沙子都装到船上。如果你是这伙海盗的首领，你想在不沉船的情况下，获得总价值最高的沙子，你会怎么装载呢？

2.4.1 如何装沙子赚更多的钱

你是这伙海盗的首领,带着大家辛辛苦苦、冒着生命的危险来到这座小岛上,找到了可以带来财富的沙子。但是你也不知道怎么用小船装沙子才能赚更多的钱,这时候你在内部开了一个会议集思广益,看看手下人有没有好的想法。

海盗甲:老大,我们首先应该选择质量最小的沙子 C 装到船上,装完沙子 C 以后,再把质量次小的沙子 A 装到船上,最后用沙子 B 装满小船,这样岛上只剩下沙子 B 啦,沙子 A 和沙子 C 都被我们装完了,赚的钱应该最多。

海盗乙第一个站起来反对:老大,我觉得海盗甲说的不对,我们应该先装价值最高的沙子 B,装完沙子 B 以后,再装价值次高的沙子 A,直到小船装满,这样岛上只剩下价值最低的沙子 C,价值最高的沙子 A 和沙子 B 都被我们装上船了,赚的钱肯定比海盗甲的方案多。

海盗丙推了推眼镜,轻轻说道:老大,他俩说的都不对,海盗甲只考虑了质量,没有考虑沙子的价值,海盗乙只考虑了沙子的价值,没有考虑沙子的质量,我认为选择沙子应该既考虑质量又考虑价值,我们应该首先选择单位价值最高的沙子,然后选择单位价值次高的沙子,这样赚的钱才会是最多的。

听了三个小弟的建议,你也不知道谁的建议才是最正确的,看着手下人都在等着你决定怎么搬沙子,你才发现做海盗还是要有知识、懂算法才行。海盗丙看出了你的心思,又推了推眼镜说道:老大,不要担心,你先听听我的分析,再来做决定。

2.4.2 海盗的智慧

海盗丙推了推眼镜继续说道:在这座小岛上,一共就有三种沙子,分别是沙子 A、沙子 B 和沙子 C,其质量分别是 20、30、10,对应的价值分别为 60、120、50,沙子 B 虽然价值最高,但是质量也最大,沙子 C 质量最小,价值也最低。我们的小船可以装沙子的质量是 50。因为沙子的种类也不是很多,我们直接分析就好了。下面我们按照海盗甲的思路来进行装载。

(1)因为小船的承重是 50,首先我们把质量最小的沙子 C 全部装到船上,沙子 C 的全部质量是 10,装完沙子 C 以后,小船还能装载质量为 40 的沙子;

(2)然后把质量次小的沙子 A 全部装到船上,沙子 A 的全部质量是 20,装完沙子 A 以后,小船还能承重 20;

(3)最后用沙子 B 装满小船,沙子 B 的总质量是 30,装满小船以后,小岛上还剩下质量为 10 的沙子 B,海盗甲的装载策略如图 2.27 所示。

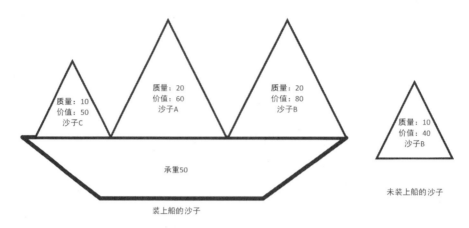

图 2.27　海盗甲的装载策略

通过海盗甲的方案，我们装在船上的沙子价值多少呢？船上沙子 C 的价值为 50，沙子 A 的价值为 60，沙子 B 总质量是 30，船上只装了 20，所以船上沙子 B 的价值是 80。因此，按照海盗甲的方案，船上沙子的总价值是 190。接下来我们按照海盗乙的策略来进行装载。

（1）因为小船的承重是 50，首先我们把价值最高的沙子 B 全部装到船上，沙子 B 的全部质量是 30，装完沙子 B 以后，小船还能装载质量为 20 的沙子；

（2）然后把价值次高的沙子 A 全部装到船上，沙子 A 的全部质量是 20，装完沙子 A 以后，小船也装满了；

（3）因为小船装满了，价值最低的沙子 C 一丁点也没有装上船，海盗乙的装载策略如图 2.28 所示。

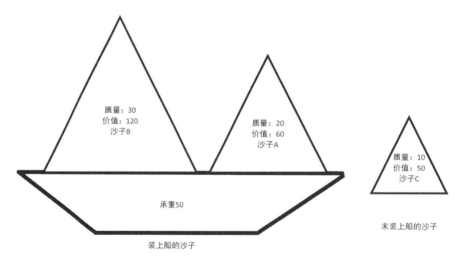

图 2.28　海盗乙的装载策略

通过海盗乙的方案，我们装在船上的沙子价值多少呢？沙子 B 全部装上了船，所以沙子 B

总的价值为 120，沙子 A 也全部装上了船，所以沙子 A 总的价值为 60。因此，按照海盗乙的方案，船上沙子的总价值是 180，比海盗甲的方案还少了 10。最后我们按照海盗丙的思路来进行装载。海盗丙的装载思路是按照单位价值最高的沙子进行依次装载，沙子 A 的总质量是 20，总价值是 60，所以单位价值是 3；沙子 B 的总质量是 30，总价值是 120，所以单位价值是 4；沙子 C 的总质量是 10，总价值是 50，所以单位价值是 5。按照单位价值进行贪心，首先装载沙子 C，然后装载沙子 B，最后装载沙子 A。

（1）因为小船的承重是 50，首先我们把单位价值最高的沙子 C 全部装到船上，沙子 C 的全部质量是 10，装完沙子 C 以后，小船还能装载质量为 40 的沙子；

（2）然后把单位价值次高的沙子 B 全部装到船上，沙子 B 的全部质量是 30，装完沙子 B 以后，小船还能装载质量为 10 的沙子；

（3）最后用沙子 A 装满小船，沙子 A 的总质量是 20，装完小船以后，小岛上还剩下质量为 10 的沙子 A，海盗丙的装载策略如图 2.29 所示。

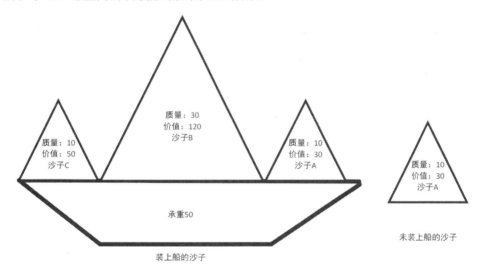

图 2.29　海盗丙的装载策略

通过海盗丙的方案，我们装在船上的沙子价值多少呢？沙子 C 全部装上了船，所以沙子 C 总的价值为 50，沙子 B 也全部装上了船，所以沙子 B 总的价值为 120，沙子 A 总质量是 20，船上只装了 10，所以船上沙子 A 的价值是 30。因此，按照海盗丙的方案，船上沙子的总价值是 200，价值比海盗甲和海盗乙的方案都高一些。

海盗丙骄傲地对老大说：老大，三个方案都分析完了，海盗甲的方案价值是 190，海盗乙的方案价值是 180，我的方案价值是 200，选哪个方案一目了然了吧！

听了海盗丙的分析，你满意地点点头，决定就按照海盗丙的方案来进行装船，这一次海盗收获颇丰。收获颇丰的基础还是要学会分析，否则按照海盗甲或者海盗乙的方案装船，将损失一笔价值不菲的财富。

2.4.3 背包问题算法实现

通过上一节的图解,相信大家对背包问题算法已经有了了解,背包问题算法的实质就是对单位价值最高的物品进行贪心,那么接下来我们进行实战编程。我们通过程序帮助海盗找到最高价值的装载方案,小岛的三种沙子:沙子 A、沙子 B 和沙子 C,质量分别是 20、30、10,对应的总价值分别为 60、120、50。小船最多能装质量为 50 的沙子。算法完整代码如下。

```python
#货物类
class Goods(object):
    def __init__(self,name=None,weight=None,price=None):
        #货物名字
        self._name = name
        #货物质量
        self._weight = weight ;
        #货物总价格
        self._price = price

#背包问题
class Knapsack(object):
    def __init__(self,capacity,goods_list):
        self._capacity = capacity
        self._good_list = goods_list


    def greed(self,goods):
        result = []
        for good in goods:
            #如果是能放得下的物品,就全部放下
            if(good._weight < self._capacity):
                self._capacity = self._capacity - good._weight
                result.append(good)
            else:
                #如果物品不能完全放下,则考虑放入部分物品
                result.append(Goods(good._name,self._capacity,self._capacity * good._price/good._weight))
                break
        return result

    #按照权重排序
    def weight(self):
        goods = [Goods(part[0],part[1],part[2]) for part in self._good_list]
        goods.sort(key=lambda x:x._weight,reverse=False)
        return self.greed(goods)
```

```python
#按照总价值排序
def price(self):
    goods = [Goods(part[0],part[1],part[2]) for part in self._good_list]
    goods.sort(key=lambda x:x._price,reverse=True)
    return self.greed(goods)

#按照单位价值排序
def density(self):
    goods = [Goods(part[0], part[1], part[2]) for part in self._good_list]
    goods.sort(key=lambda x: x._price/x._weight, reverse=True)
    return self.greed(goods)


if __name__ == "__main__":
    knapsack = Knapsack(50,[('沙子 A',20,60),('沙子 B',30,120),('沙子 C',10,50)])
    goods = knapsack.weight()
    total_price = 0 ;
    for good in goods:
        total_price = total_price + good._price
    print("海盗甲：基于沙子质量贪心方案是：%d" % total_price)

    knapsack = Knapsack(50, [('沙子 A', 20, 60), ('沙子 B', 30, 120), ('沙子 C', 10, 50)])
    goods = knapsack.price()
    total_price = 0;
    for good in goods:
        total_price = total_price + good._price
    print("海盗乙：基于沙子总价值贪心方案是：%d" % total_price)

    knapsack = Knapsack(50, [('沙子 A', 20, 60), ('沙子 B', 30, 120), ('沙子 C', 10, 50)])
    goods = knapsack.density()
    total_price = 0;
    for good in goods:
        total_price = total_price + good._price
    print("海盗丙：基于沙子单位价值贪心方案是：%d" % total_price)
```

背包问题算法程序运行结果如图 2.30 所示。

```
海盗甲：基于沙子质量贪心方案是：190
海盗乙：基于沙子总价值贪心方案是：180
海盗丙：基于沙子单位价值贪心方案是：200
```

图 2.30　背包问题算法程序运行结果

可以发现，程序的运行结果和前面的分析结果是一致的。我们已经成功地帮助海盗们找到了最佳的装载方案，海盗们高高兴兴地装船去啦。接下来我们对程序重要的数据结构和方法进行讲解。

首先我们要定义一个货物类，该货物类应该包含如下信息：货物名字、货物质量、货物总价值，如下所示。

```
#货物类
class Goods(object):
    def __init__(self,name=None,weight=None,price=None):
        #货物名字
        self._name = name
        #货物质量
        self._weight = weight ;
        #货物总价值
        self._price = price
```

算法中我们定义了三个方案，分别是海盗甲的基于质量贪心、海盗乙的基于总价值贪心及海盗丙的基于单位价值贪心。海盗甲的基于质量贪心方法如下所示。

```
#按照质量排序
def weight(self):
    goods = [Goods(part[0],part[1],part[2]) for part in self._good_list]
    goods.sort(key=lambda x:x._weight,reverse=False)
    return self.greed(goods)
```

海盗乙的基于总价值贪心方法如下所示。

```
#按照总价值排序
def price(self):
    goods = [Goods(part[0],part[1],part[2]) for part in self._good_list]
    goods.sort(key=lambda x:x._price,reverse=True)
    return self.greed(goods)
```

最后是海盗丙的基于单位价值贪心方法如下所示。

```
def density(self):
    goods = [Goods(part[0], part[1], part[2]) for part in self._good_list]
    goods.sort(key=lambda x: x._price/x._weight, reverse=True)
    return self.greed(goods)
```

2.5　搬家师傅的烦恼——集装箱装载问题

喜欢电视剧的人可能看过《蜗居》这部电视剧，在该电视剧中有各种各样的搬家场景。搬过家的人应该深有体会，搬家是非常累的。在实际生活中，我们搬家通常会先预订搬家师傅，然后把家里的物品打包，最后搬上车。现在假设一个场景，你预订的搬家师傅的车容量有点小，不能把所有的物品装上车，需要多次运送。但是打包的物品都已经用了好几年了，其价值可能还抵不上运费钱,你希望在运送的时候尽可能多地把物品装到车上,只送一次,剩下的直接扔掉。你要怎样装载,才能将尽可能多的物品装上车呢?

2.5.1 如何装更多的物品

老王刚买了一个新房,需要将现在住的房子的物品搬到新房子里,老王忙了一早上,连水都没来得及喝,终于把所有的物品打包好了。望着眼前大大小小的包裹,老王满意地点了点头。接下来就是预订搬家师傅了,半个小时后,搬家师傅来了,看了一下眼前的包裹。

师傅对老王说:"这些物品一趟可能装不完,需要多运几趟,运费要加钱。"

老王一听要加钱,看了看眼前用了好几年的东西,也不值几个钱,还抵不上多出来的一趟运费。

老王缓缓说道:"一趟就好,剩下的直接扔掉就可以了,但是你要保证这一趟要把尽可能多的物品装到车上。"

师傅自信满满地说道:"好嘞,我干了十年搬家工作了,这点要求对我来说还是没有问题的,您就瞧好吧!"

2.5.2 搬家师傅的十年经验

老王打包的物品也没有多少,一共才打包了 8 个物品,8 个物品的体积分别如下:
- 物品 A:4;
- 物品 B:1;
- 物品 C:3;
- 物品 D:2;
- 物品 E:7;
- 物品 F:12;
- 物品 G:11;
- 物品 H:7。

而搬家师傅的装载车容量是 20。只见搬家师傅想都没想,看了一眼眼前的 8 个物品,撸起袖子,干起活来。

(1)搬家师傅先把体积最小的物品 B 装到了车上。搬家车的容量是 20,B 的体积是 1,所以搬家车的容量还剩 19,如图 2.31 所示。

(2)然后搬家师傅把剩下物品中体积最小的物品 D 装到了车上。搬家车的剩余容量是 19,D 的体积是 2,所以搬家车的容量还剩 17,如图 2.32 所示。

(3)接着搬家师傅把剩下物品中体积最小的物品 C 装到了车上。搬家车的剩余容量是 17,C 的体积是 3,所以搬家车的容量还剩 14,如图 2.33 所示。

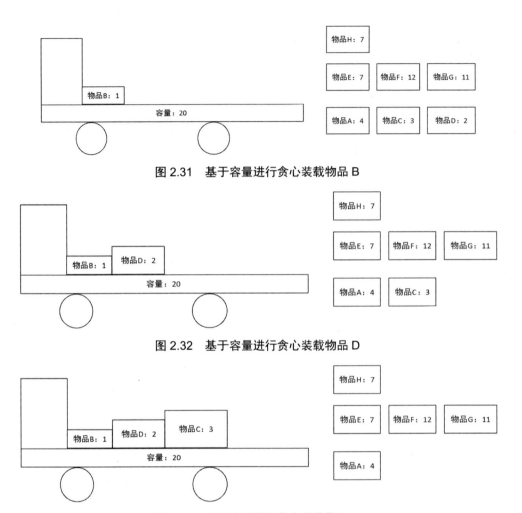

图 2.31　基于容量进行贪心装载物品 B

图 2.32　基于容量进行贪心装载物品 D

图 2.33　基于容量进行贪心装载物品 C

（4）再然后搬家师傅把剩下物品中体积最小的物品 A 装到了车上。搬家车的剩余容量是 14，A 的体积是 4，所以搬家车的容量还剩 10，如图 2.34 所示。

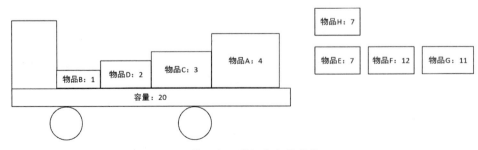

图 2.34　基于容量进行贪心装载物品 A

（5）最后搬家师傅把剩下物品中体积最小的物品 E 装到了车上。搬家车的剩余容量是 10，E 的体积是 7，所以搬家车的容量还剩 3，如图 2.35 所示。

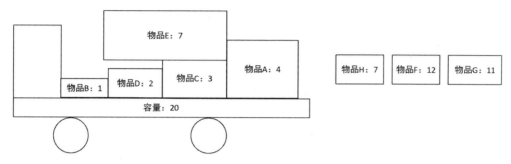

图 2.35 基于容量进行贪心装载物品 E

搬家师傅看了看搬家车剩余的容量和没有装载的物品，擦了擦额头上的汗水，说道："老板，装完了，你看一下"。

老王看了看装载的物品，满意地点了点头。老王是个程序员，他对搬家师傅的搬物品策略进行了分析，每次都是选剩余物品中体积最小的物品进行装载，其本质就是基于物品的体积进行贪心，从而保证装载车可以装载最多的物品。搬家师傅虽然不懂什么贪心算法，但是十年的搬家经验使得他无意间使用了该算法，老王默默嘀咕着：算法来源于生活，生活中处处都是算法呀。

2.5.3 装载问题算法实现

通过上一节的图解，相信大家对装载问题算法已经有了了解，装载问题算法的实质就是对体积最小的物品进行贪心，老王是个算法爱好者，知道搬家师傅是根据经验进行装载的，并没有理论基础，如果是个没有经验的小伙子搬家可能会搬错。接下来老王要通过编程模拟装载策略，来指导没有经验的小伙子搬家。算法完整代码如下。

```python
#包裹类
class Packages(object):
    def __init__(self,name=None,weight=None):
        #包裹名字
        self._name = name
        #包裹质量
        self._weight = weight

#装载问题
class Load(object):
    def __init__(self,capacity,packages_list):
        self._capacity = capacity
        self._packages_list = packages_list
```

```python
    def greed(self,packages):
        result = []
        for package in packages:
            #如果是能放得下的物品，就全部放下
            if(package._weight < self._capacity):
                self._capacity = self._capacity - package._weight
                result.append(package)
            else:
                break
        return result

    #按照物体体积进行贪心
    def weight(self):
        packages = [Packages(part[0],part[1]) for part in self._packages_list]
        packages.sort(key=lambda x:x._weight,reverse=False)
        return self.greed(packages)


if __name__ == "__main__":
    load = Load(20,[('物品 A',4),('物品 B',1),('物品 C',3),('物品 D',2),('物品 E',7),('物品 F',12),('物品 G',11),('物品 H',7)])
    packeages = load.weight()
    for package in packeages:
        print("装载的物品是：%s" % package._name)
```

装载问题算法程序运行结果如图 2.36 所示。

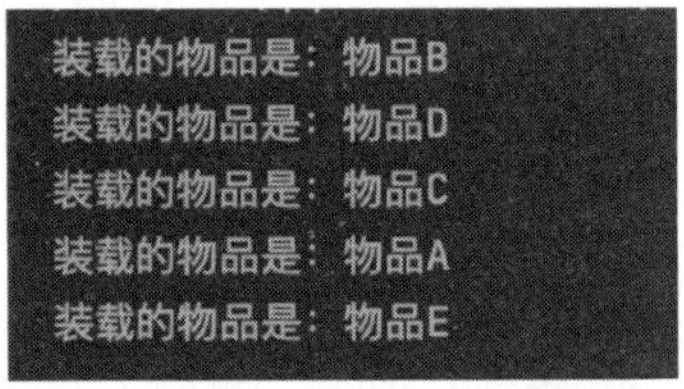

```
装载的物品是：物品B
装载的物品是：物品D
装载的物品是：物品C
装载的物品是：物品A
装载的物品是：物品E
```

图 2.36　装载问题算法程序运行结果

可以发现，程序的运行结果和前面的分析结果是一致的。老王已经成功地通过程序模拟了装载策略，这样，如果来的搬家师傅没有经验，也可以通过程序帮助没有经验的搬家师傅装载物品。接下来我们对程序重要的数据结构和方法进行讲解。

首先我们要定义一个包裹类，该包裹类应该包含如下信息：包裹名字、包裹质量，如下所示。

```python
#包裹类
class Packages(object):
    def __init__(self,name=None,weight=None):
        #包裹名字
        self._name = name
        #包裹质量
        self._weight = weight
```

在算法中我们会对物品的体积从小到大进行排序，如下所示。

```python
packages.sort(key=lambda x:x._weight,reverse=False)
```

每次将体积最小的物品装到搬家车上，直到搬家车装不了为止，如下所示。

```python
    def greed(self,packages):
        result = []
        for package in packages:
            #如果是能放得下的物品，就全部放下
            if(package._weight < self._capacity):
                self._capacity = self._capacity - package._weight
                result.append(package)
            else:
                break
        return result
```

第 3 章

分而治之算法

我们来学习一种新的算法策略——分而治之，顾名思义，先"分"而后"治"，"分"就是将整体划分成部分，"治"就是先求解部分问题，每个部分问题都解决了，整体也就解决了，"天下难事，必作于易；天下大事，必作于细"。生活中有很多使用分而治之方法的例子，比如，夏天比较热的时候，我们最喜欢买一个大西瓜解渴，但是西瓜太大不好入口，通常我们会将西瓜切成一块块来吃，这就是拆分；再比如我们平常看到的汽车，汽车的工艺很复杂，但是也是由不同的零件组成的：发动机、车轮、玻璃、方向盘等，我们只要将每个零件生产出来，然后组合在一起，就是一辆可以跑的汽车；又如公司的组织结构，首先是 CEO，CEO 下面是各个总裁，总裁下面是各个经理……，层层分下去，才可以让一个公司有条不紊地运行下去。可以这样说，只要事物到达了一定的规模，就需要不断地拆分，然后求解。

本章主要涉及的知识点如下：

- 纵横捭阖，各个击破——分而治之：学会分而治之思想的本质及分而治之算法的核心要素。
- 真币 or 假币——伪币问题：通过伪币问题，学会使用分而治之算法进行假币判断。
- 再谈排序算法（1）——合并排序：在第 1 章我们已经学习过冒泡排序、简单选择排序、直接插入排序，在此学习使用分而治之思想进行数组排序。
- 再谈排序算法（2）——快速排序：使用分而治之思想进行数组排序的另一种算法。
- 累人的比赛——循环赛日程安排：结合实际生活中的比赛问题，学会使用分而治之算法进行循环赛日程安排。

3.1 纵横捭阖，各个击破——分而治之

本节首先介绍分而治之算法的核心思想，然后介绍分而治之算法的核心要素，最后介绍分而治之策略的重要性及分而治之算法的适用范围。

3.1.1 分而治之——把复杂的事情简单化

一个英明的君王或统治者都非常会使用分而治之这个策略，面对一个强大的敌人，战略家们通常会深入分析敌人的力量构成，将敌人较大的力量瓦解分裂成较小的力量，然后逐个击破。我们日常生活中也会应用到分而治之这个策略，比如，选秀节目正常的流程应该是什么样的呢？首先会在全国分成几个分赛区，每个分赛区的前几名再参加下一次的海选，经过多轮海选以后，最后剩下的最优秀的选手参与最终的总决赛。这样不仅呈现在观众面前的都是最优秀的歌手，而且因为是分成多个赛区同时进行面试，所以节省了大量的海选时间，这就是生活中的分而治之。再举一个生活中的例子，我们搬家的时候通常会有一些大物件，如柜子、床等，但是搬家车的容量使其根本装不下这些大物件，通常我们会对这些大物件进行拆卸，然后通过搬家车运送，等到了新的房子以后再将这些大物件装起来。

分而治之是一种哲学思想，任何事物达到一定规模以后，都可以将其进行拆解，逐个解决，如计算机中大数据的分布式计算、数据库中的分库分表等。分而治之算法对问题求解时，总是会将问题拆分成各个独立的小问题，然后对每个独立的小问题求解。

3.1.2 可分可治，缺一不可

拆分是降低难度最简单和最普遍的方法，将大的或者难的问题拆开分解，这样难度就降低了，当能力大于拆分后的难度时，就可以把问题解决了。但是拆分的策略又是什么呢？并不是每个事物都像家具那样容易拆分，比如，对于一个大西瓜的切分，一个大西瓜要切成很多瓣，切的瓣数相当于问题的规模，而每瓣的大小对应问题规模的大小，如果切的瓣数比较少，那么每瓣的规模可能还是比较大，还是没有办法吃下去，究竟切多少瓣规模才算比较小，才比较容易吃下去呢？这是一个问题。再比如，分布式处理大数据，要部署多台服务器，部署服务器的数量相当于问题切分的数量，每台部署的服务器处理的数据相当于拆分问题的大小，部署的服务器太多，则每个问题被拆分得太小，浪费服务器的资源；部署的服务器太少，则每个问题被拆分得太大，各台服务器可能处理不过来。

为了解决这些问题，计算中分而治之算法的实现通常会结合二分法不断递归，先将原来的问题分成两个，如果分解后的问题不能被解决，再将两个问题继续分解成四个，如果分解后的问题还是不能被解决，就继续分解，直到问题可以被解决为止，如图3.1所示。

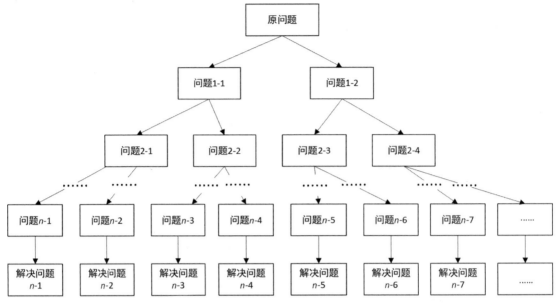

图 3.1 分而治之算法求解问题流程

通过图 3.1 我们可以发现，分而治之算法是树形结构，通过不断地将问题分解来解决问题。

3.1.3 合久必分，分久必合——治而合之

我们已经知道，分而治之算法就是将原问题分解成不同的小问题，然后对每个小问题求解，求解完每个小问题后，每个小问题的解其实还不是原问题的解，我们还需要将小问题的解合并成原问题的解，所以分而治之算法需要经历三步：分—治—合。比如，前面举的搬运家具的例子，"分"相当于将原家具拆分，"治"相当于运货车运送家具，而"合"相当于家具的再次组装，所以完整的分而治之算法求解问题流程如图 3.2 所示。

通过图 3.2 我们可以发现，在将问题分而治之以后，还需要对问题的解进行递归合并，自上而下层层合并，合并出来的中间解对应的是被拆分的中间问题，直到最终合并出原问题的解。

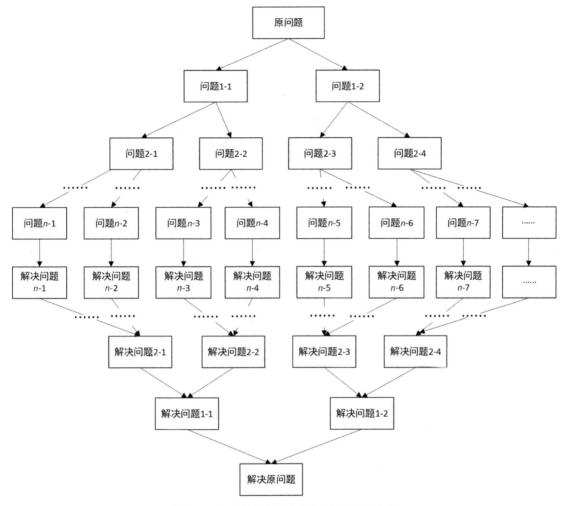

图 3.2 完整的分而治之算法求解问题流程

3.2 真币和假币——伪币问题

随着时代的进步、数字货币时代的到来，现在的人们进行交易基本都使用微信或者支付宝，很少使用货币，所以很少存在伪币一说，但是几年前，笔者坐公交的时候还需要投硬币，购物也是以纸币进行交易的，往往会遇到假币。假币虽然模仿得很像，粗略一看和真币没有什么区别，但是假币和真币铸造的材料不一样，假币通常会轻一些，那么我们如何在一堆真币中找到假币呢？接下来我们讲述解决该问题的方法。

3.2.1 可恶的假币

什么是假币？顾名思义就是假的货币，当没有数字货币的时候，人们通常会使用纸币或者硬币进行交易，在使用实体货币进行交易的时候，人们第一件事就是检查货币是不是假的。笔者很不幸，在一次买菜的时候，找零收到了 16 枚硬币，好心的邻居告诉笔者其中一枚硬币是假的，收到假币让人很气愤，为了防止假币继续骗人，笔者想找出这个假币然后扔掉，因为假币通常比真币轻一些，基于这种判别方法，笔者进行了如下操作。

笔者当时想的策略很简单，先比较硬币 1 和硬币 2 的质量，如果硬币 1 比硬币 2 轻，则硬币 1 是假币，任务完成。如果硬币 2 比硬币 1 轻，则硬币 2 是假币。如果两枚硬币的质量相等，说明两个硬币都是真币，我们继续比较硬币 3 和硬币 4；同样，如果有某一枚硬币较轻，则可以检测出假币，任务顺利完成。如果没有较轻的硬币，我们继续比较硬币 5 和硬币 6。按照这种方式比较，最多进行 8 次质量比较就可以确定假币的存在并找出这个假币，这种比较方式的时间复杂度是 $O(n)$。那么除了笔者这个简单的算法，还有更优的寻找假币的策略吗？

3.2.2 先对一半的硬币进行考虑

我们现在需要从 16 枚硬币中找出假币，先把 16 枚硬币分成两份，每份分别含有 8 枚硬币，为了方便描述，我们把第一份称为实例 A，第二份称为实例 B。我们先比较实例 A 和实例 B 的质量，如果实例 A 比实例 B 轻，则实例 A 中存在假币；如果实例 B 比实例 A 轻，则实例 B 中存在假币；如果实例 A 和实例 B 的质量相等，则假币不存在。如果存在假币，我们继续取出质量较轻的分组，按照刚才的策略分成两份，取出较轻的分组……，不断重复下去，直到两个分组都只包含 1 枚硬币，无法再继续分组下去，这样我们也就找到了哪枚硬币是假币。本问题只有"分"和"治"，不需要"合"的过程。我们通过图例进行仔细讲解。

（1）首先我们先对一半的硬币进行考虑，将 16 枚硬币分成两份，如果不存在假币，那么两份的质量应该相等，如果某份质量较轻，那么假币一定在该份中，我们假设第一份包含了假币，如图 3.3 所示。

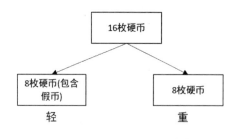

图 3.3　16 枚硬币分成两份

（2）我们再对较轻的一份，即第一份的一半硬币进行考虑，将 8 枚硬币再分成两份，如果存在某份质量较轻,那么假币一定在该份中,我们假设第二份包含了假币,如图 3.4 所示。

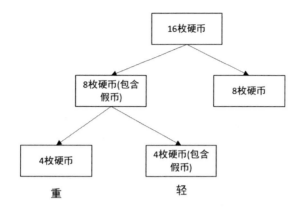

图 3.4　8 枚硬币分成两份

(3) 我们再对较轻的一份,即第二份的一半硬币进行考虑,将 4 枚硬币再分成两份,如果存在某份质量较轻,那么假币一定在该份中,我们假设还是第二份包含了假币,如图 3.5 所示。

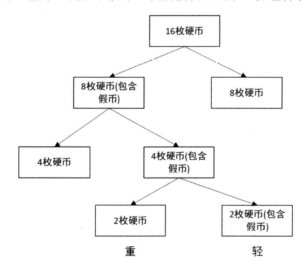

图 3.5　4 枚硬币分成两份

(4) 我们再对较轻的一份,即第二份的一半硬币进行考虑,将 2 枚硬币再分成两份,每份仅包含 1 枚硬币,如果存在某份质量较轻,那么该枚硬币就是假币了,我们假设第一份包含了假币,如图 3.6 所示。

这样我们通过 4 次比较就找到了假币,通过分而治之算法找到假币的效率要比简单的两两比较效率高,分而治之算法的时间复杂度是 $O(\log n)$。

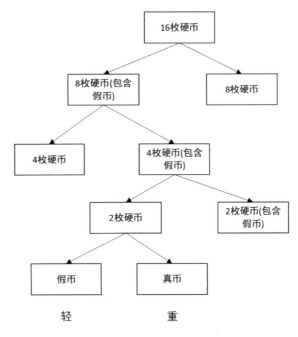

图 3.6　2 枚硬币分成两份

3.2.3　找出硬币的规律

通过上一节的图解，读者朋友应该找到了通过分而治之算法找出假币的规律，硬币问题本质就是二分搜索，通过不断的两两比较，直到找到假的硬币。那么接下来我们进行实战编程，通过程序来帮助笔者从 16 枚硬币中找到假币。完整代码如下。

```python
class Coin(object):
    def __init__(self,name,weight):
        #硬币的名字
        self.name = name
        #硬币的质量
        self.weight = weight


class FakeCoin(object):
    def __init__(self,char_weights):
        self.coins = [Coin(part[0],part[1]) for part in char_weights]

    def coins_weight(self,low,height):
        sum_weight = 0
        for i in range(low,height):
            sum_weight = sum_weight + self.coins[i].weight
```

```
                    return sum_weight

    def find_fake_coin(self,low,height):
        #至少两个元素
        if height - low > 1:
            middle = int((low + height) /2)
            left_weight = self.coins_weight(low,middle)
            right_weight = self.coins_weight(middle,height)
            if left_weight == right_weight:
                print("没有假币")
                return ;
            elif left_weight > right_weight:
                print("每份硬币有%d 枚，假币在右面" % ((height - low) / 2))
                self.find_fake_coin(middle,height)
            else:
                print("每份硬币有%d 枚，假币在左面" % ((height - low) / 2))
                self.find_fake_coin(low, middle)
        else:
            middle = int((low + height) / 2)
            print("找到 %s 是假币" % self.coins[middle].name)

if __name__ == '__main__':
    char_weights = []
    for i in range(1,17):
        if i == 5:
            char_weights.append(('硬币'+str(i),0))
        else:
            char_weights.append(('硬币'+str(i),1))
    fake_coins = FakeCoin(char_weights)
    fake_coins.find_fake_coin(0,16)
```

找出假币的程序运行结果如图 3.7 所示。

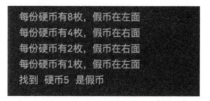

图 3.7 找出假币的程序运行结果

可以发现，程序的运行结果和分析结果是一致的，我们已经成功地通过程序帮助笔者找到了那枚假币。接下来我们对程序重要的数据结构和方法进行讲解。

首先我们要定义一个硬币类，该硬币类应该包含如下信息：硬币的名字及硬币的质量，如下所示。

```python
class Coin(object):
    def __init__(self,name,weight):
        #硬币的名字
        self.name = name
        #硬币的质量
        self.weight = weight
```

在查找硬币的过程中，总会将硬币分成两份，然后比较每份的质量，获取每份的质量代码如下所示。

```python
def coins_weight(self,low,height):
    sum_weight = 0
    for i in range(low,height):
        sum_weight = sum_weight + self.coins[i].weight
    return sum_weight
```

如果两份硬币质量相等，则硬币中没有假币，如果存在假币，则一定是在质量较轻的那份中，按照刚才的策略继续分成两份，取出较轻的那份……不断重复下去，直到两份都只包含 1 枚硬币，无法再继续分下去，这样我们也就找到了哪枚硬币是假币，代码如下所示。

```python
def find_fake_coin(self,low,height):
    #至少两个元素
    if height - low > 1:
        middle = int((low + height) /2)
        left_weight = self.coins_weight(low,middle)
        right_weight = self.coins_weight(middle,height)
        if left_weight == right_weight:
            print("没有假币")
            return ;
        elif left_weight > right_weight:
            print("每份硬币有%d 枚，假币在右面" % ((height - low) / 2))
            self.find_fake_coin(middle,height)
        else:
            print("每份硬币有%d 枚，假币在左面" % ((height - low) / 2))
            self.find_fake_coin(low, middle)
    else:
        middle = int((low + height) / 2)
        print("找到 %s 是假币" % self.coins[middle].name)
```

3.3 再谈排序算法（1）——合并排序

在第 1 章中，我们介绍了最简单的三种排序方式，分别是交换排序中的冒泡排序、选择排序中的简单选择排序及插入排序中的直接插入排序。接下来我们介绍第四种排序方式，合并排序类中的合并排序。

3.3.1 如何将分而治之思想应用到合并排序上

合并排序顾名思义,就是利用合并思想实现排序。合并排序首先假设初始化序列有 n 个分组,每个分组仅包含一个元素,因为只有一个元素,所以每个分组都是有序的,接着两两合并,得到 $n/2$ 个分组;然后分别对 $n/2$ 个分组进行排序,接着两两合并……,如此重复,直到得到一个长度为 n 的有序列表为止,这种排序算法因为每次只是两两合并,所以也叫作二路合并排序。

3.3.2 先对一半的数字进行考虑

第 1 章讲解排序的时候,一直是对数字 5,4,3,1,2 进行排序,此处讲解合并排序,我们还是使用这些数字。我们先把 5,4,3,1,2 分成两组,对每一半的数字进行排序,当然如果分成的两组还可以继续拆分,那么再对拆分后的每一组进行拆分,对剩下的一半的数字进行排序,不断地递归下去,直到拆分的两个分组无法继续再拆分下去,这样一个列表的排序过程就被分解成了一个元素的排序过程,把整个问题简化到可以求解的范围内,这是因为一个元素本身就是有序的。接下来我们通过图例讲解二路合并排序。

(1)二路合并排序,首先是分,我们先把 5,4,3,1,2 从中间分成两组,第一组是 5,4,第二组是 3,1,2,如图 3.8 所示。

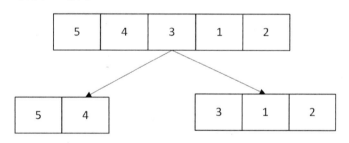

图 3.8　序列进行第一次拆分

(2)分成的两组一边有两个元素,一边有三个元素,还可以进行二分,左边两个元素 5,4,继续分成两组,第一组是 5,第二组是 4。右边三个元素 3,1,2 也继续分成两组,第一组是 3,第二组是 1,2,如图 3.9 所示。

(3)分成的四组其中有三组仅有一个元素,已经无法再继续二分下去了,所以现在只对第四组进行二分,第一组是 1,第二组是 2,其他保持不变,如图 3.10 所示。

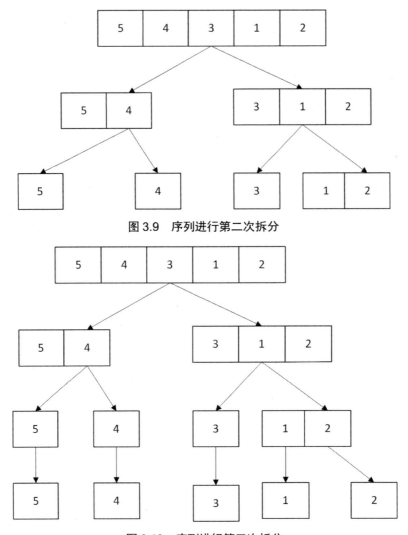

图 3.9　序列进行第二次拆分

图 3.10　序列进行第三次拆分

（4）现在我们将原序列 5，4，3，1，2 的五个元素分成了五个分组，每个分组只包含一个元素，所以每个分组是有序的。接下来就是合并的过程，每合并一次都要对合并后的列表进行排序，合并是拆分的逆过程，第一次合并我们先将最底部的 1，2 进行合并，其他组因为没有被拆分，保持不变。并且还要对合并的列表 1，2 进行排序，如图 3.11 所示。

（5）我们接着合并，左边部分的第一部分是排好序的 5，第二部分是 4，我们对这两部分合并并排序后是 4，5；右边部分的第一部分是 3，第二部分是排好序的 1，2，我们对这两部分合并并排序后是 1，2，3，如图 3.12 所示。

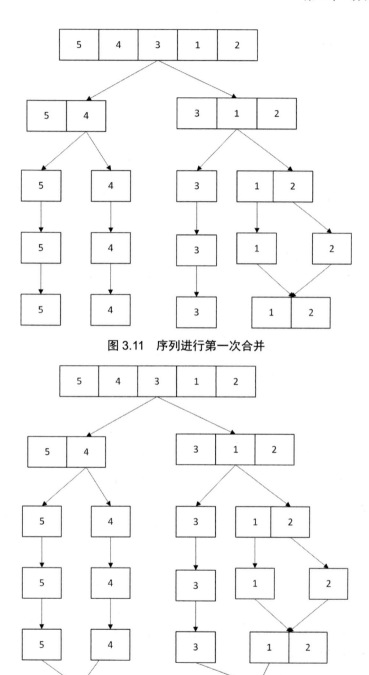

图 3.11　序列进行第一次合并

图 3.12　序列进行第二次合并

（6）我们接着合并，左边部分的第一部分是排序的 4，5，第二部分是排序的 1，2，3，我们对这两部分合并排序后是 1，2，3，4，5，最终得出了整个排序列表，如图 3.13 所示。

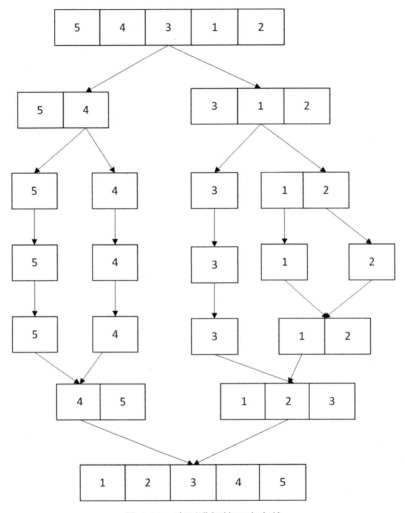

图 3.13　序列进行第三次合并

这样，我们通过分而治之思想实现了整个列表的排序，由于递归拆分的时间复杂度是 $O(\log_2 n)$，两个有序数组排序方法的复杂度是 $O(n)$，所以合并排序的时间复杂度是 $O(n\log_2 n)$，合并排序相比于第 1 章介绍的冒泡排序、简单选择排序、直接插入排序在性能上提升了一个数量级。

3.3.3　合并排序算法实现

通过上面的图解，读者朋友应该了解了合并排序的"分合"规律，合并排序是分而治之算法的典型应用,通过将一个复杂的列表排序过程用递归的方式不断分解,最终转换成了一个元素的排序问题,当然在合的过程中,还有一个合并两个有序数组的问题,后续会进行详细介绍。我们先进行实战编程,通过程序来实现合并排序,为了方便理解,我们把分合的层次也打印了出来。完整代码如下。

```
def mergesort(level,list):
    #合并排序
    #如果仅有一个元素,表示有序
    if len(list) == 1:
        return list
    #将列表分成两个更小的列表
    mid = int(len(list)/2)
    print("第 %d 层 分:将 %s 分成两部分,左边部分是 %s" % (level,list,list[:mid]))
    left = mergesort(level+1,list[:mid])
    print("第 %d 层 分:将 %s 分成两部分,右边部分是 %s" % (level,list, list[mid:]))
    right = mergesort(level+1,list[mid:])
    merge_list = merge(left, right)
    print("第 %d 层 合:将 %s 和 %s 进行合并成 %s " % (level , left,right,merge_list))
    #对两个有序列表进行合并,产生一个新的排序好的列表
    return merge_list

#对两个有序列表进行合并,产生一个新的排序好的列表
def merge(left,right):
    result = []
    i = 0
    j = 0
    while i<len(left) and j < len(right):
        if left[i] <= right[j]:
            result.append(left[i])
            i = i + 1
        else:
            result.append(right[j])
            j = j + 1
    result = result + left[i:] + right[j:]
    return result

if __name__ == "__main__":
    list = [5,4,3,1,2]
    mergesort(1,list)
```

合并排序算法程序运行结果如图 3.14 所示。

```
第 1 层 分：将 [5, 4, 3, 1, 2] 分成两部分，左边部分是 [5, 4]
第 2 层 分：将 [5, 4] 分成两部分，左边部分是 [5]
第 2 层 分：将 [5, 4] 分成两部分，右边部分是 [4]
第 2 层 合：将 [5] 和 [4] 进行合并成 [4, 5]
第 1 层 分：将 [5, 4, 3, 1, 2] 分成两部分，右边部分是 [3, 1, 2]
第 2 层 分：将 [3, 1, 2] 分成两部分，左边部分是 [3]
第 2 层 分：将 [3, 1, 2] 分成两部分，右边部分是 [1, 2]
第 3 层 分：将 [1, 2] 分成两部分，左边部分是 [1]
第 3 层 分：将 [1, 2] 分成两部分，右边部分是 [2]
第 3 层 合：将 [1] 和 [2] 进行合并成 [1, 2]
第 2 层 合：将 [3] 和 [1, 2] 进行合并成 [1, 2, 3]
第 1 层 合：将 [4, 5] 和 [1, 2, 3] 进行合并成 [1, 2, 3, 4, 5]
```

图 3.14 合并排序算法程序运行结果

我们发现，程序的运行结果与分析的流程有些出入，不能一一对应上，因为递归的流程是先递归左边，左边递归不下去再递归右边，我们在程序中将递归的层数表现了出来，从层数的维度来看和前面的分析是一致的。第一层将 5，4，3，1，2 分成两部分，左边部分是 5，4，右边是 3，1，2；第二层将左边的 5，4 分成两部分，左边是 5，右边是 4，第二层同时将右边的 3，1，2 分成两部分，左边是 3，右边是 1，2；第三层将 1，2 分成两部分，左边是 1，右边是 2。接着是合，先合第三层，将第三层的 1 和 2 合并成 1，2；再合并第二层，左边部分的 5 和 4 合并成 4，5，右边部分的 3 和 1，2 合并成 1，2，3；最后合并第一层，将左边部分的 4，5 和右边部分的 1，2，3 最终合并成 1，2，3，4，5。

在合并的过程中，我们实现了一个 merge 函数，可以将两个有序列表合并成一个有序列表，如下所示。

```
def merge(left,right):
    result = []
    i = 0
    j = 0
    while i<len(left) and j < len(right):
        if left[i] <= right[j]:
            result.append(left[i])
            i = i + 1
        else:
            result.append(right[j])
            j = j + 1
    result = result + left[i:] + right[j:]
    return result
```

该合并算法的时间复杂度是 $O(n)$，它是怎么实现的呢？我们为每个列表声明了一个指针，哪个列表的数组小就取出该列表的元素，并将指针向后移动一位，我们以 3，5 和 1，2，4 的合并进行讲解。开始的时候，如图 3.15 所示。

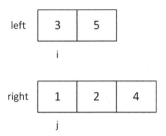

图 3.15 有序列表进行合并

（1）现在 left[i] 是 3，right[j] 是 1，因为 1 比 3 小，所以将 1 取出来，并且将 j 向后移一位，如图 3.16 所示。

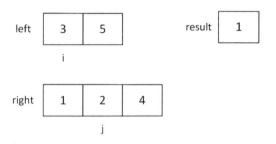

图 3.16 将最小的 1 取出来

（2）现在 left[i] 是 3，right[j] 是 2，因为 2 比 3 小，所以将 2 取出来，并且将 j 向后移一位，如图 3.17 所示。

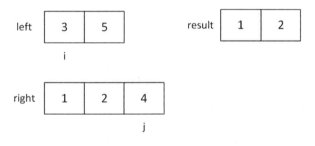

图 3.17 将 2 取出来

（3）现在 left[i] 是 3，right[j] 是 4，因为 3 比 4 小，所以将 3 取出来，并且将 i 向后移一位，如图 3.18 所示。

（4）现在 left[i] 是 5，right[j] 是 4，因为 4 比 5 小，所以将 4 取出来，因为列表已经没有元素了，所以直接退出循环，如图 3.19 所示。

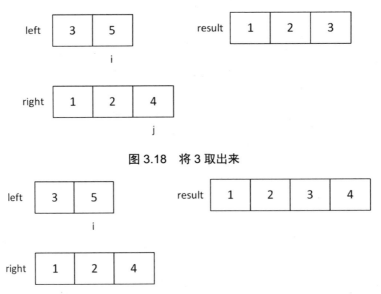

图 3.18 将 3 取出来

图 3.19 将 4 取出来

（5）退出循环以后，直接将 left[i]还没有取出来的数据都取出来放到结果的末尾即可，如图 3.20 所示。

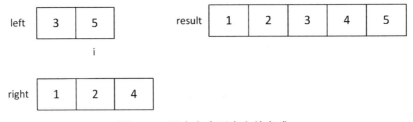

图 3.20 两个有序列表合并完成

3.4 再谈排序算法（2）——快速排序

在 3.3 节中，我们介绍了使用分而治之思想的排序算法——合并排序，合并排序的算法思想是把整个列表的排序，不断分解成一个元素的排序，而整个排序过程的重点是最后的合并过程。接下来我们介绍另一种使用分而治之思想的排序算法——快速排序，快速排序的重点是前面的分解过程，在分解过程中就把列表排序好了，不需要后面的合并过程。

3.4.1 如何将分而治之思想应用到快速排序上

快速排序顾名思义，这种排序算法的速度是很快的，快速排序也使用了分而治之思想，那么快速排序是把整个列表分解成了哪两个子列表呢？快速排序会把整个列表分成三部分，如图 3.21 所示。

图 3.21 快速排序划分示意图

partion 中仅有一个元素，left 中的元素都不大于 partion 中的元素，right 中的元素都不小于 partion 中的元素，换句话说，partion 在数组中已经找到了正确的位置，已经排好序了。然后分别对 left 和 right 进行相同策略的分解，直到 left 和 right 也都成为一个元素，无法再分解下去，相应的所有元素也放到了列表中正确的位置。虽然合并排序和快速排序都使用分而治之思想，但是合并排序的排序过程在合的过程中，而快速排序的排序过程在分解过程中就完成了。

3.4.2 找到一个"分"的中心

快速排序最重要的第一步是找到图 3.21 中的 partion，并且要保证 left 的元素都不大于 partion 中的元素，right 中的元素都不小于 partion 中的元素，讲解快速排序，我们还是使用 5，4，3，1，2 这几个数字。首先我们找到一个中心，然后根据中心将列表分成两组，对每一半的数字进行排序，如果分成的两组还可以继续拆分，那么再对拆分后的每一组按照相同的策略继续拆分，不断地递归下去，直到拆分的两个分组无法继续再拆分下去。在不断的拆分中，partion 不断地被排在正确的位置，当列表无法再拆分下去的时候，整个列表也就有序了。接下来我们通过图例讲解快速排序。

（1）快速排序，首先是找到中心点，我们先把 5，4，3，1，2 中的第一个数字 5 作为我们的 partion，我们要做的就是将剩下的数字不大于 5 的放到左边，不小于 5 的放到右边。很明显，剩下的 4，3，1，2 都比 5 小，所以都要放到 5 的左边，如图 3.22 所示，整个列表已经变成了 2，4，3，1，5。为什么数组排成 2，4，3，1，5 呢，现在我们不必关心，只需要知道 4，3，1，2 都比 5 小，所以都要放到 5 的左边即可。

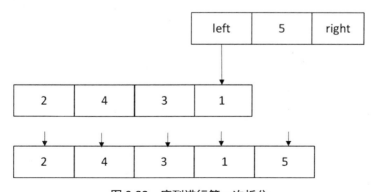

图 3.22 序列进行第一次拆分

（2）分成的两组一边有四个元素，一边没有元素，还可以进行二分，左边四个元素为 2，4，3，1。继续将第一个数字 2 作为列表的 partion，我们要做的就是将剩下的数字不大于 2 的放到左边，不小于 2 的放到右边。很明显，剩下的 1 比 2 小，所以要放到 2 的左边，3 和 4 比 2 大，所以要放到 2 的右边，如图 3.23 所示，整个列表已经变成了 1，2，3，4，5。

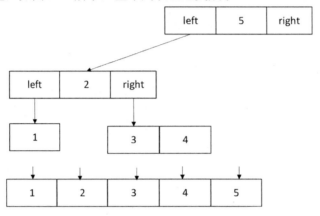

图 3.23　序列进行第二次拆分

（3）分成的两组一边有一个元素，一边有两个元素，左边无法继续分下去，但是右边还可以进行二分。右边两个元素是 3，4，继续将第一个数字 3 作为列表的 partion，我们要做的就是将剩下的数字不大于 3 的放到左边，不小于 3 的放到右边。很明显，剩下的 4 比 3 大，所以要放到 3 的右边，如图 3.24 所示，整个列表还是 1，2，3，4，5。

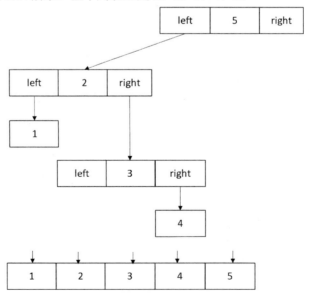

图 3.24　序列进行第三次拆分

因为剩下的元素不能再继续拆分了，所以列表也就排好序了，最终的列表排序是 1，2，3，4，5。这样我们通过分而治之思想实现了整个列表的快速排序，由于递归拆分的时间复杂度是 $O(\log_2 n)$，而将 partion 排到列表合适的位置，并且 left 的元素都不大于 partion 中的元素，right 中的元素都不小于 partion 中的元素的时间复杂度是 $O(n)$，所以快速排序的时间复杂度也是 $O(n\log_2 n)$，和合并排序在性能上是一个数量级。

找到合适的 partion 的时间复杂度是 $O(n)$，它是怎样实现的呢？时间复杂度是 $O(n)$ 表明，只要遍历一次列表就可以达到目的，我们为列表分别声明一个首、尾指针，我们的 partion 就是首指针指向的元素，尾指针指向的元素大于等于 partion，就减 1，直到指向的元素小于 partion，就将首尾指向的元素交换；这时尾指针指向 partion，如果首指针指向的元素小于等于 partion，就加 1，直到指向的元素大于 partion，就将首尾指向的元素交换，循环往复，直到首尾指针相等。我们以 3，5，1，2，4 的二分进行讲解。partion 是 3，最后 1，2 应该在 3 的左边；4，5 应该在 3 的右边，二分后的数组应该是{1，2}，3，{4，5}。

（1）列表初始化的时候是 3，5，1，2，4，并且首指针指向 3，首指针用 low 表示，尾指针指向的是 4，尾指针用 high 表示，现在 partion 是首指针指向的元素 3，如图 3.25 所示。

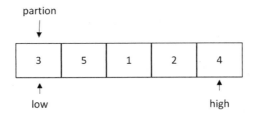

图 3.25　列表初始化

（2）因为 high 指向的元素 4 大于 low 指向的元素 3，所以 high 指针减一，如图 3.26 所示。

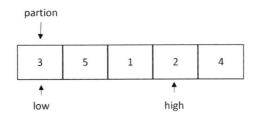

图 3.26　high 指针减一（1）

（3）因为 high 指向的元素 2 小于 low 指向的元素 3，所以 low、high 指针指向的元素交换，这时候，partion 就是 high 指针指向的元素，如图 3.27 所示。

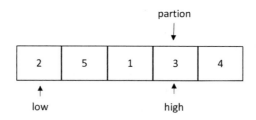

图 3.27 low、high 指针互换元素（1）

（4）因为 low 指向的元素 2 小于 high 指向的元素 3，所以 low 指针加一，如图 3.28 所示。

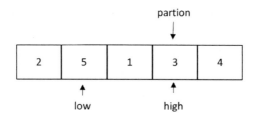

图 3.28 low 指针加一

（5）因为 low 指向的元素 5 大于 high 指向的元素 3，所以 low、high 指针指向的元素交换，这时候，partion 就是 low 指针指向的元素，如图 3.29 所示。

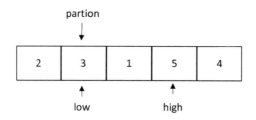

图 3.29 low、high 指针互换元素（2）

（6）因为 high 指向的元素 5 大于 low 指向的元素 3，所以 high 指针减一，如图 3.30 所示。

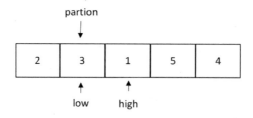

图 3.30 high 指针减一（2）

（7）因为 low 指向的元素 3 大于 high 指向的元素 1，所以 low、high 指针指向的元素交换，这时候，partion 就是 high 指针指向的元素，如图 3.31 所示。

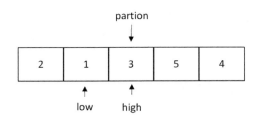

图 3.31　low、high 指针互换元素（3）

（8）因为 low 指向的元素 1 小于 high 指向的元素 3，所以 low 指针加一，low 和 high 相等，二分终止。我们可以发现 3 的左边是 2，1，比 3 都小，而右边是 5，4，比 3 都大，最终列表的排列是 2，1，3，5，4，达到了我们的算法目的，如图 3.32 所示。

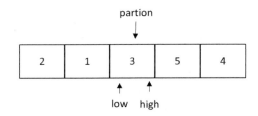

图 3.32　将 partion 排到了合适的位置

读者朋友可以按照上面的算法再试一遍 5，4，3，1，2 二分的过程，第一次二分进行完以后，看一下数组列表是不是 2，4，3，1，5。

3.4.3　快速排序算法实现

通过上面的图解，读者朋友应该了解了快速排序的本质规律，快速排序也是分而治之算法的典型应用，将一个复杂的列表排序过程通过递归的方式不断分解，其分解的策略就是找到 partion，然后左边部分的元素都不大于 partion，右边部分的元素都不小于 partion，这样我们对于左右部分就可以继续使用相同的策略进行分解。我们先进行实战编程，通过程序来实现快速排序。完整代码如下。

```
def qsort(list,low,high):
    if low < high:
        #获取 partion
        point = partion(list,low,high)
        #对 partion 左边的列表进行快排
        qsort(list,low,point-1)
```

```
            #对partion右边的列表进行快排
            qsort(list,point+1,high)

#找到分的中心partion
def partion(list,low,high):
    point = list[low]
    while low < high:
        #右边的元素大于等于point，high-1
        while low < high and list[high] >= point:
            high = high - 1
        swap(list,low,high)
        #左边的元素小于等于point，low+1
        while low < high and list[low] <= point:
            low = low + 1
        swap(list,low,high)
    print("partion 后的数组 %s" % list)
    return low

#将两个元素交换
def swap(list,low,high):
    temp = list[low]
    list[low] = list[high]
    list[high] = temp

if __name__ == "__main__":
    list = [5, 4, 3, 1, 2]
    qsort(list,0,4)
```

快速排序算法程序运行结果如图 3.33 所示。

```
partion后的数组 [2, 4, 3, 1, 5]
partion后的数组 [1, 2, 3, 4, 5]
partion后的数组 [1, 2, 3, 4, 5]
```

图 3.33　快速排序算法程序运行结果

可以发现，程序的运行结果和分析的流程是一致的，我们应用分而治之思想完成了快速排序算法，快速排序的核心是找到 partion，并且使左边的元素不大于 partion，右边的元素不小于 partion，找到 partion 的算法的时间复杂度是 $O(n)$，接下来重点对该算法的代码进行解析。

```
def partion(list,low,high):
    point = list[low]
    while low < high:
        #右边的元素大于等于point，high-1
        while low < high and list[high] >= point:
            high = high - 1
```

```
            swap(list,low,high)
#左边的元素小于等于point，low+1
            while low < high and list[low] <= point:
                low = low + 1
            swap(list,low,high)
        print("partion 后的数组 %s" % list)
return low
if __name__ == "__main__":
    list = [3,5,1,2,4]
    partion(list,0,4)
```

使用前面分析该算法的数据 3，5，1，2，4 进行运行，程序运行结果如图 3.34 所示。

```
partion后的数组 [2, 1, 3, 5, 4]
```

图 3.34　程序运行结果

该运行结果和我们分析该算法的结果是一致的，该算法的本质就是使用首尾两个指针进行比较遍历，尾指针指向的元素小于 partion，就首尾交换；首指针指向的元素大于 partion，就首尾交换，循环往复，直到首尾指针相等。

3.4.4　排序算法总结

排序算法是算法中最经典的算法，不同的排序算法使用了不同的算法思想，到现在为止我们已经学习了五种算法，冒泡排序、简单选择排序、直接插入排序、合并排序、快速排序。当然还有更复杂的排序算法，如堆排序、谢尔排序等，有兴趣的读者朋友可以查阅相关文献，不过本书介绍的排序算法就到此为止，接下来为大家比较一下各个排序算法，如表 3.1 所示。

表 3.1　排序算法比较

算法	类别	平均时间复杂度
冒泡排序	交换排序类	$O(n^2)$
简单选择排序	选择排序类	$O(n^2)$
直接插入排序	插入排序类	$O(n^2)$
合并排序	合并排序类	$O(n\log_2 n)$
快速排序	交换排序类	$O(n\log_2 n)$
堆排序	选择排序类	$O(n\log_2 n)$
谢尔排序	插入排序类	$O(n\log_2 n)$

3.5 累人的比赛——循环赛日程安排

在日常生活中比赛无处不在,如唱歌比赛、跳舞比赛、篮球比赛等,因为有了比赛,参赛选手才会更加地努力,把自己最优秀的一面展示给人们。正常情况下,为了节省比赛日程,我们通常选用的是淘汰赛,淘汰赛顾名思义,只要输了就会被淘汰掉,淘汰掉的队伍后续也无法参加比赛。如果是 8 支篮球队伍的比赛,使用淘汰赛制通常情况下 3 天就可以比赛完,虽然节省了时间,但是这种赛制不是绝对公平的,有运气成分,运气差的第一轮就遇到最强的队伍,直接就被淘汰出局了。现在组织者为了绝对的公平,使用循环赛制,每个球队都要与其他球队比赛过,最后按照各个队伍的胜负场数、得分多少进行排名。那么你可以帮助组织者进行赛程安排吗?

3.5.1 最公平的比赛

常用的比赛机制有淘汰赛制和循环赛制,比如,2005 年的《超级女声》使用的就是淘汰赛制。如果 8 支篮球队伍进行比赛,使用淘汰赛制,3 天就可以比赛完,淘汰赛制如图 3.35 所示。

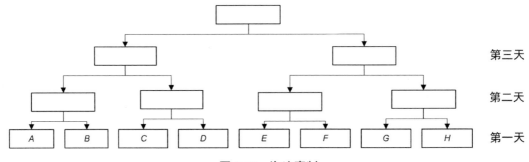

图 3.35 淘汰赛制

采用淘汰赛制的情况下队伍比赛比较容易安排,两两抽签比赛,赢了晋级,输了淘汰,但是存在很大的运气成分。组织者为了比赛的公平性,采用循环赛制,循环赛制可以保证每个球队都能相遇一次,因为每个球队每天只能打一场,所以循环赛至少要举办 7 天,整个循环赛制如图 3.36 所示。

在循环赛中,每个球队都要和别的球队打一场,所以没有运气成分,完全凭借球队自身的实力。当然如果按照这种赛制,每个球队都要打满 7 场,对球员的身体素质要求还是比较高的。现在组织者把组织循环比赛的任务交给了你,只有如下两点要求。

(1) 要求 1:为了比赛的公平性,每个球队都要和其他球队打一场;

(2) 要求 2:由于球员体力有限,每个球队每天只能赛一场。

	A	B	C	D	E	F	G	H
第1天								
第2天								
第3天								
第4天								
第5天								
第6天								
第7天								

图 3.36　循环赛制

3.5.2　如何设计循环赛

我们现在需要对 8 支队伍的比赛日程进行设计，我们先把 8 支队伍分成两组，每组分别包含 4 支队伍，为了方便描述，我们把第一组称作 A 组，第二组称作 B 组。而在进行赛程安排时，A 组的队伍只和 B 组的队伍进行比赛，如果读者朋友了解 NBA，可以把其理解成 NBA 的东部和西部。那么 A 组的赛程排完以后，B 组的赛程也就被安排了，A 组的某支队伍被安排和 B 组的某支队伍比赛，相应地 B 组这支队伍的赛程就被安排了。然后我们按照相同的策略继续对 A 组和 B 组进行二分，分完以后，切记要保证第一组只能和第二组进行比赛，循环往复，直到分成的两组只包含一支队伍，无法再继续分下去为止，我们也就完成了整个赛程的安排。

这里有个问题请读者思考一下，为什么分配的两组，一定要保证前一组的队伍只能和后一组的队伍进行比赛？这个就是分而治之中的原则之一，在分的过程中一定要保证分解的问题是相互独立、与原问题形式相同的子问题。我们在分的过程中保证前一组的队伍只能和后一组的队伍进行比赛，就是强制保证分解问题后的独立性和可分解性，如果分解的队伍内部还可以进行比赛，就失去了问题的独立性和可分解性。我们通过图例进行仔细讲解。

（1）首先我们先对一半队伍的赛程安排进行考虑，将 8 支队伍分成两组，每组包含 4 支队伍，我们把第一组称作 A 组，第二组称作 B 组，A 组的队伍只能和 B 组的队伍进行比赛，4 支队伍循环比赛需要 4 天的时间，如图 3.37 所示。

（2）4 支队伍还可以二分，我们继续将 4 支队伍分成两组，每组包含 2 支队伍，2 支队伍循环比赛需要两天时间，如图 3.38 所示。

（3）2 支队伍还可以二分，我们继续将 2 支队伍分成两组，每组包含 1 支队伍，1 支队伍和 1 支队伍比赛需要 1 天时间，如图 3.39 所示。

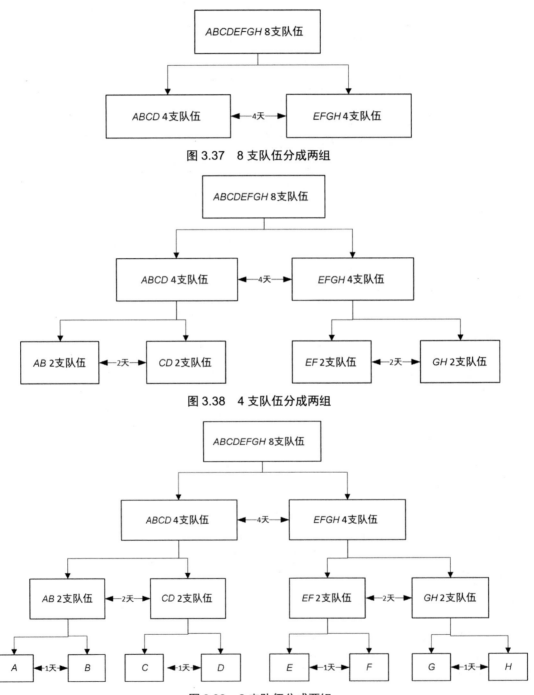

图 3.37　8 支队伍分成两组

图 3.38　4 支队伍分成两组

图 3.39　2 支队伍分成两组

这样，我们通过不断的分解，将原来 8 支队伍的比赛日程分解成了 2 支队伍的比赛日程，把整个问题简化到可以求解的范围内，这是因为 2 支队伍的比赛日程就只能这 2 支队伍比赛。接下来我们通过分解的逆过程求出 8 支队伍的比赛日程。

（1）现在我们将 A, B, C, D, E, F, G, H 8 支队伍两两分组，A 和 B 一个组，C 和 D 一个组，E 和 F 一个组，G 和 H 一个组，第 1 天的比赛日程是每组中的两支队伍比赛，A 和 B 比赛，C 和 D 比赛，E 和 F 比赛，G 和 H 比赛，安排如图 3.40 所示。

	A	B	C	D	E	F	G	H
第1天	B	A	D	C	F	E	H	G
第2天								
第3天								
第4天								
第5天								
第6天								
第7天								

图 3.40　第 1 天的比赛日程

（2）现在我们将 AB, CD, EF, GH 分成四组，两两打比赛，AB 和 CD 两个组打比赛，EF 和 GH 两个组打比赛，组内的队伍不允许打比赛，两支队伍循环打比赛需要两天时间，安排如图 3.41 所示。

	A	B	C	D	E	F	G	H
第1天	B	A	D	C	F	E	H	G
第2天	C	D	A	B	G	H	E	F
第3天	D	C	B	A	H	G	F	E
第4天								
第5天								
第6天								
第7天								

图 3.41　第 2～3 天的比赛日程

（3）现在我们将 $ABCD, EFGH$ 分成两组，两两打比赛，$ABCD$ 和 $EFGH$ 两个组打比赛，组内的队伍不允许打比赛，4 支队伍循环打比赛需要 4 天时间，安排如图 3.42 所示。

	A	B	C	D	E	F	G	H
第1天	B	A	D	C	F	E	H	G
第2天	C	D	A	B	G	H	E	F
第3天	D	C	B	A	H	G	F	E
第4天	E	F	G	H	A	B	C	D
第5天	F	E	H	G	B	A	D	C
第6天	G	H	E	F	C	D	A	B
第7天	H	G	F	E	D	C	B	A

图 3.42　第 4~7 天的比赛日程

这种比赛的安排是不是唯一的呢？肯定不是唯一的，但是是最简单的一种安排方式。读者朋友们应该可以看出这里面的规律，只需要将安排好的赛程按照对角线填充就可以完成后续的赛程安排，左上角的子表按其对应位置抄到右下角的子表中，右上角的子表按其对应位置抄到左下角的子表中即可。

3.5.3　找出循环赛的排列规律

通过上面的图解，读者朋友应该了解了循环赛的排列规律，循环赛的本质就是将多支队伍的循环赛逐渐分解成两支队伍的循环赛，把整个问题简化到可以求解的范围内。那么接下来我们就要进行实战编程，通过程序来帮助组织者对 8 支篮球队伍的循环赛程进行布置。完整代码如下。

```python
import math

import numpy


class Competition(object):
    def __init__(self, team_name_list):
        self.team_count = len(team_name_list)
        list = [['0' for col in range(self.team_count)] for row in range(self.team_count)]
        self.game_table = numpy.array(list)
        for index, name in enumerate(team_name_list):
            self.game_table[0][index] = name

    def competition(self):
        # 填表次数
        total_count = int(math.log2(self.team_count))
```

```python
        for count in range(total_count):
            # 块的大小
            half = int(math.pow(2, count))

            # 填表的行数
            for row in range(half, half * 2):
                # 填表的列数
                for column in range(self.team_count):
                    # 左下角子表
                    if int(column / half) % 2 == 0:
                        # 左下角子表 等于 右上角子表
                        self.game_table[row][column] = self.game_table[row - half][column + half]
                    else:
                        # 右下角子表 等于 左上角子表
                        self.game_table[row][column] = self.game_table[row - half][column - half]
        print(self.game_table)


if __name__ == '__main__':
    team_name_list = ['A', 'B', 'C', 'D', 'E', 'F', 'G', 'H']
    game = Competition(team_name_list)
    game.competition()
```

循环赛程序运行结果如图 3.43 所示。

```
[['A' 'B' 'C' 'D' 'E' 'F' 'G' 'H']
 ['B' 'A' 'D' 'C' 'F' 'E' 'H' 'G']
 ['C' 'D' 'A' 'B' 'G' 'H' 'E' 'F']
 ['D' 'C' 'B' 'A' 'H' 'G' 'F' 'E']
 ['E' 'F' 'G' 'H' 'A' 'B' 'C' 'D']
 ['F' 'E' 'H' 'G' 'B' 'A' 'D' 'C']
 ['G' 'H' 'E' 'F' 'C' 'D' 'A' 'B']
 ['H' 'G' 'F' 'E' 'D' 'C' 'B' 'A']]
```

图 3.43 循环赛程序运行结果

可以发现，程序的运行结果和分析结果是一致的，我们已经成功地通过程序帮助组织者循环安排了篮球比赛。接下来我们对程序重要的数据结构和方法进行讲解。

首先我们要定义 8 支队伍的队名，分别是 A，B，C，D，E，F，G，H，并且对循环比赛日程表进行了初始化，如下所示。

```python
def __init__(self, team_name_list):
    self.team_count = len(team_name_list)
    list = [['0' for col in range(self.team_count)] for row in range(self.team_count)]
    self.game_table = numpy.array(list)
```

```
            for index, name in enumerate(team_name_list):
                self.game_table[0][index] = name
```

在填表分析的过程中,我们可以知道,对于 8 支队伍需要填 3 次循环比赛日程表,第 1 次填第 1 天的比赛日程,第 2 次填第 2～3 天的比赛日程,第 3 次填第 4～7 天的比赛日程。

```
        # 填表次数
        total_count = int(math.log2(self.team_count))
```

在填表的过程中,只需要将安排好的赛程按照对角线填充就可以完成后续的赛程安排,左上角的子表按其对应位置抄到右下角的子表中,右上角的子表按其对应位置抄到左下角的子表中即可。

```
            # 块的大小
            half = int(math.pow(2, count))

            # 填表的行数
            for row in range(half, half * 2):
                # 填表的列数
                for column in range(self.team_count):
                    # 左下角子表
                    if int(column / half) % 2 == 0:
                        # 左下角子表 等于 右上角子表
                        self.game_table[row][column] = self.game_table[row - half][column + half]
                    else:
                        # 右下角子表 等于 左上角子表
                        self.game_table[row][column] = self.game_table[row - half][column - half]
```

第 4 章

树算法

现实生活的世界有很多丛林,里面有各种各样的树。现实生活中的树长什么样子呢？一根笔直的树干,然后树干上长了很多的支权,支权上面又长了很多分支权。数据结构来源于生活,里面也有各种各样的树,数据结构中的树长什么样子呢？一个树根,树根长出了很多的树权,树权又长出了很多的子树权,和生活中的树很相似。

现实生活中有很多使用这种结构的例子。例如,一个公司的组织管理结构就是一个树结构,首先是 CEO,CEO 下面是各个总裁,总裁下面是各个经理……再比如说前面介绍的分而治之思想的示意图,将一个大的问题不断分解成小问题的过程,就是一棵树不断生长的过程。之所以会将"树"单独作为一章来讲解,是因为树结构很重要,围绕树的算法的模式也大同小异,这就相当于考试中的一类题型,看到这类题型,使用这类题型归纳好的算法求解就可以直接解出答案。

本章主要涉及的知识点如下。

- 生活中的"树"：树结构在生活中随处可见,本章通过生活中的例子了解树。
- 一叶一菩提——二叉树的遍历：二叉树的遍历是树的最基本算法,任何树的高级算法都是基于最简单的遍历算法的改进。
- 重建家谱——二叉树的还原：在知道二叉树遍历的信息后,如何构建出这棵二叉树,是二叉树遍历的逆过程。
- 十年树木,百年树人——二叉树的高度：二叉树实际问题的应用,如何通过遍历二叉树求出一棵树的高度。
- 寻根溯源——找到所有祖先结点：二叉树实际问题的应用,如何通过遍历二叉树求出结点的所有祖先。

4.1 生活中的"树"

树结构是数据结构中非常重要的一个形式,围绕着树结构有各种各样的算法。树结构在现实生活中也随处可见,本节通过生活中的例子来引入树。

4.1.1 炎黄子孙,生生不息

上下五千年,中华民族的历史源远流长,从最开始的炎帝黄帝到现在中国的14亿人口,其实就是一棵"树"的生长历史,这棵树还在不断地生长中。现在的每个人都是这棵树上的一个结点,自己的家族都是这棵树上的一个分支。以自己("我")的家族树为例,祖父有三个子女,即姑妈、父亲、叔父;姑妈有一对龙凤胎,叔父也有一对龙凤胎,"我"有一个哥哥和一个妹妹;哥哥有一儿一女,妹妹也有一儿一女,"我"也有一儿一女;"我"的儿子有一对龙凤胎,女儿也有一对龙凤胎。这样就构成了一棵庞大的家族树,如图4.1所示。

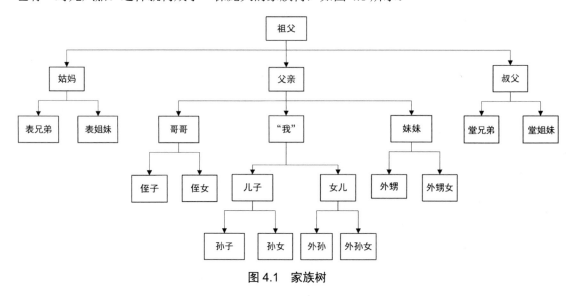

图 4.1 家族树

4.1.2 学校的组织结构

学校是每个人学习知识的地方,从小学到中学,从中学到大学,每个人有十几年的时光都是在学校中度过的,学校给我们的青春留下了美好的记忆,也是我们步入社会的起点。学校的组织结构对于每个人来说再熟悉不过了,以大学的组织结构为例,它是一个典型的树形结构。在整个层次的最顶部是我们的学校;学校的下面是各个学院、计算机学院、理学院、航空学院、人文经法学院等;每个学院下面是各个系,比如,计算机学院下面设有计算机科学与技术系、物联网工程系等,人文经法学院下面设有经济学系、法学系等;在每个系下面又设有班级,如1班、2班等。学校组织结构图如图4.2所示。

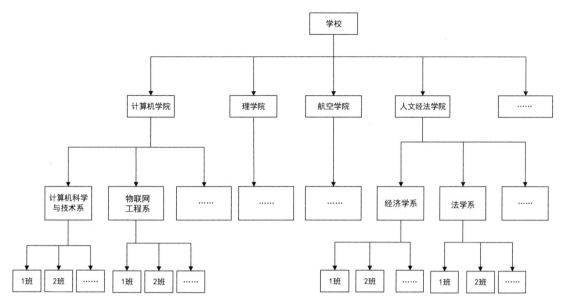

图 4.2 学校组织结构图

4.1.3 操作系统的目录结构

随着互联网时代的到来，几乎每个人都使用过手机，现在市面上手机的操作系统要么是 Android 操作系统，要么是 iOS 操作系统，但是这两个操作系统的内核都是 Linux 操作系统。Linux 操作系统就是通过树形结构对文件/文件夹进行管理的。Linux 有一个根目录，根目录下面有各种各样功能的文件夹，如 bin、home 等，各个文件夹里面又有各种各样的文件夹和文件，层层往下……形成了整个 Linux 的目录结构，如图 4.3 所示。

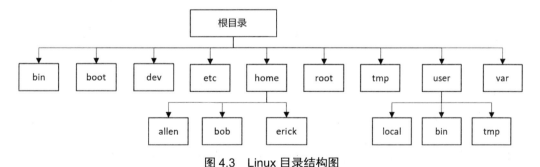

图 4.3 Linux 目录结构图

4.2 一叶一菩提——二叉树的遍历

一叶一菩提，一花一世界。二叉树的遍历是树算法中最基本的算法，其功能类似于小孩刚学会走路，学会走路只是人最基本的功能。学会二叉树的遍历使得对后面更加高级的树算法的理解更容易，二叉树的遍历根据遍历结点的顺序分为前序遍历、中序遍历、后序遍历和平层遍历。接下来我们进入"树"的大千世界，领略树算法的精华。

4.2.1 什么是二叉树

什么是二叉树？顾名思义，二叉树的树杈只有两个，是树杈最少的树，所以也是最简单的树。有读者会问有没有一个叉的树，一个叉的树那就不叫树了，那叫列表。二叉树有 5 种形态，如图 4.4 所示。

- 空二叉树：空二叉树也是一种树，表示这棵树什么都没有，没有根，没有分叉。
- 只有一个根结点：这棵树只有一个根结点，还没有生长出来左右子树。
- 根结点只有左子树：这棵树不但有了根结点，并且生长出了左子树，左子树表示左面的分叉。
- 根结点只有右子树：这棵树不但有了根结点，并且生长出了右子树，右子树表示右面的分叉。
- 根结点既有左子树又有右子树：这棵树不但有了根结点，并且生长出了左子树和右子树，左子树表示左面的分叉，右子树表示右面的分叉。

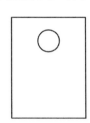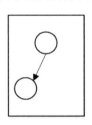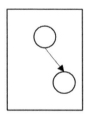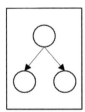

图 4.4　二叉树的 5 种形态

4.2.2 二叉树的前序遍历

区分前序遍历、中序遍历和后序遍历这三种次序根据的是结点在访问时间上的区别。对于前序遍历，结点的访问时间优先于左子树和右子树的访问时间。我们以图 4.5 的二叉树为例进行具体讲解。

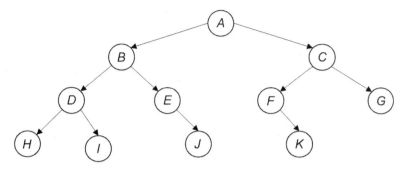

图 4.5 二叉树

在前序遍历中,首先访问根结点,然后访问根结点的左子树,最后访问根结点的右子树。前序遍历可以想象成,从根结点出发,绕着整棵树的外围转一圈,经过的结点顺序就是前序遍历的顺序。图 4.6 所示为前序遍历的过程。

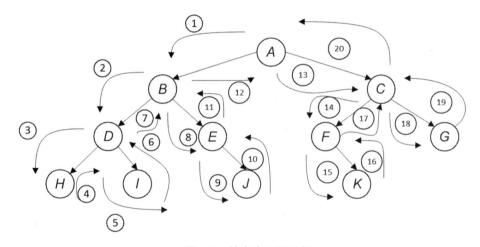

图 4.6 前序遍历的过程

如图 4.6 所示,我们绕着整棵树的外围序号①、②、③、④、⑤、⑥、⑦、⑧、⑨、⑩、⑪、⑫、⑬、⑭、⑮、⑯、⑰、⑱、⑲、⑳转一圈,所遇到的结点分别是 A, B, D, H, I, E, J, C, F, K, G,上面的结点就是前序的遍历结果。现在我们开始分析遍历的结果是不是首先访问根结点,然后访问根结点的左子树,最后访问根结点的右子树。

(1)首先访问根结点 A,再访问左子树结点 B, D, H, I, E, J,最后访问右子树结点 C, F, K, G,如图 4.7 所示。

(2)对于左子树结点 B, D, H, I, E, J,它的根结点是 B,首先访问的是根结点 B,再访问左子树结点 D, H, I,最后访问右子树结点 E, J。对于右子树结点 C, F, K, G,它的根结点是 C,首先访问的是根结点 C,然后访问左子树结点 F, K,最后访问右子树结点 G,如图 4.8 所示。

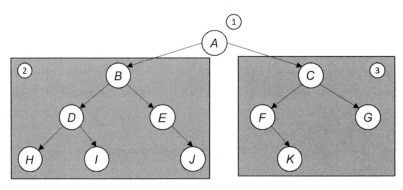

图 4.7　先访问根结点 A，然后访问左子树，最后访问右子树

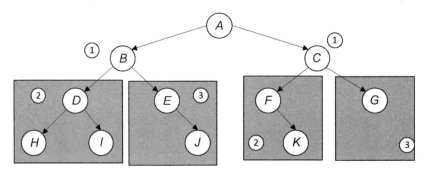

图 4.8　各自先访问根结点 B 和 C，然后访问左子树，最后访问右子树

（3）对于左子树结点 D, H, I, 它的根结点是 D, 首先访问的是根结点 D, 然后访问的是左子树结点 H, 最后访问的是右子树结点 I; 对于右子树结点 E, J, 它的根结点是 E, 因为没有左子树，直接访问右子树结点 J。对于左子树结点 F, K, 它的根结点是 F, 没有左子树，直接访问右子树结点 K; 对于右子树结点 G, 因为只有一个根结点，直接访问根结点 G, 如图 4.9 所示。

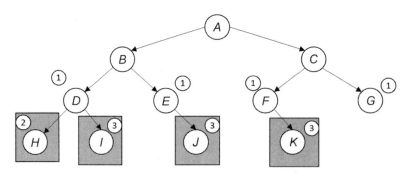

图 4.9　各自先访问根结点 D, E, F 和 G，然后访问左子树，最后访问右子树

（4）对于左子树结点 H, 因为只有一个根结点，直接访问根结点 H; 同理对于右子树结点

I，也只有一个根结点，直接访问根结点 I；对于右子树结点 J，只有一个根结点，直接访问根结点 J；对于右子树结点 K，只有一个根结点，直接访问根结点 K，如图 4.10 所示。

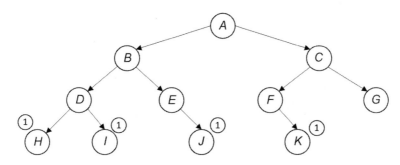

图 4.10 直接访问根结点 H，I，J 和 K

通过上面的分析发现，对于前序遍历所遇到的结点 A，B，D，H，I，E，J，C，F，K，G，确实是首先访问根结点，然后访问根结点的左子树，最后访问根结点的右子树。读者朋友通过上面的图解，对于给定的一棵二叉树，应该可以快速给出其前序遍历的结果。那么接下来我们进行实战编程，通过程序对一棵二叉树进行前序遍历。

```python
class TreeNode(object):
    '''
    二叉树结点的定义
    '''
    def __init__(self, val):
        self.val = val
        self.left = None
        self.right = None

def preOrder(root):
    '''
    二叉树前序遍历
    '''
    if root == None:
        return
    print(root.val, end='')
    #遍历左子树
    preOrder(root.left)
    #遍历右子树
    preOrder(root.right)

if __name__ == "__main__":
    nodeA = TreeNode('A')
```

```python
nodeB = TreeNode('B')
nodeC = TreeNode('C')
nodeD = TreeNode('D')
nodeE = TreeNode("E")
nodeF = TreeNode("F")
nodeG = TreeNode("G")
nodeH = TreeNode("H")
nodeI = TreeNode("I")
nodeJ = TreeNode("J")
nodeK = TreeNode("K")

nodeA.left = nodeB
nodeA.right = nodeC

nodeB.left = nodeD
nodeB.right = nodeE

nodeC.left = nodeF
nodeC.right = nodeG

nodeD.left = nodeH
nodeD.right = nodeI

nodeE.right = nodeJ

nodeF.right = nodeK

preOrder(nodeA)
```

二叉树前序遍历程序运行结果如图 4.11 所示。

ABDHIEJCFKG

图 4.11 二叉树前序遍历程序运行结果

可以发现，程序的运行结果和分析结果是一致的，我们通过前序遍历算法对树进行了遍历。接下来我们对程序重要的数据结构和方法进行讲解。

我们定义一个 TreeNode 结点类，该结点类应该包含如下信息：结点名字、左子树和右子树，如下所示。

```python
class TreeNode(object):
    '''
    二叉树结点的定义
    '''

    def __init__(self, val):
```

```
        self.val = val
        self.left = None
        self.right = None
```

在树的前序遍历的过程中,总是先访问根结点,然后访问根结点的左子树,最后访问根结点的右子树,代码如下所示。

```
def preOrder(root):
    '''
    二叉树前序遍历
    '''
    if root == None:
        return
    print(root.val, end='')
    #遍历左子树
    preOrder(root.left)
    #遍历右子树
    preOrder(root.right)
```

4.2.3 二叉树的中序遍历

4.2.2 节我们讲解了树的前序遍历,前序遍历是先遍历根结点,再遍历左子树,最后遍历右子树。本节我们讲解中序遍历,我们还是以图 4.5 的二叉树为例进行具体讲解。

在中序遍历中,首先访问根结点的左子树,然后访问根结点,最后访问根结点的右子树。中序遍历也可以想象成,从根结点出发,绕着整棵树的外围转一圈,但是这一次的遍历结果不是经过的结点顺序,被访问的结点有个条件,就是这个结点没有左子树或者左子树的结点都被访问过,满足这个条件的结点才可以被访问。图 4.12 所示为中序遍历的过程。

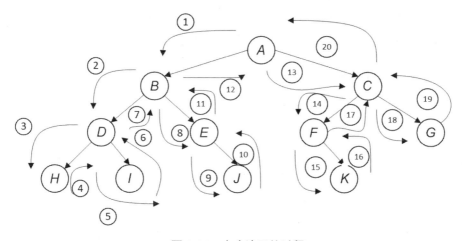

图 4.12 中序遍历的过程

如图 4.12 所示,我们绕着整棵树的外围序号①、②、③、④、⑤、⑥、⑦、⑧、⑨、⑩、⑪、⑫、⑬、⑭、⑮、⑯、⑰、⑱、⑲、⑳转一圈。

(1) 第①步访问左子树结点 B,第②步访问左子树结点 D,第③步访问到了结点 H,该结点没有左子树,中序遍历的第一个字符是 H。

(2) 第④步访问到了结点 D,因为结点 D 的左子树 H 已经被访问过了,所以中序遍历的第二个字符是 D。

(3) 第⑤步访问到了树的结点 I,因为结点 I 没有左子树,所以中序遍历访问到的第三个字符是 I。

(4) 第⑥步访问到了结点 D,该结点已经被访问过了;第⑦步访问到了结点 B,因为结点 B 的左子树的结点 H,D,I 都被访问过了,所以中序遍历的第四个字符是 B。

(5) 第⑧步访问到了树的结点 E,因为结点 E 没有左子树,所以中序遍历访问到的第五个字符是 E。

(6) 第⑨步访问到了树的结点 J,因为结点 J 没有左子树,所以中序遍历访问到的第六个字符是 J。

(7) 第⑩步访问到了树的结点 E,该结点已经被访问过了;第⑪步访问到了结点 B,该结点也被访问过了;第⑫步访问到了树的结点 A,该结点没有被访问过,并且结点 A 的左子树结点 H,D,I,B,E,J 都被访问过了,所以中序遍历访问到的第七个字符是 A。

(8) 第⑬步访问到了树的结点 C,该结点有左子树;第⑭步访问到了结点 F,该结点没有左子树,中序遍历的第八个字符是 F。

(9) 第⑮步访问到了树的结点 K,因为该结点 K 没有左子树,所以中序遍历访问到的第九个字符是 K。

(10) 第⑯步访问到了树的结点 F,该结点已经被访问过了;第⑰步访问到了结点 C,该结点的左子树结点 F,K 都被访问过了,所以中序遍历访问到的第十个字符是 C。

(11) 第⑱步访问到了树的结点 G,因为结点 G 没有左子树,所以中序遍历访问到的第十一个字符是 G。

(12) 第⑲步访问到了结点 C,该结点已经被访问过了;第⑳步访问到了结点 A,该结点也已经被访问过了,至此绕着整个树转了一圈,最后中序遍历访问到的结点顺序是 H,D,I,B,E,J,A,F,K,C,G。

现在开始分析中序遍历是不是首先访问根结点的左子树,然后访问根结点,最后访问根结点的右子树。

(1) 首先访问根结点的左子树结点 H,D,I,B,E,J,然后访问根结点 A,最后访问根结点的右子树结点 F,K,C,G,如图 4.13 所示。

(2) 对于左子树结点 H,D,I,B,E,J,它的根结点是 B,首先访问的是根结点的左子树结点 H,D,I,再访问根结点 B,最后访问根结点的右子树结点 E,J。对于右子树结点 F,K,C,G,它的根结点是 C,首先访问的是根结点的左子树结点 F,K,然后访问根结点 C,最后访问根结点的右子树结点 G，如图 4.14 所示。

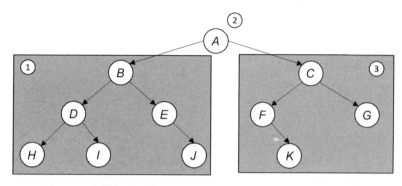

图 4.13　先访问左子树，然后访问根结点 A，最后访问右子树

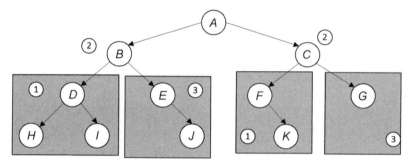

图 4.14　先访问左子树，然后各自访问根结点 B 和 C，最后访问右子树

（3）对于左子树结点 H，D，I，它的根结点是 D，首先访问的是根结点左子树结点 H，然后访问根结点 D，最后访问的是根结点的右子树结点 I；对于右子树结点 E，J，它的根结点是 E，因为没有左子树，首先访问根结点 E，再访问根结点的右子树结点 J。对于左子树结点 F，K，它的根结点是 F，没有左子树，直接访问根结点 F，再访问根结点的右子树结点 K；对于右子树结点 G，因为只有一个根结点，直接访问根结点 G，如图 4.15 所示。

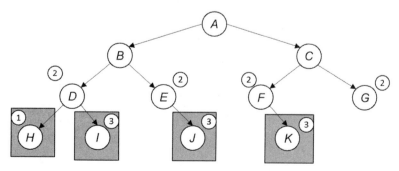

图 4.15　先访问左子树，然后各自访问根结点 D，E，F 和 G，最后访问右子树

（4）对于左子树结点 H，因为只有一个根结点，直接访问根结点 H；同理对于右子树结点 I 也只有一个根结点，直接访问根结点 I；对于右子树结点 J，只有一个根结点，直接访问根结点 J；对于右子树结点 K，只有一个根结点，直接访问根结点 K，如图 4.16 所示。

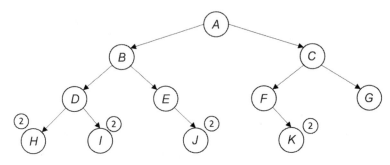

图 4.16　直接访问根结点 H, I, J 和 K

通过上面的分析发现，中序遍历所遇到的结点 H, D, I, B, E, J, A, F, K, C, G，确实是首先访问根结点的左子树，然后访问根结点，最后访问根结点的右子树。读者朋友通过上面的图解，对于给定的一棵二叉树，应该可以快速给出中序遍历的结果。那么接下来我们进行实战编程，通过程序对一棵二叉树进行中序遍历。

```python
class TreeNode(object):
    '''
    二叉树结点的定义
    '''

    def __init__(self, val):
        self.val = val
        self.left = None
        self.right = None

def middleOrder(root):
    '''
    二叉树中序遍历
    '''
    if root == None:
        return
    #遍历左子树
    middleOrder(root.left)
    print(root.val, end=' ')
    #遍历右子树
    middleOrder(root.right)

if __name__ == "__main__":
    nodeA = TreeNode('A')
```

```
nodeB = TreeNode('B')
nodeC = TreeNode('C')
nodeD = TreeNode('D')
nodeE = TreeNode("E")
nodeF = TreeNode("F")
nodeG = TreeNode("G")
nodeH = TreeNode("H")
nodeI = TreeNode("I")
nodeJ = TreeNode("J")
nodeK = TreeNode("K")

nodeA.left = nodeB
nodeA.right = nodeC

nodeB.left = nodeD
nodeB.right = nodeE

nodeC.left = nodeF
nodeC.right = nodeG

nodeD.left = nodeH
nodeD.right = nodeI

nodeE.right = nodeJ

nodeF.right = nodeK

middleOrder(nodeA)
```

二叉树中序遍历程序运行结果如图 4.17 所示。

```
HDIBEJAFKCG
```

图 4.17　二叉树中序遍历程序运行结果

可以发现，程序的运行结果和分析结果是一致的，我们通过中序遍历算法对树进行了遍历。接下来我们对程序重要的数据结构和方法进行讲解。

在树的中序遍历过程中，总是先访问根结点的左子树，然后访问根结点，最后访问根结点的右子树，代码如下所示。

```
def middleOrder(root):
    '''
    二叉树中序遍历
    '''
    if root == None:
        return
```

```
#遍历左子树
middleOrder(root.left)
print(root.val, end='')
#遍历右子树
middleOrder(root.right)
```

4.2.4 二叉树的后序遍历

4.2.2 节和 4.2.3 节讲解了树的前序遍历、中序遍历，前序遍历是先遍历根结点，然后遍历左子树，最后遍历右子树；中序遍历是先遍历左子树，然后遍历根结点，最后遍历右子树。区分三种次序根据的是结点在访问时间上的区别，那么后序遍历自然是先遍历左子树，然后遍历右子树，最后遍历根结点。本节我们讲解后序遍历，我们还是以图 4.5 的二叉树为例进行具体讲解。

在后序遍历中，首先访问根结点的左子树，然后访问根结点的右子树，最后访问根结点。后序遍历也可以想象成，从根结点出发，绕着整棵树的外围转一圈，但是这一次的遍历结果不是经过的结点顺序，被访问的结点有个条件，就是这个结点既没有左子树或者左子树的结点都被访问过，又没有右子树或者右子树的结点都被访问过，仅剩下一个孤零零的结点，满足这个条件这个结点才可以被访问。图 4.18 所示为后序遍历的过程。

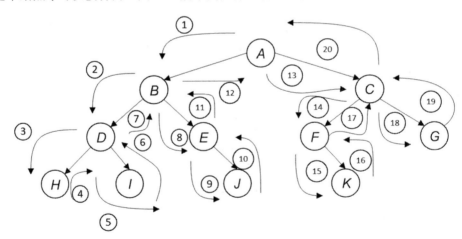

图 4.18 后序遍历的过程

如图 4.18 所示，我们绕着整棵树的外围序号①、②、③、④、⑤、⑥、⑦、⑧、⑨、⑩、⑪、⑫、⑬、⑭、⑮、⑯、⑰、⑱、⑲、⑳转一圈。

（1）第①步访问左子树结点 B，第②步访问左子树结点 D，第③步访问到了结点 H，该结点没有左子树，也没有右子树，后序遍历的第一个字符是 H。

（2）第④步访问到了结点 D，结点 D 的右子树没有被访问过，第⑤步访问到了结点 I，因为结点 I 既没有左子树又没有右子树，所以后序遍历的第二个字符是 I。

(3) 第⑥步访问到了树的结点 D，因为结点 D 的左子树被访问过了，右子树也被访问过了，所以后序遍历访问到的第三个字符是 D。

(4) 第⑦步访问到了结点 B，结点 B 的左子树结点 H,I,D 都被访问过了，但是右子树没有被访问过；第⑧步访问到了结点 E，结点 E 没有左子树，但是存在右子树；第⑨步访问到了结点 J，结点 J 既没有左子树，又没有右子树，所以后序遍历的第四个字符是 J。

(5) 第⑩步访问到了树的结点 E，因为结点 E 没有左子树，右子树已经被访问过了，所以后序遍历访问到的第五个字符是 E。

(6) 第⑪步访问到了树的结点 B，因为结点 B 的左子树结点 H,I,D 和右子树结点 J,E 都被访问过了，所以后序遍历访问到的第六个字符是 B。

(7) 第⑫步访问到了结点 A，该结点的左子树已经被访问过了，但是右子树没有被访问过；第⑬步访问到了结点 C，该结点的左子树和右子树都没有被访问过；第⑭步访问到了结点 F，该结点没有左子树，但是存在没有访问过的右子树；第⑮步访问到了结点 K，该结点既没有左子树，又没有右子树，所以后序遍历访问到的第七个字符是 K。

(8) 第⑯步访问到了结点 F，该结点没有左子树，并且右子树结点 K 已经被访问过了，所以后序遍历的第八个字符是 F。

(9) 第⑰步访问到了树的结点 C，该结点的左子树已经被访问过了，但是右子树没有被访问过；第⑱步访问到了树的结点 G，结点 G 既没有左子树，又没有右子树，所以后序遍历访问到的第九个字符是 G。

(10) 第⑲步访问到了结点 C，该结点的左子树结点 K,F 已经被访问过了，该结点的右子树结点 G 也被访问过了，所以后序遍历访问到的第十个字符是 C。

(11) 第⑳步访问到了树的结点 A，该结点的左子树结点 H,I,D,J,E,B 都被访问过了，该结点的右子树结点 K,F,G,C 也都被访问过了，所以后序遍历访问到的第十一个字符是 A。

至此绕着整个树转了一圈，最后后序遍历访问到的结点顺序是 H,I,D,J,E,B,K,F,G,C,A。

现在开始分析后序遍历的结果是不是首先访问根结点的左子树，然后访问根结点的右子树，最后访问根结点。

(1) 首先访问根结点的左子树结点 H,I,D,J,E,B，再访问根结点的右子树结点 K,F,G,C，最后访问根结点 A，如图 4.19 所示。

(2) 对于左子树结点 H,I,D,J,E,B，它的根结点是 B，首先访问的是根结点的左子树结点 H,I,D，然后访问根结点的右子树结点 J,E，最后访问根结点 B。对于右子树结点 K,F,G,C，它的根结点是 C，首先访问的是根结点的左子树结点 K,F，然后访问根结点的右子树结点 G，最后访问根结点 C，如图 4.20 所示。

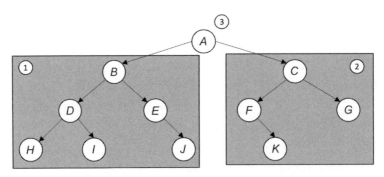

图 4.19　先访问左子树，然后访问右子树，最后访问根结点

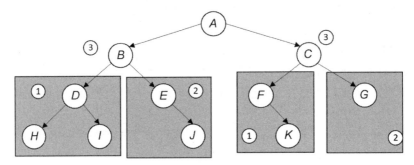

图 4.20　先访问左子树，然后访问右子树，最后各自访问根结点 B 和 C

（3）对于左子树结点 H，I，D，它的根结点是 D，首先访问的是根结点左子树结点 H，然后访问根结点的右子树结点 I，最后访问的是根结点 D；对于右子树结点 J，E，它的根结点是 E，因为没有左子树，首先访问根结点的右子树结点 J，再访问根结点 E。对于左子树结点 K，F，它的根结点是 F，没有左子树，首先访问根结点的右子树结点 K，再访问根结点 F；对于右子树结点 G，因为只有一个根结点，直接访问根结点 G，如图 4.21 所示。

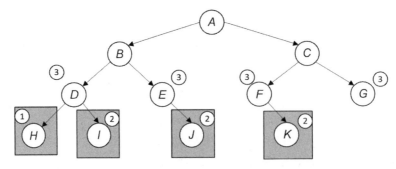

图 4.21　先访问左子树，然后访问右子树，最后各自访问根结点 D，E，F 和 G

（4）对于左子树结点 H，因为只有一个根结点，直接访问根结点 H；同理对于右子树结点 I，也只有一个根结点，直接访问根结点 I；对于右子树结点 J，只有一个根结点，直接访问根结

点 J。对于右子树结点 K，只有一个根结点，直接访问根结点 K，如图 4.22 所示。

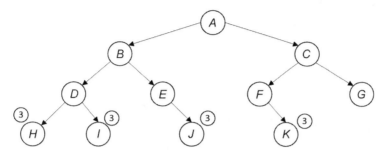

图 4.22　直接访问根结点 H，I，J 和 K

通过上面的分析发现，后序遍历所遇到的结点 H, I, D, J, E, B, K, F, G, C, A，确实是首先访问根结点的左子树，然后访问根结点的右子树，最后访问根结点。读者朋友通过上面的图解，对于给定的一棵二叉树，应该可以快速给出后序遍历的结果。那么接下来我们进行实战编程，通过程序对一棵二叉树进行后序遍历。

```python
class TreeNode(object):
    '''
    二叉树结点的定义
    '''
    def __init__(self, val):
        self.val = val
        self.left = None
        self.right = None

def postOrder(root):
    '''
    二叉树后序遍历
    '''
    if root == None:
        return
    #遍历左子树
    postOrder(root.left)
    #遍历右子树
    postOrder(root.right)
    print(root.val, end='')

if __name__ == "__main__":
    nodeA = TreeNode('A')
    nodeB = TreeNode('B')
    nodeC = TreeNode('C')
    nodeD = TreeNode('D')
```

```
nodeE = TreeNode("E")
nodeF = TreeNode("F")
nodeG = TreeNode("G")
nodeH = TreeNode("H")
nodeI = TreeNode("I")
nodeJ = TreeNode("J")
nodeK = TreeNode("K")

nodeA.left = nodeB
nodeA.right = nodeC

nodeB.left = nodeD
nodeB.right = nodeE

nodeC.left = nodeF
nodeC.right = nodeG

nodeD.left = nodeH
nodeD.right = nodeI

nodeE.right = nodeJ

nodeF.right = nodeK

postOrder(nodeA)
```

二叉树后序遍历程序运行结果如图 4.23 所示。

```
HIDJEBKFGCA
```

图 4.23　二叉树后序遍历程序运行结果

可以发现，程序的运行结果和分析结果是一致的，我们通过后序遍历算法对树进行了遍历。接下来我们对程序重要的数据结构和方法进行讲解。

在树的后序遍历过程中，总是先访问根结点的左子树，然后访问根结点的右子树，最后访问根结点，代码如下所示。

```python
def postOrder(root):
    '''
    二叉树后序遍历
    '''
    if root == None:
        return
    #遍历左子树
    postOrder(root.left)
    #遍历右子树
```

```
postOrder(root.right)
print(root.val, end='')
```

4.2.5　二叉树的平层遍历

4.2.2～4.2.4 节讲解了树的前序遍历、中序遍历、后序遍历。前序遍历是先遍历根结点，然后遍历左子树，最后遍历右子树；中序遍历是先遍历左子树，然后遍历根结点，最后遍历右子树；后序遍历自然是先遍历左子树，然后遍历右子树，最后遍历根结点。本节讲解平层遍历。顾名思义，平层遍历按树的层次进行遍历，首先遍历第一层，然后遍历第二层，直到遍历到树的最后一层。还是以图 4.5 的二叉树为例进行具体讲解。

在平层遍历中，首先遍历树的第一层，然后遍历树的第二层，直到遍历到树的最后一层。图 4.24 所示为平层遍历的过程。

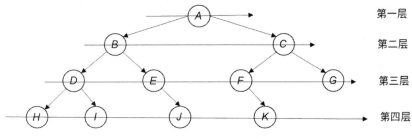

图 4.24　平层遍历的过程

如图 4.24 所示，平层遍历就是在每一层从左往右访问每个结点，按照平层遍历的思想，所遇到的结点分别是 A，B，C，D，E，F，G，H，I，J，K，这些结点的顺序就是平层的遍历结果。

在平层遍历中，结点是按层次从上到下被访问的。在层次中，结点是从左到右被访问的。平层遍历用到了数据结构队列，队列可以想象成一个管道，从首部弹出结点，从尾部进入结点。平层遍历树算法其实就是一个队列的操作，每弹出一个结点，代表这个结点被访问过，同时如果该结点有左子树结点，就把左子树结点压入队列中，如果该结点有右子树结点，就把右子树结点压入队列中，直到队列为空，表示所有结点都被访问过了。

（1）首先初始化队列，队列中只有一个树的根结点 A，如图 4.25 所示。

图 4.25　初始化队列

（2）将结点 A 弹出队列，表示结点 A 被访问过了，同时将结点 A 的左子树结点 B 和右子树结点 C 压入队列，如图 4.26 所示。

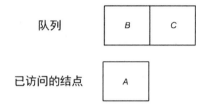

图 4.26　弹出结点 A，结点 B 和 C 进入队列

（3）将结点 B 弹出队列，表示结点 B 被访问过了，同时将结点 B 的左子树结点 D 和右子树结点 E 压入队列，如图 4.27 所示。

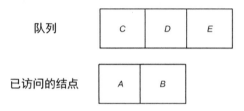

图 4.27　弹出结点 B，结点 D 和 E 进入队列

（4）将结点 C 弹出队列，表示结点 C 被访问过了，同时将结点 C 的左子树结点 F 和右子树结点 G 压入队列，如图 4.28 所示。

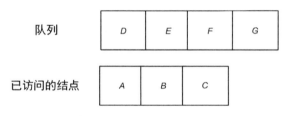

图 4.28　弹出结点 C，结点 F 和 G 进入队列

（5）将结点 D 弹出队列，表示结点 D 被访问过了，同时将结点 D 的左子树结点 H 和右子树结点 I 压入队列，如图 4.29 所示。

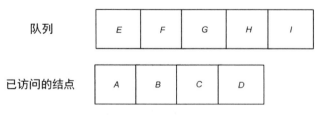

图 4.29　弹出结点 D，结点 H 和 I 进入队列

（6）将结点 E 弹出队列，表示结点 E 被访问过了，因为结点 E 没有左子树，所以只将结点 E 的右子树结点 J 压入队列，如图 4.30 所示。

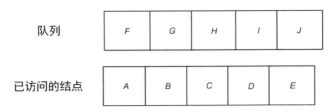

图 4.30　弹出结点 E，结点 J 进入队列

（7）将结点 F 弹出队列，表示结点 F 被访问过了，因为结点 F 没有左子树，所以只将结点 F 的右子树结点 K 压入队列，如图 4.31 所示。

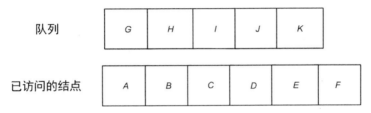

图 4.31　弹出结点 F，结点 K 进入队列

（8）将结点 G 弹出队列，表示结点 G 被访问过了，因为结点 G 既没有左子树又没有右子树，所以没有进入队列的元素，如图 4.32 所示。

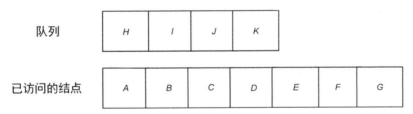

图 4.32　弹出结点 G，没有进入队列的元素

（9）队列中剩下的结点 H，I，J，K 依次被弹出队列，表示这些结点都被访问过了，因为这些结点都既没有左子树又没有右子树，所有都没有进入队列的元素，最后队列为空，遍历结束，如图 4.33 所示。

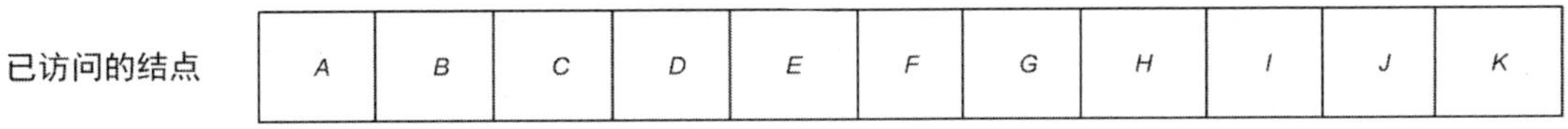

| 已访问的结点 | A | B | C | D | E | F | G | H | I | J | K |

图 4.33　遍历完所有元素

按照上面的图解，最后平层遍历访问到的结点顺序是 A，B，C，D，E，F，G，H，I，J，K，符合平层遍历从上到下，从左到右遍历结点的顺序。

读者朋友通过上面的图解，对于给定的一棵二叉树，应该可以快速给出平层遍历的结果。那么接下来我们进行实战编程，通过程序对一棵二叉树进行平层遍历。

```python
class TreeNode(object):
    '''
    二叉树结点的定义
    '''

    def __init__(self, val):
        self.val = val
        self.left = None
        self.right = None

def levelOrder(root):
    '''
    平层遍历
    '''
    if root == None:
        return
    else:
        queue = [root]
        while len(queue) > 0:
            visiteNode = queue.pop(0)
            print(visiteNode.val, end='')
            #遍历左子树
            if visiteNode.left:
                queue.append(visiteNode.left)
            #遍历右子树
            if visiteNode.right:
                queue.append(visiteNode.right)

if __name__ == "__main__":
    nodeA = TreeNode('A')
    nodeB = TreeNode('B')
    nodeC = TreeNode('C')
    nodeD = TreeNode('D')
    nodeE = TreeNode("E")
    nodeF = TreeNode("F")
    nodeG = TreeNode("G")
    nodeH = TreeNode("H")
    nodeI = TreeNode("I")
    nodeJ = TreeNode("J")
    nodeK = TreeNode("K")

    nodeA.left = nodeB
    nodeA.right = nodeC
```

```
nodeB.left = nodeD
nodeB.right = nodeE

nodeC.left = nodeF
nodeC.right = nodeG

nodeD.left = nodeH
nodeD.right = nodeI

nodeE.right = nodeJ

nodeF.right = nodeK

levelOrder(nodeA)
```

平层遍历程序运行结果如图 4.34 所示。

ABCDEFGHIJK

图 4.34 平层遍历程序运行结果

可以发现，程序的运行结果和分析结果是一致的，我们通过平层遍历算法对树进行了遍历。接下来我们对程序重要的数据结构和方法进行讲解。

在树的平层遍历过程中，每弹出一个结点，代表这个结点被访问过，同时如果该结点有左子树结点，就把左子树结点压入队列中，如果该结点有右子树结点，就把右子树结点压入队列中，直到队列为空，代码如下所示。

```
queue = [root]
while len(queue) > 0:
    visiteNode = queue.pop(0)
    print(visiteNode.val, end='')
    #遍历左子树
    if visiteNode.left:
        queue.append(visiteNode.left)
    #遍历右子树
    if visiteNode.right:
        queue.append(visiteNode.right)
```

4.3 重建家谱图——二叉树的还原

在 4.2 节中，我们介绍了二叉树的遍历，讲解了二叉树的四种遍历方式，即前序遍历、中序遍历、后序遍历和平层遍历。根据 4.2 节的讲解，相信读者朋友们可以快速给出所给定的一棵二叉树的前序遍历、中序遍历、后序遍历和平层遍历顺序。

二叉树的遍历是一个"顺"的思维，二叉树的还原则是一个"逆"的思维。现在笔者要和大家玩一个游戏，笔者首先在纸上画一棵二叉树的家谱图，但是里面所有人的名字都以字符代替，防止通过名字就可以知道额外的信息，然后笔者会告诉读者这个树的前序遍历、中序遍历或者后序遍历，让读者朋友根据树的遍历顺序，重新把家谱构建出来，再把字符替换成对应的名字，看一看读者构建的家谱图和笔者构建的家谱图是不是一样的。

4.3.1　什么是二叉树的还原

二叉树的还原是二叉树遍历的逆过程。给定一棵二叉树，我们通过 4.2 节的方法可以说出这棵二叉树的前序遍历、中序遍历、后序遍历。但是，如果只给出一种遍历方式，那么还原不出来这棵二叉树。比如，某棵二叉树的前序遍历是 A，B，那么这棵二叉树可能是图 4.35 所示的任何一种形式。

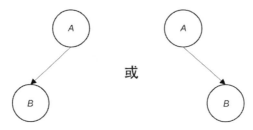

图 4.35　二叉树前序遍历 A，B

图 4.35 同样适用于只有后序遍历的情况，两棵二叉树的后序遍历都是 B，A。但是对于中序遍历，左树是 B，A，右树是 A，B，貌似可以区分。那么再举个例子，某棵二叉树的中序遍历是 A，B，那么这棵二叉树可能是图 4.36 所示的任何一种形式。

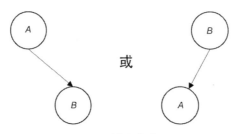

图 4.36　二叉树中序遍历 A，B

那么给出一棵二叉树的前序遍历、中序遍历和后序遍历中的两种，可以还原出一棵二叉树吗？这种情况总共有三种形式，前序遍历和中序遍历的组合、中序遍历和后序遍历的组合、前序遍历和后序遍历的组合。

（1）现在给出这棵二叉树的前序遍历和中序遍历，我们可以重新画出这棵二叉树吗？如图 4.37 所示。

图 4.37 前序遍历和中序遍历还原二叉树

（2）现在给出这棵二叉树的后序遍历和中序遍历，我们可以重新画出这棵二叉树吗？如图 4.38 所示。

图 4.38 中序遍历和后序遍历还原二叉树

（3）现在给出这棵二叉树的前序遍历和后序遍历，我们可以重新画出这棵二叉树吗？如图 4.39 所示。

图 4.39 前序遍历和后序遍历还原二叉树

先说结论，前序遍历和中序遍历可以还原出二叉树，后序遍历和中序遍历可以还原出二叉树，这在后面会仔细讲解。但是前序遍历和后序遍历是还原不出二叉树的。比如，一棵二叉树的前序遍历是 A, B，后序遍历是 B, A。那么这棵二叉树可能是图 4.40 所示的任何一种形式。

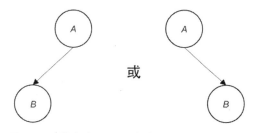

图 4.40 前序遍历和后序遍历无法还原二叉树

4.3.2 前序遍历和中序遍历还原家谱图

笔者在纸上画了一棵二叉树的家谱图，但是里面所有人的名字都以字符代替，防止通过名字知道额外的信息，纸上的家谱图如图4.41所示。

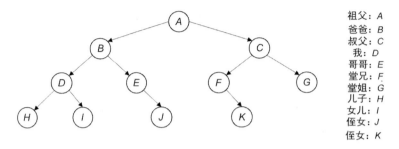

图4.41 二叉树家谱图

在4.2节中我们已经分析过这棵二叉树，这棵二叉树的前序遍历顺序是 A, B, D, H, I, E, J, C, F, K, G，中序遍历顺序是 H, D, I, B, E, J, A, F, K, C, G。现在请读者朋友们根据前序遍历顺序和中序遍历顺序还原出这棵二叉树，如果还原错了，可是会闹笑话的。

前序遍历是先访问根结点，然后访问根结点的左子树，最后访问根结点的右子树。中序遍历是先访问根结点的左子树，然后访问根结点，最后访问根结点的右子树。根据这两个遍历特点，可以还原出家谱图。

首先找到整棵树前序遍历访问到的第一个结点，该结点就是根结点；然后在中序遍历中找到该根结点，该根结点的左边元素就是左子树，该根结点的右边元素就是右子树。根据中序遍历找到的左子树和右子树在前序遍历中找到相应的左子树和右子树；对于左子树，前序遍历访问到的第一个结点就是该子树的根结点；对于右子树，前序遍历访问到的第一个结点就是该子树的根结点。接着在中序遍历中找到根结点，同样根结点的左边元素就是左子树，根结点的右边元素就是右子树。循环往复，直到还原完成整棵树。

（1）首先二叉树的前序遍历顺序是 A, B, D, H, I, E, J, C, F, K, G，根结点是 A，然后在中序遍历 H, D, I, B, E, J, A, F, K, C, G 中找到该结点，可以发现，{H, D, I, B, E, J} 是根结点 A 的左子树，{F, K, C, G} 是根结点 A 的右子树，如图4.42所示。

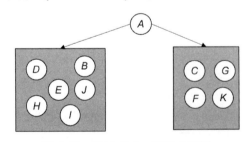

图4.42 根结点 A，还原二叉树

（2）那可以把前序遍历分成三部分，根结点、左子树、右子树，即 {A}、{B, D, H, I, E, J}、{C, F, K, G}，同样地，左子树 {B, D, H, I, E, J} 的根结点是 B，右子树 {C, F, K,

G}的根结点是 C。在中序遍历中也分成三部分，左子树、根结点、右子树，即{$H, D, I, B, E,$ J}、{A}、{F, K, C, G}，左子树的根结点是 B，所以{H, D, I}是根结点 B 的左子树，{$E,$ J}是根结点 B 的右子树；右子树的根结点是 C，所以{F, K}是根结点 C 的左子树，{G}是根结点 C 的右子树，如图 4.43 所示。

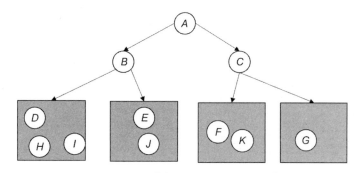

图 4.43　根结点 B，C，还原二叉树

（3）现在把前序遍历的左子树{B, D, H, I, E, J}分成三部分，根结点、左子树、右子树，即{B}、{D, H, I}、{E, J}，和前面的分析一样，左子树{D, H, I}的根结点是 D，右子树{$E,$ J}的根结点是 E。把中序遍历的左子树{H, D, I, B, E, J}也分成三部分，左子树、根结点、右子树，即{H, D, I}、{B}、{E, J}，左子树的根结点是 D，所以{H}是根结点 D 的左子树，{I}是根结点 D 的右子树，右子树的根结点是 E，所以{J}是根结点的右子树。

然后把前序遍历的右子树{C, F, K, G}分成三部分，根结点、左子树、右子树，即{C}、{F, K}、{G}，和前面的分析一样，左子树{F, K}的根结点是 F，右子树{G}的根结点是 G。把中序遍历的右子树{F, K, C, G}也分成三部分，左子树、根结点、右子树，即{F, K}、{C}、{G}，左子树的根结点是 F，所以{K}是根结点的右子树，右子树只有一个根结点 G，该结点还原完成，如图 4.44 所示。

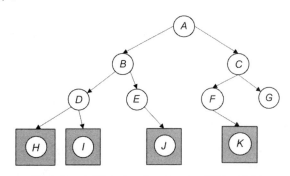

图 4.44　根结点 D，E，F，G，还原二叉树

（4）首先把前序遍历的左子树{D, H, I}分成三部分，根结点、左子树、右子树，即{D}、{H}、{I}，和前面的分析一样，左子树的根结点是 H，右子树的根结点是 I。把中序遍历的左子

树$\{H, D, I\}$也分成三部分，左子树、根结点、右子树，即$\{H\}$、$\{D\}$、$\{I\}$，左子树只有一个根结点H，该结点还原完成，右子树只有一个根结点I，该结点还原完成。

然后把前序遍历的右子树$\{E, J\}$分成两部分，根结点，右子树，即$\{E\}$、$\{J\}$，和前面的分析一样，右子树的根结点是J。把中序遍历的右子树$\{E, J\}$也分成两部分，根结点、右子树，即$\{E\}$、$\{J\}$，右子树只有一个根结点J，该结点还原完成。

最后把前序遍历的左子树$\{F, K\}$分成两部分，根结点、右子树，即$\{F\}$、$\{K\}$，和前面的分析一样，右子树的根结点是K。把中序遍历的右子树$\{F, K\}$也分成两部分，根结点、右子树，即$\{F\}$、$\{K\}$，右子树只有一个根结点K，该结点完成还原，最终整棵树还原完成，如图4.45所示。

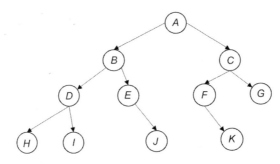

图4.45 二叉树还原完成

按照上面的分析，通过前序遍历和中序遍历重新还原了家谱图，和最开始笔者在纸上画的图4.41是一致的，表示二叉树还原正确。那么接下来进行实战编程，通过程序实现家谱图的还原。

```python
class TreeNode(object):
    '''
    二叉树结点的定义
    '''

    def __init__(self, val):
        self.val = val
        self.left = None
        self.right = None

def constructTree(pre_order, mid_order):
    '''
    前序遍历和中序遍历还原树
    '''
    if len(pre_order) > 0 :
        #前序遍历第一个元素是根结点
        root = pre_order[0]
        treeNode = TreeNode(root)
```

```python
            index = mid_order.index(root)
            #构造左子树
            treeNode.left = constructTree(pre_order[1:1+index],mid_order[:index])
            #构造右子树
            treeNode.right = constructTree(pre_order[1+index:],mid_order[index+1:])
            return treeNode
        return None

def printTree(root,mid_order):
    '''
    层次打印树
    '''
    pre_index = -1
    if root == None:
        return
    else:
        queue = [root,'#']
        while len(queue) > 1:
            visiteNode = queue.pop(0)
            if isinstance(visiteNode,TreeNode):
                index = mid_order.index(visiteNode.val)
                for i in range(pre_index+1,index):
                    print(' ',end='')
                pre_index = index
                print(visiteNode.val,end='')
                if visiteNode.left:
                    queue.append(visiteNode.left)
                if visiteNode.right:
                    queue.append(visiteNode.right)
            else:
                print()
                print()
                print()
                pre_index = -1
                queue.append('#')


if __name__ == "__main__":
    pre_order = ['A','B','D','H','T','E','J','C','F','K','G']
    mid_order = ['H','D','T','B','E','J','A','F','K','C','G']
    root = constructTree(pre_order,mid_order)
    printTree(root,mid_order)
```

前序遍历和中序遍历还原树程序运行结果如图 4.46 所示。

图 4.46 前序遍历和中序遍历还原树程序运行结果

可以发现，程序的运行结果和分析结果是一致的，我们通过前序遍历和中序遍历对树进行了还原。接下来我们对程序重要的数据结构和方法进行讲解。

在树的还原过程中，首先根据前序遍历结果确定树的根结点，其次根据中序遍历确定左子树和右子树，再次在前序遍历中在确定好的左子树和右子树中找到其根结点，最后在中序遍历中分别找到左子树及右子树的左子树和右子树，循环往复，直到整棵树被还原为止。代码如下所示。

```python
def constructTree(pre_order,mid_order):
    '''
    前序遍历和中序遍历还原树
    '''
    if len(pre_order) > 0 :
        #前序遍历第一个元素是根结点
        root = pre_order[0]
        treeNode = TreeNode(root)
        index = mid_order.index(root)
        #构造左子树
        treeNode.left = constructTree(pre_order[1:1+index],mid_order[:index])
        #构造右子树
        treeNode.right = constructTree(pre_order[1+index:],mid_order[index+1:])
        return treeNode
    return None
```

4.3.3 中序遍历和后序遍历还原家谱图

在 4.3.2 节中，我们通过前序遍历和中序遍历信息成功还原了家谱图，本节我们通过中序遍历和后序遍历信息来还原图 4.41 的家谱图。

图 4.41 二叉树的中序遍历顺序是 H，D，I，B，E，J，A，F，K，C，G。后序遍历顺序是 H，I，D，J，E，B，K，F，G，C，A。现在读者朋友们已经有了通过前序遍历和中序遍历还原家谱图的经验，通过中序遍历和后序遍历还原家谱图自然不在话下。

中序遍历是先访问根结点的左子树，然后访问根结点，最后访问根结点的右子树。后序遍历是先访问根结点的左子树，然后访问根结点的右子树，最后访问根结点。根据前面还原家谱图的经验，首先根据后序遍历确定最后一个元素是树的根结点，然后在中序遍历中找到该结点，该结点的左边元素就是左子树，该结点的右边元素就是右子树。接着根据中序遍历找到的左子树和右子树在后序遍历中找到相应的左子树和右子树，对于新的左子树和右子树，在后序遍历中依旧是最后一个结点是其根结点。之后在中序遍历中找到根结点，同样根结点的左边元素就是左子树，根结点的右边元素就是右子树。循环往复，直到整棵树还原完成。

（1）首先二叉树的后序遍历顺序是 H，I，D，J，E，B，K，F，G，C，A，根结点是 A，然后在中序遍历 H，D，I，B，E，J，A，F，K，C，G 中找到该结点，可以发现，$\{H, D, I, B, E, J\}$ 是根结点 A 的左子树，$\{F, K, C, G\}$ 是根结点 A 的右子树，如图 4.47 所示。

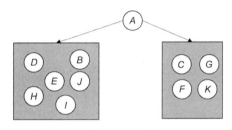

图 4.47　根结点 A，还原二叉树

（2）那可以把后序遍历分成三部分，左子树、右子树、根结点，即 $\{H, I, D, J, E, B\}$、$\{K, F, G, C\}$、$\{A\}$。同样地，左子树 $\{H, I, D, J, E, B\}$ 的根结点是 B，右子树 $\{K, F, G, C\}$ 的根结点是 C。在中序遍历中也分成三部分，左子树、根结点、右子树，即 $\{H, D, I, B, E, J\}$、$\{A\}$、$\{F, K, C, G\}$。左子树的根结点是 B，所以 $\{H, D, I\}$ 是根结点 B 的左子树，$\{E, J\}$ 是根结点 B 的右子树；右子树的根结点是 C，所以 $\{F, K\}$ 是根结点 C 的左子树，$\{G\}$ 是根结点 C 的右子树，如图 4.48 所示。

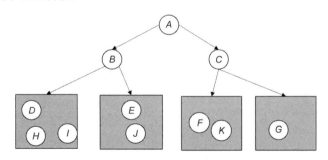

图 4.48　根结点 B，C，还原二叉树

（3）现在把后序遍历的左子树 $\{H, I, D, J, E, B\}$ 分成三部分，左子树、右子树、根结点，即 $\{H, I, D\}$、$\{J, E\}$、$\{B\}$，和前面的分析一样，左子树 $\{H, I, D\}$ 的根结点是 D，右子树 $\{J, E\}$ 的根结点是 E。把中序遍历的左子树 $\{H, D, I, B, E, J\}$ 也分成三部分，左子树、根结点、右子树，即 $\{H, D, I\}$、$\{B\}$、$\{E, J\}$。左子树的根结点是 D，所以 $\{H\}$ 是根结点 D 的左子树，

{*I*}是根结点 *D* 的右子树；右子树的根结点是 *E*，所以{*J*}是根结点 *E* 的右子树。

然后把后序遍历的右子树{*K*, *F*, *G*, *C*}分成三部分，左子树、右子树、根结点，即{*K*, *F*}、{*G*}、{*C*}，和前面的分析一样，左子树{*K*, *F*}的根结点是 *F*，右子树{*G*}的根结点是 *G*。把中序遍历的右子树{*F*, *K*, *C*, *G*}也分成三部分，左子树、根结点、右子树，即{*F*, *K*}、{*C*}、{*G*}，左子树的根结点是 *F*，所以{*K*}是根结点的右子树；右子树只有一个根结点 *G*，该结点还原完成，如图 4.49 所示。

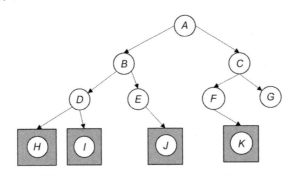

图 4.49 根结点 *D*, *E*, *F*, *G*, 还原二叉树

（4）现在把后序遍历的左子树{*H*, *I*, *D*}分成三部分，左子树、右子树、根结点，即{*H*}、{*I*}、{*D*}，和前面的分析一样，左子树{*H*}的根结点是 *H*，右子树{*I*}的根结点是 *I*。把中序遍历的左子树{*H*, *D*, *I*}也分成三部分，左子树、根结点、右子树，即{*H*}、{*D*}、{*I*}。左子树只有一个根结点 *H*，该结点还原完成；右子树只有一个根结点 *I*，该结点还原完成。

然后把后序遍历的右子树{*J*, *E*}分成两部分，右子树、根结点，即{*J*}、{*E*}。和前面的分析一样，右子树{*J*}的根结点是 *J*。把中序遍历的右子树{*E*, *J*}也分成两部分，根结点、右子树，即{*E*}、{*J*}，右子树{*J*}只有一个根结点 *J*，该结点还原完成。

最后把后序遍历的左子树{*K*, *F*}分成两部分，右子树、根结点，即{*K*}、{*F*}。和前面的分析一样，右子树{*K*}的根结点是 *K*。把中序遍历的右子树{*F*, *K*}也分成两部分，根结点、右子树，即{*F*}、{*K*}。右子树{*K*}只有一个根结点 *K*，该结点完成还原，最终整棵树还原完成，如图 4.50 所示。

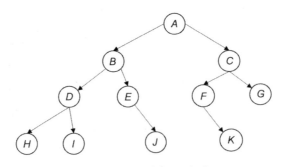

图 4.50 二叉树还原完成

按照上面的分析，我们通过中序遍历和后序遍历重新还原了家谱图，和最开始笔者在纸上画的图 4.41 是一致的，表示二叉树还原正确。其实后序遍历+中序遍历还原家谱图和前序遍历+中序遍历还原家谱图的思想是一样的，主要是根结点的获取方式不同，前序遍历第一个元素是树的根结点，后序遍历最后一个元素是树的根结点。那么接下来进行实战编程，通过程序实现家谱图的还原。

```python
class TreeNode(object):
    '''
    二叉树结点的定义
    '''
    
    def __init__(self, val):
        self.val = val
        self.left = None
        self.right = None


def constructTree2(post_order,mid_order):
    '''
    后序遍历和中序遍历还原树
    '''
    if len(post_order) > 0 :
        #后序遍历最后一个元素是根结点
        root = post_order[-1]
        treeNode = TreeNode(root)
        index = mid_order.index(root)
        #构造左子树
        treeNode.left = constructTree2(post_order[:index],mid_order[:index])
        #构造右子树
        treeNode.right = constructTree2(post_order[index:-1],mid_order[index+1:])
        return treeNode
    return None


def printTree(root,mid_order):
    '''
    层次打印树
    '''
    pre_index = -1
    if root == None:
        return
    else:
        queue = [root,'#']
        while len(queue) > 1:
```

```
                    visiteNode = queue.pop(0)
                    if isinstance(visiteNode,TreeNode):
                        index = mid_order.index(visiteNode.val)
                        for i in range(pre_index+1,index):
                            print(' ',end='')
                        pre_index = index
                        print(visiteNode.val,end='')
                        if visiteNode.left:
                            queue.append(visiteNode.left)
                        if visiteNode.right:
                            queue.append(visiteNode.right)
                    else:
                        print()
                        print()
                        print()
                        pre_index = -1
                        queue.append('#')


if __name__ == "__main__":
    mid_order = ['H','D','T','B','E','J','A','F','K','C','G']
    post_order = ['H','T','D','J','E','B','K','F','G','C','A']
    root = constructTree2(post_order,mid_order)
    printTree(root,mid_order)
```

后序遍历和中序遍历还原树程序运行结果如图 4.51 所示。

图 4.51 后序遍历和中序遍历还原树程序运行结果

可以发现，程序的运行结果和分析结果是一致的，我们通过后序遍历和中序遍历对树进行了还原。接下来我们对程序重要的数据结构和方法进行讲解。

在树的还原过程中，首先根据后序遍历确定树的根结点，然后根据中序遍历确定左子树和右子树，接着在后序遍历中在确定好的左子树和右子树中找到其根结点，之后在中序遍历中分别找到左子树及右子树的左子树和右子树，循环往复，直到整棵树还原为止。代码如下所示。

```
def constructTree2(post_order,mid_order):
```

```
'''
后序遍历和中序遍历还原树
'''
if len(post_order) > 0 :
    #后序遍历最后一个元素是根结点
    root = post_order[-1]
    treeNode = TreeNode(root)
    index = mid_order.index(root)
    #构造左子树
    treeNode.left = constructTree2(post_order[:index],mid_order[:index])
    #构造右子树
    treeNode.right = constructTree2(post_order[index:-1],mid_order[index+1:])
    return treeNode
return None
```

4.4 十年树木，百年树人——二叉树的高度

自然界的树木是有高度的，数据结构中的树当然也是有高度的。自然界中树的高度是指树根到最高的树杈的距离，同理，数据结构中树的高度是指树的根结点到树底部的叶子结点的最远距离。前面讲解过了树的遍历方式，前序遍历、中序遍历、后序遍历及平层遍历，这是树最基本的算法。很多树的算法如求解树的高度、求解树中结点的数量、确定两棵二叉树是否相同，都可以在树的遍历算法上进行改进得到，本节以树的高度为例讲解如何在遍历算法基础上求解树的高度。

4.4.1 什么是树的高度

数据结构中树的高度和自然界中树的高度的计算方式是一样的，自然界中树的高度是指从树根到最高的树杈的距离，同理，数据结构中树的高度是指从树的根结点到树底部的叶子结点的最远距离，如图 4.52 所示。

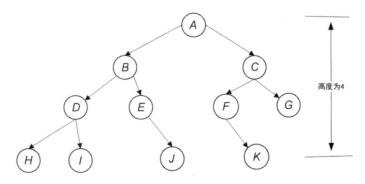

图 4.52 高度为 4 的二叉树

从图 4.52 可以直观地看出，结点 H，I，J，K 的高度是 4，结点 D，E，F，G 的高度是 3，结点 B，C 的高度是 2，根结点 A 的高度是 1。

现在有一棵图 4.52 所示的二叉树，想计算出这棵二叉树的高度，来看一下这棵二叉树长得有多高。

4.4.2 在树的遍历基础上增加高度信息

前面介绍的树的第一个遍历方式就是前序遍历，读者还记得前序遍历的思想吗？在前序遍历中，首先访问根结点，然后访问根结点的左子树，最后访问根结点的右子树。前序遍历可以想象成，从根结点出发，绕着整棵树的外围转一圈，经过的结点顺序就是前序遍历的顺序。图 4.6 所示的就是前序遍历的过程。

现在在树的前序遍历过程中增加高度信息，在前序遍历的不断递归中，会记录每个结点的高度，有最高高度的结点就是所求的树的高度，如图 4.53 所示。

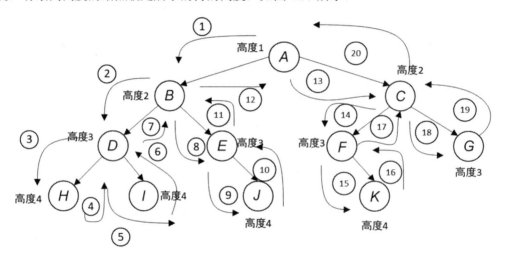

图 4.53 二叉树前序遍历增加高度信息

如图 4.53 所示，前序遍历的顺序结果是 A，B，D，H，I，E，J，C，F，K，G，在遍历的过程中增加了结点的高度信息。结点 A 的高度是 1，结点 B 和 C 的高度是 2，结点 D，E，F，G 的高度是 3，结点 H，I，J，K 的高度是 4。现在开始分析如何在前序遍历的基础上增加高度信息。

（1）初始化树的高度是 0，表示一棵空树。根据前序遍历算法，首先访问根结点 A，然后访问左子树结点 B，D，H，I，E，J，最后访问右子树结点 C，F，K，G，这时候记录结点 A 的高度是 1，树的高度就是结点 A 的高度 1，如图 4.54 所示。

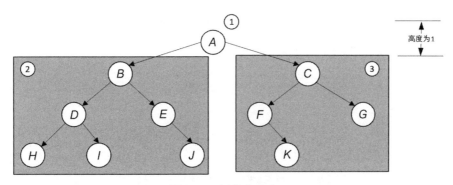

图 4.54 树的高度为 1

（2）对于左子树 {B, D, H, I, E, J}，它的根结点是 B，首先访问的是根结点 B，然后访问左子树结点 D, H, I，最后访问右子树结点 E, J，这时候记录结点 B 的高度是 2。对于右子树 {C, F, K, G}，它的根结点是 C，首先访问的是根结点 C，然后访问左子树结点 F, K，最后访问右子树结点 G，这时候记录结点 C 的高度是 2，树的高度就是结点 B 或者 C 的高度 2，如图 4.55 所示。

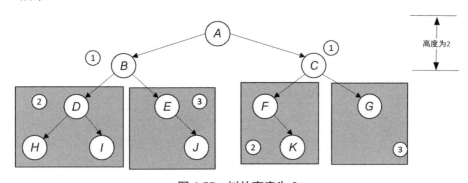

图 4.55 树的高度为 2

（3）对于左子树 {D, H, I}，它的根结点是 D，首先访问的是根结点 D，然后访问左子树结点 H，最后访问右子树结点 I，这时候记录结点 D 的高度是 3；对于右子树 {E, J}，它的根结点是 E，因为没有左子树，直接访问右子树结点 J，这时候记录结点 E 的高度是 3。对于左子树 {F, K}，它的根结点是 F，没有左子树，直接访问右子树结点 K，这时候记录结点 F 的高度是 3；对于右子树 {G}，因为只有一个根结点，直接访问根结点 G，这时候记录结点 G 的高度是 3，树的高度就是结点 D, E, F, G 的高度 3，如图 4.56 所示。

（4）对于左子树 {H}，因为只有一个根结点，直接访问根结点 H，这时候记录结点 H 的高度是 4；同理，右子树 {I} 也只有一个根结点，直接访问根结点 I，这时候记录结点 I 的高度是 4；右子树 {J} 只有一个根结点，直接访问根结点 J，这时候记录结点 J 的高度是 4。右子树 {K} 只有一个根结点，直接访问根结点 K，这时候记录结点 K 的高度是 4，树的高度就是结点 H, I, J, K 的高度 4，如图 4.57 所示。

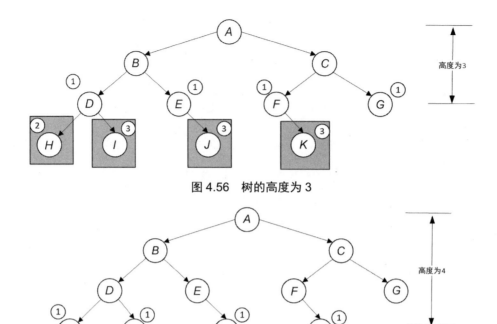

图 4.56　树的高度为 3

图 4.57　树的高度为 4

4.4.3　遍历树获得高度信息

通过 4.4.2 节的图解，读者朋友应该了解了如何在树的遍历过程中增加树的高度信息。4.4.2 节是以树的前序遍历方式加入高度信息进行讲解的，读者朋友可以尝试一下在树的中序遍历、后序遍历及平层遍历中增加高度信息，本书限于篇幅，不对此进行展开叙述。现在进行实战编程，通过程序在前序遍历中增加高度信息求出树的高度。完整代码如下。

```
class TreeNode(object):
    '''
    二叉树结点的定义
    '''
    def __init__(self, val):
        self.val = val
        self.left = None
        self.right = None

#初始化树的高度为0
maxLevel= 0

def preOrderHeight(root, level):
```

```python
        global maxLevel
        '''
        二叉树前序遍历求解树的高度
        '''
        if root == None:
            return
        #更新树的高度为结点的最大高度
        if level > maxLevel:
            maxLevel = level
        #遍历左子树
        preOrderHeight(root.left, level + 1)
        #遍历右子树
        preOrderHeight(root.right, level + 1)

if __name__ == "__main__":
    nodeA = TreeNode('A')
    nodeB = TreeNode('B')
    nodeC = TreeNode('C')
    nodeD = TreeNode('D')
    nodeE = TreeNode("E")
    nodeF = TreeNode("F")
    nodeG = TreeNode("G")
    nodeH = TreeNode("H")
    nodeI = TreeNode("I")
    nodeJ = TreeNode("J")
    nodeK = TreeNode("K")

    nodeA.left = nodeB
    nodeA.right = nodeC

    nodeB.left = nodeD
    nodeB.right = nodeE

    nodeC.left = nodeF
    nodeC.right = nodeG

    nodeD.left = nodeH
    nodeD.right = nodeI

    nodeE.right = nodeJ

    nodeF.right = nodeK

    preOrderHeight(nodeA, 1)
```

```
print('树的高度：%d' % maxLevel)
```

前序遍历中增加高度信息求出树的高度程序运行结果如图 4.58 所示。

树的高度：4

图 4.58　前序遍历中增加高度信息求出树的高度程序运行结果

可以发现，程序的运行结果和分析结果是一致的，我们通过在前序遍历过程中增加树的高度信息求出了结果。接下来我们对程序重要的数据结构和方法进行讲解。

在树的前序遍历过程中，增加了结点的高度信息，每向下递归一层，树的高度就会加一，如果当前结点的高度大于树的高度，就会更新树的高度为当前结点的高度，代码如下所示。

```
def preOrderHeight(root, level):
    global maxLevel
    '''
    二叉树前序遍历求解树的高度
    '''
    if root == None:
        return
    #更新树的高度为结点的最大高度
    if level > maxLevel:
        maxLevel = level
    preOrderHeight(root.left, level + 1)
    preOrderHeight(root.right, level + 1)
```

4.5　寻根溯源——找到所有祖先结点

通过前面的讲解知道，家谱图就是一个典型的树形结构，从目标结点出发到根结点所遇到的所有结点都是目标结点的祖先。现在有一幅电子家谱图，要开发一个功能，就是输入任意家谱图中的名字，就可以找到该名字的所有祖先，要怎样实现这个功能呢？

4.5.1　什么是树的祖先

树是一个层次结构，在层次结构中，数据元素之间有祖先和后裔、上级和下级的关系。可以把树看作一张家谱图，那么树的祖先，就是家谱图中的祖先，家谱图如图 4.1 所示。那么孙子的祖先就是儿子、"我"、父亲、祖父。从目标结点出发到根结点所遇到的所有结点都是目标结点的祖先，如图 4.59 所示。

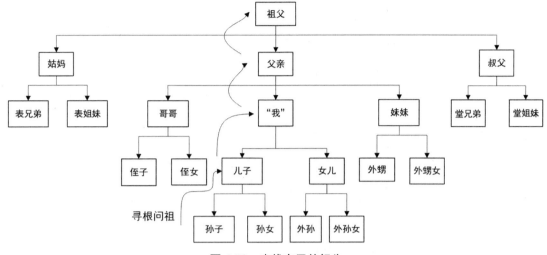

图 4.59 查找自己的祖先

同理,现在有一棵图 4.5 所示的二叉树,那么结点 J 的祖先都有哪些呢?从目标结点 J 出发,沿着路径一直找到根结点,其间遇到了结点 E,B,A,那么结点 J 的祖先就是结点 E,B,A,如图 4.60 所示。

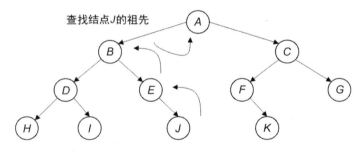

图 4.60 结点 J 的祖先

4.5.2 在树的遍历基础上增加结点找到信息

现在在树的前序遍历过程中增加结点找到信息,在前序遍历的不断递归中,会记录是否找到了目标结点,如果找到了目标结点就不再继续递归下去,并且在递归返回的过程中,会保留是否找到目标结点的信息。在找到目标结点以后,递归返回过程中遇到的结点就是要找的祖先,如图 4.61 所示。

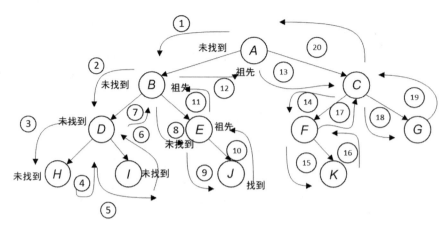

图 4.61　记录目标结点是否找到

如图 4.61 所示，前序遍历的顺序结果是 A, B, D, H, I, E, J，在遍历到结点 J 的时候找到了目标结点，这时候停止递归，在递归返回的过程中遇到的所有结点就是祖先。这里面有两个需要关注的问题。

（1）问题 1：如何在找到目标结点后，停止程序的递归；

（2）问题 2：在递归返回的过程中，如何判断返回过程中遇到的结点是祖先。

对于问题 1，在进行二叉树遍历的时候，需要判断目标结点是否找到，如果没有找到才允许继续遍历；对于问题 2，在递归返回的过程中，需要在返回过程中判断是否找到了目标结点，如果找到了，返回过程中遇到的结点即祖先。

（1）初始化目标结点是否找到，若为 False，则表示没有找到目标结点。根据前序遍历的算法，依次访问的是结点 A, B, D, H, I, E, J。在访问到结点 J 的时候，找到了目标结点，这时候后续的递归遍历全部停止，如图 4.62 所示。

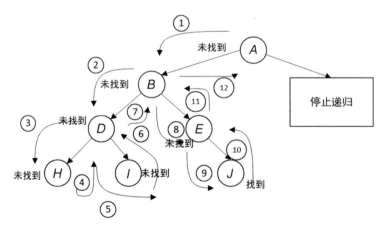

图 4.62　找到目标结点，停止递归

（2）在找到目标结点 J 以后，停止继续递归，这时候递归开始自然返回，在返回的过程中，所有遇到的结点都会标记为祖先，找到结点 J 的祖先有结点 E，B，A，如图 4.63 所示。

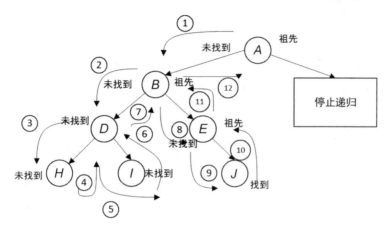

图 4.63　找到结点 J 的祖先

4.5.3　遍历树获得所有祖先

通过 4.5.2 节的图解，读者朋友应该了解了如何在树的遍历过程中控制是否继续递归，以及在递归返回的过程中判断是否为祖先。4.5.2 节是以树的前序遍历方式获得目标结点的所有祖先进行讲解的，读者朋友可以尝试一下在树的中序遍历或者后序遍历过程中加入目标结点是否找到的判断，从而得到目标结点的所有祖先。现在进行实战编程，通过程序在前序遍历中增加目标结点是否找到的信息。完整代码如下。

```
class TreeNode(object):
    '''
    二叉树结点的定义
    '''

    def __init__(self, val):
        self.val = val
        self.left = None
        self.right = None

#标记目标结点是否找到
find = False

def preOrderAncestors(root,target):
    global   find
    if root == None:
```

```python
        return
    #找到目标结点
    if root.val == target:
        find = True
    #控制是否进行递归
    if not find:
        preOrderAncestors(root.left,target)
    #控制是否进行递归
    if not find:
        preOrderAncestors(root.right,target)
    #控制是否为祖先
    if find and root.val != target:
        print("目标结点的祖先：%s " % root.val)

if __name__ == "__main__":
    nodeA = TreeNode('A')
    nodeB = TreeNode('B')
    nodeC = TreeNode('C')
    nodeD = TreeNode('D')
    nodeE = TreeNode("E")
    nodeF = TreeNode("F")
    nodeG = TreeNode("G")
    nodeH = TreeNode("H")
    nodeI = TreeNode("I")
    nodeJ = TreeNode("J")
    nodeK = TreeNode("K")

    nodeA.left = nodeB
    nodeA.right = nodeC

    nodeB.left = nodeD
    nodeB.right = nodeE

    nodeC.left = nodeF
    nodeC.right = nodeG

    nodeD.left = nodeH
    nodeD.right = nodeI

    nodeE.right = nodeJ

    nodeF.right = nodeK

    preOrderAncestors(nodeA,'J')
```

在前序遍历中增加目标结点是否找到的信息获取所有祖先程序运行结果如图 4.64 所示。

```
目标结点的祖先：E
目标结点的祖先：B
目标结点的祖先：A
```

图 4.64　在前序遍历中增加目标结点是否找到的信息获取所有祖先程序运行结果

可以发现，程序的运行结果和分析结果是一致的，我们通过在前序遍历过程中增加目标结点是否找到的信息来控制整个递归的运行，以及对递归返回时遇到的结点进行标记。树的高度求解及目标结点所有祖先的求解，都是在树的遍历算法基础上进行改进和控制的，因此希望读者重点掌握树的遍历算法，好好领会和揣摩。接下来我们对程序重要的数据结构和方法进行讲解。

在树的前序遍历过程中，增加了结点是否找到的信息，在目标结点找到以后，通过全局变量的控制，树的递归遍历就会停止，并且在递归的返回过程中，会通过目标结点是否找到的信息判断是否为目标结点的祖先，代码如下所示。

```
#标记目标结点是否找到
find = False

def preOrderAncestors(root,target):
    global find
    if root == None:
        return
    #找到目标结点
    if root.val == target:
        find = True
    #控制是否进行递归
    if not find:
        preOrderAncestors(root.left,target)
    #控制是否进行递归
    if not find:
        preOrderAncestors(root.right,target)
    #控制是否为祖先
    if find and root.val != target:
        print("目标结点的祖先：%s " % root.val)
```

第 5 章

图算法

恭喜你成功地穿越了"树"的森林，现在等待你的是比树更加复杂的图算法的学习。图可以用来对生活中的很多问题进行建模，也比树更有实际意义。比如，自己的人际关系图，"在家靠父母，在外靠朋友"，在遇到困难的时候可以根据自己的人际关系图快速找到能够帮助自己解决问题的朋友。读者朋友应该都有旅游经历，在旅游之前通常都会做一些旅游攻略，要玩这个城市最好玩的地方，吃这个城市最好吃的小吃，可以根据该城市的交通网络图找到最佳的旅游路线，使自己吃得开心，玩得也开心。现在是互联网时代，互联网就像一张连接全世界的大图，你可以与世界的任何一个人进行交流沟通，互联网这张大图使信息传递更加快捷和方便。图结构对现实生活的建模很重要，所以本章对图的算法进行单独归纳和讲解。

本章主要涉及的知识点如下。

- 生活中的"图"：图结构在生活中随处可见，本章通过生活中的例子了解图。
- 寻找所有的城市——有向图的遍历：有向图的遍历分为广度优先遍历和深度优先遍历，是图的最基本算法。
- 最短的管道——Kruskal 算法：图实际问题的应用，如何使用最短的管道连接各个城市结点。
- 再谈最短的管道——Prim 算法：图实际问题的应用，除了 Kruskal 算法，Prim 算法也可以保证使用最短的管道连接各个城市结点。
- 多源最短路径——Floyd 算法：在第 2 章中我们讲解了通过 Dijkstra 算法帮助笔者找到了去好朋友老王家的最短路线，现在通过 Floyd 算法来寻找这条最短路线。

5.1 生活中的"图"

图结构是一个非常重要的数据结构，围绕着图结构也有各种各样的算法。图结构在现实生活中随处可见，本节通过生活中的例子来引入图。

5.1.1 城市的交通轨道

随着国家的快速发展，城市化建设越来越完善，"要想富，先修路"，现在城市的交通轨道建设也越来越完善，有高速公路，有地铁，整个城市被这些交通轨道划分得整整齐齐，像一个个格子。图 5.1 所示为某个小区的交通轨道图，三条横向街道，四条竖向街道，外加一条高速公路，将整个小区包围了起来。

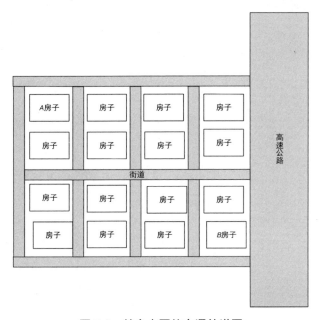

图 5.1 某个小区的交通轨道图

上面小区的交通轨道图就构成了如下的一张图，十字路口是图的结点，街道是图的边，如图 5.2 所示。A 房子的主人想要到 B 房子家中做客，相当于图 5.2 中的结点 A 到结点 B 的路线图。

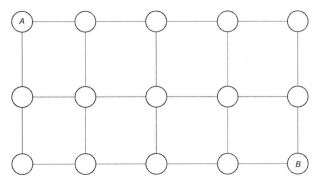

图 5.2 抽象的街道图模型

5.1.2 人与人之间的关系

大千世界,芸芸众生,人类正是生活在这样一个社会大图中,每个人从呱呱坠地那一天起,就进入了社会,成为社会图中的一个结点,与身边的人产生了连接。幼儿的时候连接的只有父母和亲戚,如祖父、祖母、叔叔等;等上了学校,就有了小学同学、中学同学、大学同学;步入社会,就有了同事、领导、商业伙伴、私人教练等。社交关系越来越复杂,连接的结点也越来越多,而每个人连接的这些人又有自己的人际圈,一层一层向外扩散,构成了复杂的人际网络图,如图5.3所示。

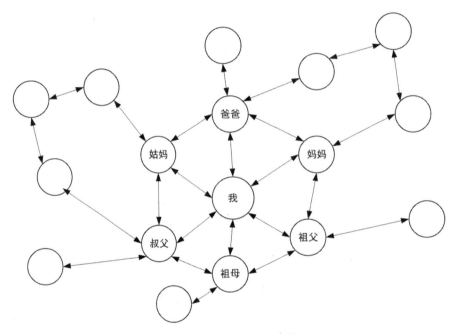

图 5.3 人际关系网示意图

5.1.3 互联网的连接

21世纪是互联网的时代,互联网的飞速发展,彻底改变了人们传统的生活方式,人们可以在网上购物、听歌、看电影、支付等。在互联网中,天南海北的两个人可以毫无障碍地沟通,任意搜索自己感兴趣的东西,查到自己想要的信息,足不出户就买到自己爱吃的零食、喜欢的衣服等。在互联网这张大图中,连接的不是人,而是每台电子设备,如手机、电脑,如图5.4所示。

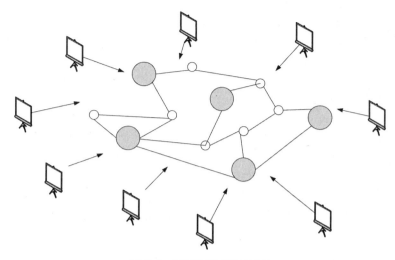

图 5.4　互联网连接示意图

5.2　寻找所有的城市——有向图的遍历

第 4 章我们学过树的遍历，这一章我们学习图的遍历。如果把整个国家比作一张巨大的图，那么每座城市就是这张图上的结点，而图的遍历就是从某一个城市出发走过所有的其他城市。图的遍历算法是图最基本的算法，很多图的操作都要基于图的遍历算法。图的遍历有两种标准的方式，就是广度优先搜索和深度优先搜索。接下来让我们进入"图"的大千世界，领略图算法的精华。

5.2.1　什么是有向图

有向图，顾名思义就是有方向的图。还有一种图叫作无向图，是没有方向的图。如果把一个城市比作一个图，城市的道路比作图的边，有向图的边就好比道路是单行道，只能有一个方向，而无向图的边就好比道路是双行道，是双向的，如图 5.5 所示。

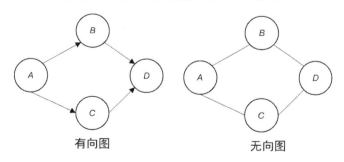

图 5.5　有向图和无向图

在有向图里面，如果顶点 A 到顶点 B 是可达的，那么顶点 B 到顶点 A 不一定是可达的；但是在无向图里面，如果顶点 A 到顶点 B 是可达的，那么顶点 B 到顶点 A 一定是可达的。区分一张图是否是有向图，只要看图的边是否有方向即可。

5.2.2　有向图的深度优先遍历

有向图的深度优先遍历和树的前序遍历很像。树的前序遍历是先访问根结点，然后访问左子树，最后访问右子树。有向图的深度优先遍历稍微复杂一些，首先访问第一个结点，并将该结点标记为已访问，然后选中某个与该结点邻接并且没有访问过的结点。如果不存在这样的结点，则搜索终止；假设符合上述条件的结点存在，深度优先遍历就会从新的结点开始，循环往复，直到整个图搜索完成。我们以图 5.6 所示的有向图为例进行讲解。

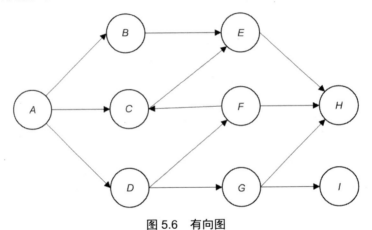

图 5.6　有向图

有向图的遍历可以把整个图想象成一个城市，把图的边想象成一条条道路，而图的结点则可以想象成道路的交叉路口。图的遍历就相当于有辆汽车沿着道路行驶，前面有路就继续行驶，如果前面没有路就返回上一个十字路口继续行驶其他道路，所经过的十字路口顺序就是深度优先遍历的顺序。图 5.7 所示为有向图深度优先遍历的过程。

如图 5.7 所示，小车沿着①、②、③、④、⑤、⑥、⑦、⑧、⑨、⑩、⑪、⑫、⑬、⑭、⑮、⑯、⑰、⑱、⑲、⑳、㉑、㉒、㉓、㉔ 转一圈，所遇到的结点分别是 A，B，E，H，C，D，F，G，I，上面的结点顺序就是有向图深度优先的遍历结果。现在我们开始分析深度优先遍历的规律。

（1）先访问结点 A，并将结点 A 标记为已访问，结点 A 可达的结点有 B，C，D，按照字母排序，结点 A 先访问结点 B，将结点 B 标记为已访问；从结点 B 出发，结点 B 可访问的结点只有 E，将结点 E 标记为已访问；从结点 E 出发，结点 E 可访问的结点只有 H，将结点 H 标记为已访问；结点 H 没有可访问的其他结点，这条搜索终止，如图 5.8 所示。

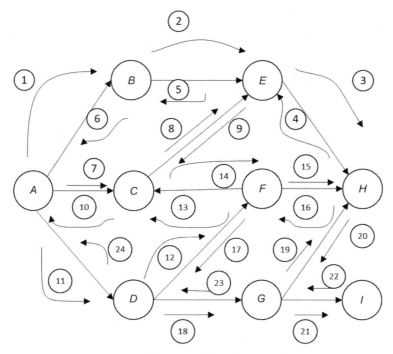

图 5.7 有向图深度优先遍历的过程

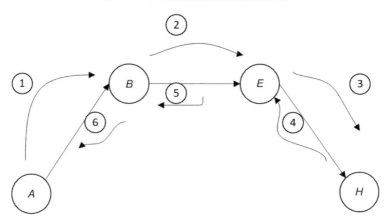

图 5.8 深度优先遍历访问到结点 A，B，E，H

（2）因为结点 H 前面已经没有路了，我们需要开车回到上一个十字路口结点 E 的位置；结点 E 也没有可以走的路，我们接着开车返回到上一个十字路口结点 B 的位置；结点 B 也没有可以走的路，我们接着开车返回到第一个结点 A 的位置，访问第二个相邻的结点 C，将结点 C 标记为已访问。结点 C 能够访问的结点是 E，但是发现结点 E 已经被访问过了，所以结点 C 也没有路可走了，返回到上一个结点 A，如图 5.9 所示。

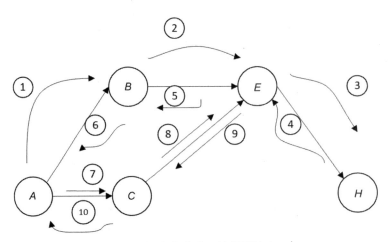

图 5.9　深度优先遍历访问到结点 C

（3）现在又站在了结点 A 的位置，接着访问第三个相邻的结点 D，标记结点 D 已访问；结点 D 可以访问结点 F 和结点 G，首先访问结点 F，标记结点 F 已访问；结点 F 可以访问结点 C 和结点 H，结点 C 已经被访问过了，结点 H 也已经被访问过了，结点 F 没有其他路可以走了，返回上一个十字路口结点 D 处，如图 5.10 所示。

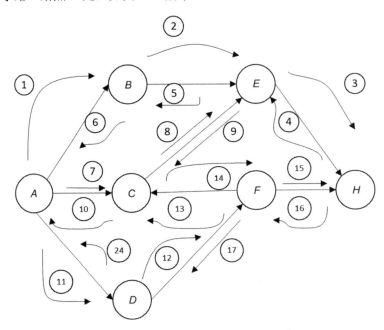

图 5.10　深度优先遍历访问到结点 D，F

（4）从结点 D 出发访问下一个没有被访问过的结点 G，标记结点 G 已访问；结点 G 可以访问结点 H 和结点 I，结点 H 已经被访问过了，则访问下一个没有被访问的结点 I，标记结点 I

为已访问；结点 I 前面没有可访问的结点，退回到上一个十字路口结点 G；结点 G 没有可以访问的其他结点，继续返回上一个十字路口结点 D；结点 D 也没有可访问的其他结点，返回上一个十字路口结点 A，如图 5.11 所示。

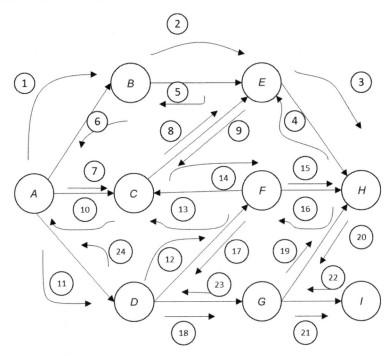

图 5.11 深度优先遍历访问到结点 G，I

结点 A 没有其他结点可以访问了，至此整个有向图遍历搜索完毕，通过上面的分析发现，有向图的深度优先遍历所遇到的结点顺序为 A，B，E，H，C，D，F，G，I。读者朋友通过上面的图解，对于给定的一张有向图应该可以快速给出深度优先遍历的结果。那么接下来我们进行实战编程，通过程序对一幅有向图进行深度优先遍历。

我们需要通过一个数据结构来保存图结构，通常有两种方式存储图：邻接矩阵和邻接表。邻接矩阵本质上是一个二维数组，行号表示起始结点，列号表示目标结点，数组中的值只有 0 和 1，0 表示起始结点到目标结点没有边，1 表示起始结点到目标结点存在边。图 5.6 的有向图的邻接矩阵如图 5.12 所示。

通过图 5.12 可以发现，邻接矩阵占用的空间比较大，对于边比较少的图是一种资源的浪费，但是可以快速判断结点之间是否存在边，是一种空间换时间的做法。而邻接表的本质是一个字典，Key 表示图的各个结点，而 Value 是一个列表，列表中包含了该结点可以访问的结点，如图 5.13 所示。

	A	B	C	D	E	F	G	H	I
A	0	1	1	1	0	0	0	0	0
B	0	0	0	0	1	0	0	0	0
C	0	0	0	0	1	0	0	0	0
D	0	0	0	0	0	1	1	0	0
E	0	0	0	0	0	0	0	1	0
F	0	0	1	0	0	0	0	1	0
G	0	0	0	0	0	0	0	1	1
H	0	0	0	0	0	0	0	0	0
I	0	0	0	0	0	0	0	0	0

图 5.12　邻接矩阵表示有向图

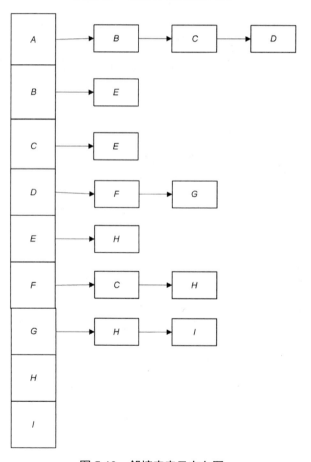

图 5.13　邻接表表示有向图

通过图 5.13 可以发现，邻接表占用的空间比较小，对于边比较少的图，邻接表是一种比较适合的表示方法，比邻接矩阵更加节约空间，但是如果进行判断两个结点是否存在边这种基本的图操作，需要遍历列表，是一种时间换空间的做法。对于本节所介绍的深度优先遍历，我们通过邻接表存储图结构进行讲解。

```python
vertex = []
def depthFirstGraph(graph,startNode):
    if startNode not in graph:
        return

    if startNode not in vertex:
        # 把顶点标记为已访问
        vertex.append(startNode)

    #遍历相邻结点
    for node in graph[startNode]:
        #该结点没有被访问过
        if node not in vertex:
            depthFirstGraph(graph,node)


if __name__ == '__main__':
    graph = {'A': ['B', 'C','D'],
             'B': ['E'],
             'C': ['E'],
             'D': ['F', 'G'],
             'E': ['H'],
             'F': ['C','H'],
             'G': ['H','I'],
             'H': [],
             'I': []}
    depthFirstGraph(graph,'A')
    print(vertex)
```

深度优先遍历程序运行结果如图 5.14 所示。

```
['A', 'B', 'E', 'H', 'C', 'D', 'F', 'G', 'I']
```

图 5.14　深度优先遍历程序运行结果

可以发现，程序的运行结果和分析结果是一致的，我们已经通过深度优先遍历算法对有向图进行了遍历。接下来我们对程序重要的数据结构和方法进行讲解。

首先用邻接表对图进行表示，该邻接表通过 Python 中的字典进行表示：字典的 Key 表示图中的结点，而字典的 Value 是一个列表，列表中包含了该结点可以访问的结点，如下所示。

```
graph = {'A': ['B', 'C','D'],
         'B': ['E'],
         'C': ['E'],
         'D': ['F', 'G'],
         'E': ['H'],
         'F': ['C','H'],
         'G': ['H','T'],
         'H': [],
         'T': []}
```

在图的深度优先遍历过程中,首先访问第一个结点,并将该结点标记为已访问,然后选中某个与该结点邻接并且没有被访问过的结点,深度优先遍历就会从新的结点开始,循环往复,直到整个图搜索完成,代码如下所示。

```
if startNode not in vertex:
    # 把顶点标记为已访问
    vertex.append(startNode)

#遍历相邻结点
for node in graph[startNode]:
    #该结点没有被访问过
    if node not in vertex:
        depthFirstGraph(graph,node)
```

5.2.3 有向图的广度优先遍历

5.2.2 节讲解了图的深度优先遍历,有向图的深度优先遍历相当于树的前序遍历,而有向图的广度优先遍历相当于树的平层遍历。树的平层遍历使用的数据结构是队列,每次弹出头结点,并将该结点的左子树和右子树压入队列;有向图的广度优先遍历使用的数据结构同样是队列,每次弹出头结点,并将相邻的未被访问的结点压入队列。这一节讲解有向图的广度优先遍历,还是以图 5.6 的有向图为例进行具体讲解。

在有向图的广度优先遍历中,首先访问根结点,然后访问根结点直接相邻的未被访问的结点,再访问直接相邻结点的下一层未被访问的结点,直到遍历到图的最后一层未被访问的结点。图 5.15 所示为有向图广度优先遍历的过程。

如图 5.15 所示,广度优先遍历的过程是先访问根结点,然后访问根结点直接相邻的未被访问的结点,再访问直接相邻结点的下一层未被访问的结点,直到遍历到图的最后一层未被访问的结点。按照广度优先遍历的思想,所遇到的结点分别是 A、B、C、D、E、F、G、H、I,上面的结点顺序就是广度优先遍历的结果。

在广度优先遍历中,结点是按相邻远近访问的。有向图广度优先遍历用到了数据结构队列,可以把队列想象成一个管道,从首部弹出结点,从尾部进入结点。有向图遍历树算法其实就是一个队列的操作,每次弹出一个头部结点,同时如果该结点有相邻的未被访问过的结点就压入队列中，并将这些压入队列的结点标记为已访问，直到队列为空，表示所有结点都被访问过了。

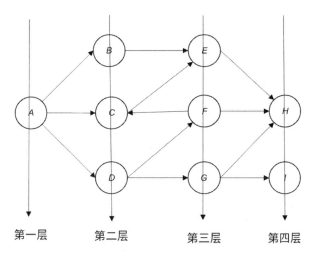

图 5.15　有向图广度优先遍历的过程

（1）初始化队列，队列中只有一个图的起始结点 A，表示结点 A 被访问过了，如图 5.16 所示。

图 5.16　初始化队列

（2）将结点 A 弹出队列，同时将结点 A 相邻的未被访问的结点 B，C，D 压入队列，表示结点 B，C，D 都被访问过了，如图 5.17 所示。

图 5.17　弹出结点 A，结点 B，C，D 进入队列

（3）将结点 B 弹出队列，同时将结点 B 的相邻结点 E 压入队列，表示结点 E 已经被访问过了，如图 5.18 所示。

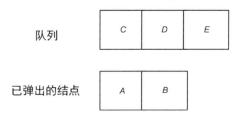

图 5.18　弹出结点 B，结点 E 进入队列

（4）将结点 C 弹出队列，结点 C 的相邻结点 E 已经被访问过了，所以没有进入队列的元素，如图 5.19 所示。

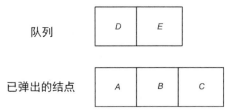

图 5.19　弹出结点 C，没有进入队列的元素

（5）将结点 D 弹出队列，同时将结点 D 的相邻结点 F 和 G 压入队列，表示结点 F 和结点 G 已经被访问过了，如图 5.20 所示。

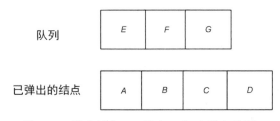

图 5.20　弹出结点 D，结点 F 和 G 进入队列

（6）将结点 E 弹出队列，结点 E 的相邻结点 H 进入队列，表示结点 H 已经被访问过了，如图 5.21 所示。

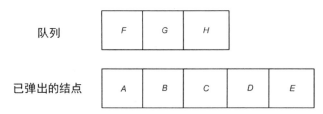

图 5.21　弹出结点 E，结点 H 进入队列

（7）将结点 F 弹出队列，结点 F 的相邻结点 C 和 H 已经被访问过了，所以没有进入队列的元素，如图 5.22 所示。

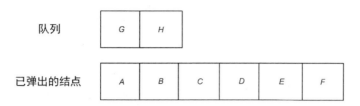

图 5.22 弹出结点 F，没有进入队列的元素

（8）将结点 G 弹出队列，结点 G 的相邻结点 H 已经被访问了，但是结点 G 的相邻结点 I 没有被访问过，所以结点 I 进入队列，表示它已经被访问过了，如图 5.23 所示。

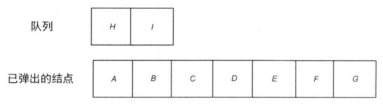

图 5.23 弹出结点 G，结点 I 进入队列

（9）队列中剩下的结点 H，I 依次被弹出队列，因为这些结点都没有相邻可达的结点，最后队列为空，遍历结束，如图 5.24 所示。

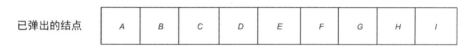

图 5.24 广度优先遍历完所有元素

按照上面的图解，广度优先遍历访问到的结点顺序是 A，B，C，D，E，F，G，H，I。从上面的图解可以发现，已经被访问过的结点，后面的结点即使可以访问该结点，也是不允许访问的，所以广度优先遍历以后，每个结点只有一条边是可达的，其他访问该结点的边是可以去掉的。图 5.25 展示出了广度优先遍历构成的子图。

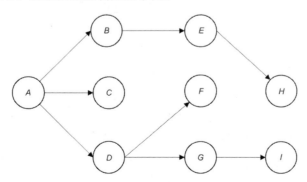

图 5.25 广度优先遍历构成的子图

读者朋友通过上面的图解，对于给定的一张有向图应该可以快速给出其广度优先遍历的结果。那么接下来我们进行实战编程，通过程序对一张有向图进行广度优先遍历。

```python
def widthFirstGraph(graph,startNode):
    #起始结点标记为已访问
    visited = [startNode]
    queue = [startNode]
    while len(queue) > 0 :
        popNode = queue.pop(0)
        print(popNode,end=' ')
        adj_list = graph[popNode]
        #访问相邻结点
        for node in adj_list:
            #判断结点是否被访问
            if node not in visited:
                visited.append(node)
                queue.append(node)

if __name__ == '__main__':
    graph = {'A': ['B', 'C','D'],
             'B': ['E'],
             'C': ['E'],
             'D': ['F', 'G'],
             'E': ['H'],
             'F': ['C','H'],
             'G': ['H','I'],
             'H': [],
             'I': []}
    widthFirstGraph(graph,'A')
```

广度优先遍历程序运行结果如图 5.26 所示。

```
A B C D E F G H I
```

图 5.26　广度优先遍历程序运行结果

可以发现，程序的运行结果和分析结果是一致的，我们已经通过广度优先遍历算法对有向图进行了遍历。接下来我们对程序重要的数据结构和方法进行讲解。

在有向图的广度优先遍历过程中，每次弹出一个头部结点，同时如果该结点有相邻的未被访问过的结点就压入队列中，并将这些压入队列的结点标记为已访问，直到队列为空，表示所有结点都被访问过了，代码如下所示。

```python
def widthFirstGraph(graph,startNode):
    #起始结点标记为已访问
    visited = [startNode]
    queue = [startNode]
```

```
while len(queue) > 0 :
    popNode = queue.pop(0)
    print(popNode,end=' ')
    adj_list = graph[popNode]
    #访问相邻结点
    for node in adj_list:
        #判断结点是否被访问
        if node not in visited:
            visited.append(node)
            queue.append(node)
```

5.3 最短的管道——Kruskal 算法

改革开放以来，一座座现代化的大都市拔地而起，在城市化的建设过程中，每座城市都需要铺设管道，人们每天喝的水都是通过管道输送过来的，每天洗菜的污水都是从管道流出的，所以管道是每个城市的基础设施之一。一个城市有成千上万座高楼，那么如何通过最短的管道将这些高楼连接起来呢？建设管道的铺设成本又是多少呢？

5.3.1 如何铺设最短的管道

老王最近接了一个大工程，就是铺设他所在城市的管道，现在城市的所有楼房下面都要有管道连通，用于进水和排污，甲方的要求很简单，而给老王的工程款也是一定的，其他方面由老王全权负责。至于老王能在这个工程里赚多少钱，完全取决于铺设管道的长度，铺设的管道越长，管道费用就越多，老王赚的钱就越少；铺设的管道越短，管道费用就越少，老王赚的钱自然就越多。城市路线图如图 5.27 所示。

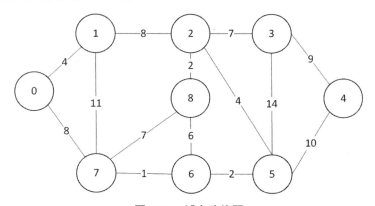

图 5.27　城市路线图

读者对这个图是否还有印象，这个图就是我们在讲解 Dijkstra 算法时提到的示例图，可参考图 2.17。从这个城市图来看，楼房之间的连接错综复杂，最简单的施工方式就是所有连接下面都铺设管道,保证可以完成任务,但是这样无疑是对管道的浪费,老王可以赚的钱也是最少的。那现在有没有一种方法可以在完成甲方要求的前提下,尽可能铺设最短的管道帮助老王赚更多的钱呢?

5.3.2 什么是最小生成树

在第 4 章介绍过树形结构,现在请读者思考一个问题,树形结构和图形结构的本质区别是什么?其实树和图之间的本质区别就是树没有环,而图有环。比如下面的一张图,如图 5.28 所示。

图 5.28 看着像一张图,但是因为它没有环,所以它是一个树形结构,读者可以想象用手将这张图从 0 号结点拎起来,其他结点像一颗颗葡萄自然下垂,一棵树就出来了,如图 5.29 所示。这棵树就是由图 5.28 转换成的树。

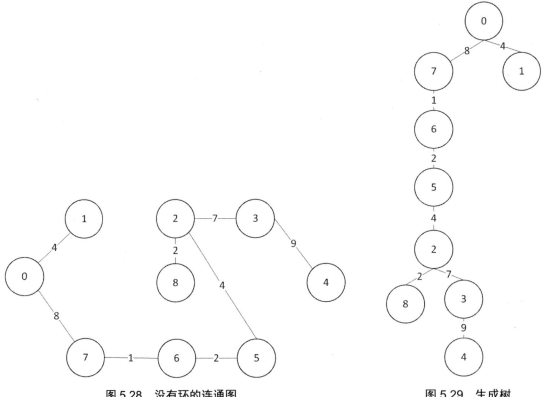

图 5.28 没有环的连通图　　　　　　图 5.29 生成树

这种可以转换成树形结构的图,或者说没有环的连通图,有一个名字叫作极小连通子图。极小连通子图又名生成树,其有以下三个特点。

(1) 极小连通子图是一个连通图,如果有 n 个结点,则有 $n-1$ 条边。图 5.29 有 9 个结点,有 8 条边。

（2）极小连通子图之所以称为极小是因为，如果删除一条边，就无法构成生成树，也就是说极小连通子图的每条边都是不可少的。

（3）如果在极小连通子图上添加一条边，则一定会构成一个环，但也无法构成生成树。

同一个连通图可以有不同的生成树，生成树本质是只要能连接连通图的所有结点而又不产生环的任何子图就都是它的生成树，那么在所有的生成树中，所有边之和最小的树就是该图的最小生成树。

5.3.3 Kruskal 算法的贪心思想

为减少管道的铺设成本，老王要铺设最短的管道将这些高楼连接起来，其实就是求这张图的最小生成树，既然是"最小"，那就是一个最优问题。前面我们讲解过求最优问题的贪心思想，贪心思想的本质是贪心策略的选择，最小生成树既然是所有边之和最小的树，那么每次只要选择最小的边连通各个结点是不是就可以了？恭喜你答对了，这就是大名鼎鼎的 Kruskal 算法的核心思想。Kruskal 算法基本思路：先对边按权重从小到大排序，先选取权重最小的一条边，如果该边加入最小生成树不会产生环，则加入最小生成树，否则计算下一条边，直到遍历完所有的边。

首先把图的所有边拆出来，图 5.27 一共可以拆出来 14 条边，对边按照权重从小到大排序，起始点和终点只是简单地按照一条边的两个端点区分，序号小的为起始点，序号大的为终点，如表 5.1 所示。

表 5.1 图的边按权重从小到大排序

起始点	终点	边长
6	7	1
2	8	2
5	6	2
0	1	4
2	5	4
6	8	6
2	3	7
7	8	7
0	7	8
1	2	8
3	4	9
4	5	10
1	7	11
3	5	14

（1）选择图中最短的一条边，边长是1，起始点是6，终点是7，加入生成树中，因为生成树中现在只有这一条边，所以不会形成环，如图5.30所示。

图5.30　生成树的第一条边

（2）选择图中次短的一条边，边长是2，起始点是2，终点是8，加入生成树中，生成树加入这条边也不会生成环，所以其可以加入进来，如图5.31所示。

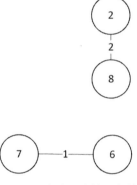

图5.31　生成树的第二条边

（3）选择图中第三条最短的边，边长还是2，起始点是5，终点是6，加入生成树中，生成树加入这条边也不会生成环，所以其可以加入进来，如图5.32所示。

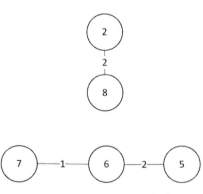

图5.32　生成树的第三条边

（4）选择图中第四条最短的边，边长是4，起始点是0，终点是1，加入生成树中，生成树加入这条边也不会生成环，所以其可以加入进来，如图5.33所示。

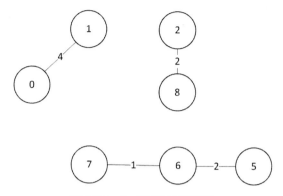

图 5.33 生成树的第四条边

（5）选择图中第五条最短的边，边长还是 4，起始点是 2，终点是 5，加入生成树中，生成树加入这条边也不会生成环，所以其可以加入进来，如图 5.34 所示。

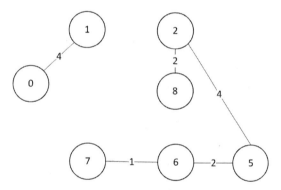

图 5.34 生成树的第五条边

（6）选择图中第六条最短的边，边长是 6，起始点是 6，终点是 8，加入生成树中，生成树加入这条边会生成 2—5—6—8—2 的一条环，所以不允许其加入进来，如图 5.35 所示。

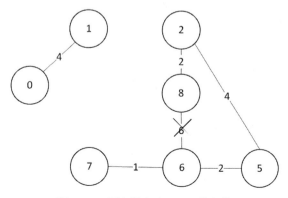

图 5.35 不允许加入<6,8>这条边

（7）选择图中第七条最短的边，边长是 7，起始点是 2，终点是 3，加入生成树中，生成树加入这条边不会生成环，所以其可以加入进来，如图 5.36 所示。

（8）选择图中第八条最短的边，边长已经是 7，起始点是 7，终点是 8，加入生成树中，生成树加入这条边会生成 2—5—6—7—8—2 的一条环，所以不允许其加入生成树中，如图 5.37 所示。

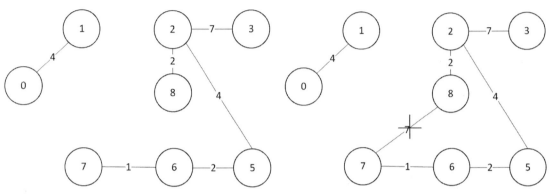

图 5.36　生成树的第六条边　　　　图 5.37　不允许加入<7,8>这条边

（9）选择图中第九条最短的边，边长是 8，起始点是 0，终点是 7，加入生成树中，生成树加入这条边不会生成环，所以其可以加入进来，如图 5.38 所示。

（10）选择图中第十条最短的边，边长是 8，起始点是 1，终点是 2，加入生成树中，生成树加入这条边会生成 0—1—2—5—6—7—0 的一条环，所以不允许其加入生成树中，如图 5.39 所示。

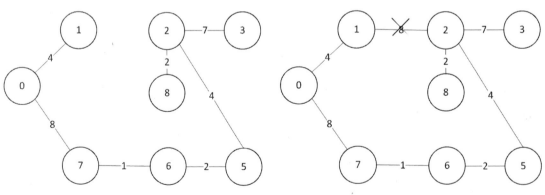

图 5.38　生成树的第七条边　　　　图 5.39　不允许加入<1,2>这条边

（11）选择图中第十一条最短的边，边长是 9，起始点是 3，终点是 4，加入生成树中，生成树加入这条边不会生成环，所以其可以加入进来，如图 5.40 所示。

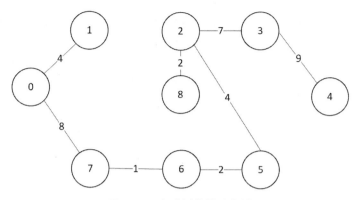

图 5.40　生成树的第八条边

（12）选择图中第十二条最短的边，边长是 10，起始点是 4，终点是 5，加入生成树中，生成树加入这条边会生成 2—3—4—5—2 的一条环，所以不允许其加入生成树中，如图 5.41 所示。

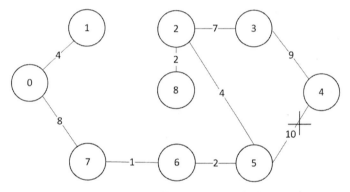

图 5.41　不允许加入<4,5>这条边

（13）选择图中第十三条最短的边，边长是 11，起始点是 1，终点是 7，加入生成树中，生成树加入这条边会生成 0—1—7—0 的一条环，所以不允许其加入生成树中，如图 5.42 所示。

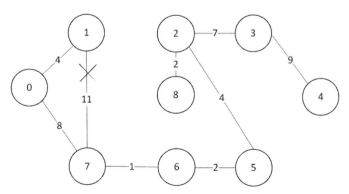

图 5.42　不允许加入<1,7>这条边

（14）选择图中最后一条边，边长是 14，起始点是 3，终点是 5，加入生成树中，生成树加入这条边会生成 2—3—5—2 的一条环，所以不允许其加入生成树中，如图 5.43 所示。

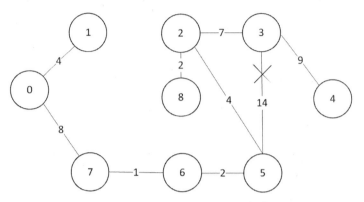

图 5.43　不允许加入<3,5>这条边

5.3.4　Kruskal 算法实现

通过上面的图解，相信大家对最小生成树 Kruskal 算法已经有了了解，那么接下来我们进行实战编程。我们要通过程序帮助老王铺设管道，铺设的管道可以保证所有的楼房被连接并且距离最短，让老王赚更多的钱。算法完整代码如下。

```python
def kruskal(graph):
    res = []
    edge_list = []
    for i in range(len(graph)):
        for j in range(i,len(graph[i])):
            if graph[i][j] < 10000:
                edge_list.append([i, j, graph[i][j]])   # 按[begin, end, weight]形式加入
    edge_list.sort(key=lambda a: a[2])   # 已经排好序的边集合

    #保存起始点可以连通的结点
    group = [[i] for i in range(len(graph))]
    #从小到大取出边
    for edge in edge_list:
        for i in range(len(group)):
            if edge[0] in group[i]:
                m = i
            if edge[1] in group[i]:
                n = i
        #起始点和终点不能形成环
        if m != n:
            res.append(edge)
```

```
            print("加入第%d条边: 起始点: %d, 终点: %d, 边长: %d" % (len(res),edge[0],edge[1],edge[2]))
            #更新起始点可以连通的结点
            group[m] = group[m] + group[n]
            group[n] = []
    return res

if __name__ == '__main__':
    inf = 10000
    # 通过邻接矩阵表示图
    mgraph = [[0, 4, inf, inf, inf, inf, inf, 8, inf],
              [4, 0, 8, inf, inf, inf, inf, 11, inf],
              [inf, 8, 0, 7, inf, 4, inf, inf, 2],
              [inf, inf, 7, 0, 9, 14, inf, inf, inf],
              [inf, inf, inf, 9, 0, 10, inf, inf, inf],
              [inf, inf, 4, 14, 10, 0, 2, inf, inf],
              [inf, inf, inf, inf, inf, 2, 0, 1, 6],
              [8, 11, inf, inf, inf, inf, 1, 0, 7],
              [inf, inf, 2, inf, inf, inf, 6, 7, 0]]
    kruskal(mgraph)
```

Kruskal 算法程序运行结果如图 5.44 所示。

```
加入第1条边: 起始点: 6, 终点: 7, 边长: 1
加入第2条边: 起始点: 2, 终点: 8, 边长: 2
加入第3条边: 起始点: 5, 终点: 6, 边长: 2
加入第4条边: 起始点: 0, 终点: 1, 边长: 4
加入第5条边: 起始点: 2, 终点: 5, 边长: 4
加入第6条边: 起始点: 2, 终点: 3, 边长: 7
加入第7条边: 起始点: 0, 终点: 7, 边长: 8
加入第8条边: 起始点: 3, 终点: 4, 边长: 9
```

图 5.44 Kruskal 算法程序运行结果

可以发现，程序的运行结果和最终的分析结果是一致的。我们成功地帮助老王找到了在连接各个楼房的前提下，铺设最短管道的方法，老王拿着计算机给出的施工方案高高兴兴地开工了。接下来我们对程序重要的数据结构和方法进行讲解。

Kruskal 算法是对图的边进行贪心，每次都选取图中最短的边，所以我们需要将边按照从小到大进行排序，代码如下所示。

```
        for i in range(len(graph)):
            for j in range(i,len(graph[i])):
                if graph[i][j] < 10000:
                    edge_list.append([i, j, graph[i][j]])   # 按[begin, end, weight]形式加入
edge_list.sort(key=lambda a: a[2])    # 已经排好序的边集合
```

每次选取最短的边，如果这个边加入以后，生成树不会形成环，就允许该边加入，如果生

成树能够生成环，就不允许该边加入，继续计算下一条边。如何判断一条边加入进去后是否会形成环？可以通过判断该边的起始点和终点是否可以被同一个点访问，如果可以被同一个点访问，表示加入进去之后就会形成环，否则不会形成环。比如，结点 1 和结点 2 都会被结点 0 访问，当一条边，起始点是 1，终点是 2，要接入图中时，起始点 1 可以被 0 访问，终点 2 也可以被 0 访问，那么这条边加入图中之后一定会形成环，如图 5.45 所示。

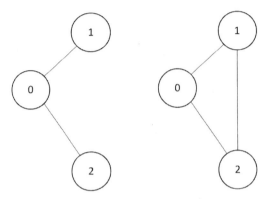

图 5.45　加入边<1,2>会形成环

判断图中是否有环的代码如下所示。

```
for i in range(len(group)):
    if edge[0] in group[i]:
        m = i
    if edge[1] in group[i]:
        n = i
#起始点和终点不能形成环
if m != n:
    res.append(edge)
    print("加入第%d 条边：起始点：%d，终点：%d，边长：%d" % (len(res),edge[0],edge[1],edge[2]))
    #更新起始点可以连通的结点
    group[m] = group[m] + group[n]
    group[n] = []
```

5.4　再谈最短的管道——Prim 算法

在 5.3 节中，我们通过 Kruskal 算法帮助老王找到了铺设最短管道的方法，让老王赚了很多钱，Kruskal 算法是对图的边进行贪心，是通过边的维度来进行算法设计的。那可不可以对图的结点进行贪心，通过结点的维度来进行算法的设计，用另一种方法帮助老王找到铺设最短管道的方法呢？

5.4.1 基于管道的边和结点贪心的区别

一张图最重要的两个元素是结点和边。Kruskal 算法求解最小生成树的基本思路是先对边按权重从小到大排序,先选取权重最小的一条边,如果该边加入最小生成树不会产生环,则加入该边到最小生成树,否则计算下一条边,直到遍历完所有的边。贪心策略是每次选取最小的边。

而 Prim 算法则是从图的另一个重要元素结点出发进行算法设计,每次选取离已访问结点距离最近的结点进行贪心,并将该结点标记为已访问,然后接着从剩下的未被访问的结点中选取距离最近的结点进行贪心,循环往复,直到所有结点都被标记为已访问。

边越少的情况下,Kruskal 算法相对 Prim 算法的优势就越大,因为 Kruskal 算法是基于边进行贪心的,图的边越少,Kruskal 算法所需要的贪心步骤自然就越少。而边越多的情况下,Prim 算法相对 Kruskal 算法的优势就会变大,因为 Prim 算法是不依赖边的,算法复杂度是不会随着边的增多而增加的,边越多 Kruskal 算法的性能会不断变差,相对的,Prim 算法性能会变好。所以总结起来,Kruskal 算法适合稀疏图,而 Prim 算法适合稠密图。

5.4.2 Prim 算法的贪心思想

Kruskal 算法帮助老王找到了铺设最短管道的方法,Kruskal 算法是基于边的方式进行贪心的,每次选择符合条件的最小的边加入生成树中。这一节介绍另一种最小生成树的算法,基于结点进行贪心,每次选择离已访问结点距离最近的结点加入生成树中,帮助老王解决管道铺设问题。Prim 算法基本思路:首先从一个结点出发,将该结点加入生成树中,从剩余未被访问的结点中找出一个离该结点最近的结点,加入生成树中,再从剩余未被访问的结点中找到一个距离前两个结点其中任意一个最近的结点,加入生成树中,循环往复,直到所有结点都加入生成树中,循环停止,以图 5.27 为例讲解 Prim 算法的最小生成树过程。

(1)从图中 0 号结点出发,将其加入生成树中,如图 5.46 所示。

图 5.46 生成树的第一个结点

(2)从生成树 0 号结点出发,分别可以到达 1 号结点和 7 号结点,0 号结点到 1 号结点的距离是 4,到 7 号结点的距离是 8,选择距离最近的 1 号结点加入生成树中,如图 5.47 所示。

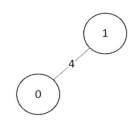

图 5.47 生成树的第二个结点

（3）从生成树的 0 号和 1 号结点出发，分别可以到达 2 号结点和 7 号结点，0 号结点到 7 号结点的距离是 8，1 号结点到 2 号结点的距离是 8，1 号结点到 7 号结点的距离是 11，选择距离最近的 7 号结点加入生成树中，如图 5.48 所示。

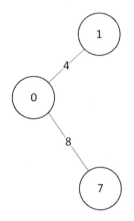

图 5.48　生成树的第三个结点

（4）从生成树的 0 号、1 号和 7 号结点出发，分别可以到达 2 号、6 号和 8 号结点，1 号结点到 2 号结点的距离是 8，7 号结点到 6 号结点的距离是 1，7 号结点到 8 号结点的距离是 7，选择距离最近的 6 号结点加入生成树中，如图 5.49 所示。

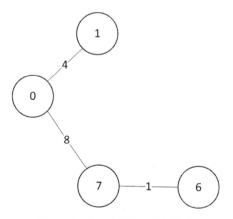

图 5.49　生成树的第四个结点

（5）从生成树的 0 号、1 号、6 号、7 号结点出发，分别可以到达 2 号、5 号和 8 号结点，1 号结点到 2 号结点的距离是 8，6 号结点到 5 号结点的距离是 2，6 号结点到 8 号结点的距离是 6，7 号结点到 8 号结点的距离是 7，选择距离最近的 5 号结点加入生成树中，如图 5.50 所示。

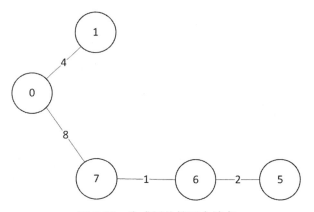

图 5.50 生成树的第五个结点

（6）从生成树的 0 号、1 号、5 号、6 号和 7 号结点出发，分别可以到达 2 号、3 号、4 号和 8 号结点，1 号结点到 2 号结点的距离是 8，5 号结点到 2 号结点的距离是 4，5 号结点到 3 号结点的距离是 14，5 号结点到 4 号结点的距离是 10，6 号结点到 8 号结点的距离是 6，7 号结点到 8 号结点的距离是 7，选择距离最近的 2 号结点加入生成树中，如图 5.51 所示。

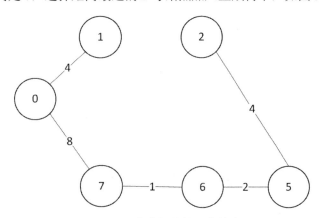

图 5.51 生成树的第六个结点

（7）从生成树的 0 号、1 号、2 号、5 号、6 号和 7 号结点出发，分别可以到达 3 号、4 号和 8 号结点，2 号结点到 3 号结点的距离是 7，2 号结点到 8 号结点的距离是 2，5 号结点到 3 号结点的距离是 14，5 号结点到 4 号的距离是 10，6 号结点到 8 号结点的距离是 6，7 号结点到 8 号结点的距离是 7，选择距离最近的 8 号结点加入生成树中，如图 5.52 所示。

（8）从生成树的 0 号、1 号、2 号、5 号、6 号、7 号和 8 号结点出发，分别可以到达 3 号和 4 号结点，2 号结点到 3 号结点的距离是 7，5 号结点到 3 号结点的距离是 14，5 号结点到 4 号结点的距离是 10，选择距离最近的 3 号结点加入生成树中，如图 5.53 所示。

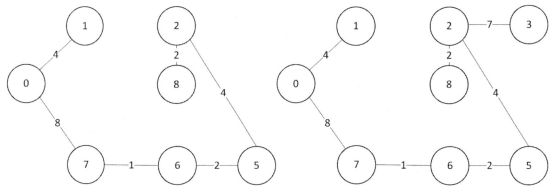

图 5.52　生成树的第七个结点　　　　图 5.53　生成树的第八个结点

（9）从生成树的 0 号、1 号、2 号、3 号、5 号、6 号、7 号和 8 号结点出发，可以到达 4 号结点，3 号结点到 4 号结点的距离是 9，5 号结点到 4 号结点的距离是 10，选择距离最近的 4 号结点加入生成树中，如图 5.54 所示。

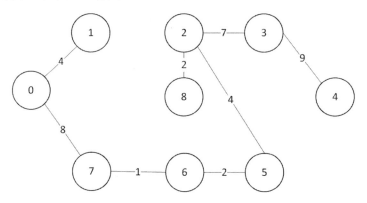

图 5.54　生成树的第九个结点

5.4.3　Prim 算法实现

通过上面的图解，相信大家对最小生成树 Prim 算法已经有了了解，那么接下来我们进行实战编程。我们通过程序实现 Prim 算法，帮助老王规划铺设管道路线，保证连接所有的楼房并且距离最短，让老王赚更多的钱。Prim 算法完整代码如下。

```python
def prim(graph):
    res = []
    seleted_node = [0]
    candidate_node = [i for i in range(1, len(graph))]

    while len(candidate_node) > 0:
        begin, end, minweight = 0, 0, 10000
```

```
            #遍历所有已选择的结点
            for i in selected_node:
                #遍历所有没有被选择的结点
                for j in candidate_node:
                    #选择距离最近的边
                    if graph[i][j] < minweight:
                        minweight = graph[i][j]
                        begin = i
                        end = j
            res.append([begin, end, minweight])
            print("加入第%d条边：起始点：%d，终点：%d，边长：%d" % (len(res),begin, end, minweight))
            selected_node.append(end)
            candidate_node.remove(end)
    return res

if __name__ == '__main__':
    inf = 10000
    # 通过邻接矩阵表示图
    mgraph = [[0, 4, inf, inf, inf, inf, inf, 8, inf],
              [4, 0, 8, inf, inf, inf, inf, 11, inf],
              [inf, 8, 0, 7, inf, 4, inf, inf, 2],
              [inf, inf, 7, 0, 9, 14, inf, inf, inf],
              [inf, inf, inf, 9, 0, 10, inf, inf, inf],
              [inf, inf, 4, 14, 10, 0, 2, inf, inf],
              [inf, inf, inf, inf, inf, 2, 0, 1, 6],
              [8, 11, inf, inf, inf, inf, 1, 0, 7],
              [inf, inf, 2, inf, inf, inf, 6, 7, 0]]
    prim(mgraph)
```

Prim 算法程序运行结果如图 5.55 所示。

```
加入第1条边：起始点：0，终点：1，边长：4
加入第2条边：起始点：0，终点：7，边长：8
加入第3条边：起始点：7，终点：6，边长：1
加入第4条边：起始点：6，终点：5，边长：2
加入第5条边：起始点：5，终点：2，边长：4
加入第6条边：起始点：2，终点：8，边长：2
加入第7条边：起始点：2，终点：3，边长：7
加入第8条边：起始点：3，终点：4，边长：9
```

图 5.55　Prim 算法程序运行结果

可以发现，程序的运行结果和最终的分析结果是一致的。我们成功地帮助老王找到了另一种算法，可以实现铺设的管道连接各个楼房且使用的管道最短，老王拿着计算机给出的施工方案高高兴兴地开工了。接下来我们对程序重要的数据结构和方法进行讲解。

  Prim 算法是对图的结点进行贪心，每次都选取离已访问结点距离最近的结点，所以我们需要两个列表，第一个列表存放已经加入生成树的结点，另一个列表存放没有被访问的结点，代码如下所示。

```python
seleted_node = [0]
candidate_node = [i for i in range(1, len(graph))]
```

  Prim 算法每次从没有被访问的结点中，选取离已加入生成树的结点最近的结点，找到这个结点以后，将其加入生成树列表中，并从没有被访问的结点列表中移除该结点，代码如下所示。

```python
begin, end, minweight = 0, 0, 10000
#遍历所有已选择的结点
for i in seleted_node:
    #遍历所有没有被选择的结点
    for j in candidate_node:
        #选择距离最近的边
        if graph[i][j] < minweight:
            minweight = graph[i][j]
            begin = i
            end = j
res.append([begin, end, minweight])
print("加入第%d 条边：起始点：%d，终点：%d，边长：%d" % (len(res),begin, end, minweight))
seleted_node.append(end)
candidate_node.remove(end)
```

5.5 多源最短路径——Floyd 算法

  在第 2 章讲解贪心算法的时候，介绍过单源最短路径 Dijkstra 算法，当时的问题背景是从家到老王家的最短路径。如果一个城市的朋友之间需要互相访问，那么需要计算每个朋友之间的最短路线，我们可以循环 n 次 Dijkstra 算法，求出从每个结点到其他结点的路径，拓展单源最短路径到多源最短路径。但是这一次我们将使用一个全新的方法来计算不同朋友之间相互访问的最短路径。

5.5.1 朋友之间相互访问的最短路径

  "海内存知己，天涯若比邻"，在一个城市中，每个人都有很多的朋友，这些朋友遍布在城市的各个角落，有时候朋友 A 会到朋友 B 家中做客，有时候朋友 B 会到朋友 C 家中做客，朋友之间相互做客再正常不过了，不过这也引出了一个问题，就是朋友到朋友之间的路线应该怎样走才是最近的呢？朋友之间的路线图如图 5.56 所示。

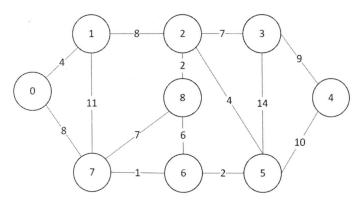

图 5.56 朋友之间的路线图

从图 5.56 来看，一共有 9 个朋友，编号分别是 0，1，2，3，4，5，6，7，8。图中的边就是朋友可以访问的路线，现在朋友们要求你规划一个路线图，以便任意输入两个朋友的位置，就可以快速得到这两个朋友之间最短路径的路线图。

5.5.2 自上而下分析朋友之间的最短路径

计算每个朋友之间的最短路线，可以通过学过的 Dijkstra 算法计算一个朋友到其他朋友之间的最短距离，循环 n 次 Dijkstra 算法，就可以计算出每个朋友到其他朋友之间的距离，拓展单源最短路径到了多源最短路径。这种解决方法是完全没有问题的，不过为了显示在算法中解决一个问题可以通过不同的方式，你准备使用一个全新的方法和思路来帮助朋友们找到最短路线。

Dijkstra 算法是一种贪心算法，下一条路径都是由当前更短的路径派生出来的更长的路径，是从下至上开始分析的。现在换一个角度进行分析，从上往下开始分析，假设现在已经知道了某两个朋友之间的最短路径，那经过的结点之间的距离是不是就是最短的距离呢？比如，结点 0 到结点 4 的最短路线是 0—7—6—5—4，结点 0 到结点 4 的最短距离是结点 0 到结点 7 的最短距离和结点 7 到结点 4 的最短距离之和；而结点 7 到结点 4 的最短距离是结点 7 到结点 6 的最短距离和结点 6 到结点 4 的最短距离之和；而结点 6 到结点 4 的最短距离是结点 6 到结点 5 的最短距离和结点 5 到结点 4 的最短距离之和。

把结点 0 到结点 4 的最短距离问题转换成了结点 0 到结点 7 的最短距离、结点 7 到结点 6 的最短距离、结点 6 到结点 5 的最短距离和结点 5 到结点 4 的最短距离问题，而这些距离都是已知的。如图 5.57 所示，我们通过这些已知的最短距离可以不断迭代反向求出其他未知的最短距离。

如图 5.57 所示，知道了结点 6 到结点 5 的最短距离和结点 5 到结点 4 的最短距离，就可以知道结点 6 到结点 4 的最短距离；知道了结点 6 到结点 4 的最短距离和结点 7 到结点 6 的最短距离，就可以知道结点 7 到结点 4 的最短距离；知道了结点 7 到结点 4 的最短距离和结点 0 到结点 7 的最短距离，就可以知道结点 0 到结点 4 的最短距离，达到要求的目标。

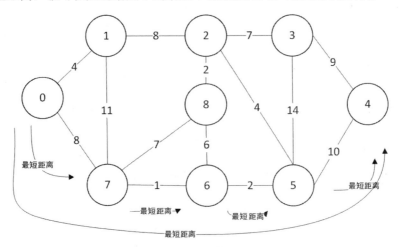

图 5.57　通过已知的最短距离求出未知的最短距离

5.5.3　自下而上迭代朋友之间的最短路径

目的是找到所有朋友之间的最短路线，接下来通过图例仔细讲解如何自下而上通过已知的最短路径不断迭代求出其他未知的最短路径，最开始的时候通过邻接矩阵初始化图结构，如图 5.58 所示。

	0	1	2	3	4	5	6	7	8
0	0	4	∞	∞	∞	∞	∞	8	∞
1	4	0	8	∞	∞	∞	∞	11	∞
2	∞	8	0	7	∞	4	∞	∞	2
3	∞	∞	7	0	9	14	∞	∞	∞
4	∞	∞	∞	9	0	10	∞	∞	∞
5	∞	∞	4	14	10	0	2	∞	∞
6	∞	∞	∞	∞	∞	2	0	1	6
7	8	11	∞	∞	∞	∞	1	0	7
8	∞	∞	2	∞	∞	∞	6	7	0

邻接矩阵

	0	1	2	3	4	5	6	7	8
0	-1	-1	-1	-1	-1	-1	-1	-1	-1
1	-1	-1	-1	-1	-1	-1	-1	-1	-1
2	-1	-1	-1	-1	-1	-1	-1	-1	-1
3	-1	-1	-1	-1	-1	-1	-1	-1	-1
4	-1	-1	-1	-1	-1	-1	-1	-1	-1
5	-1	-1	-1	-1	-1	-1	-1	-1	-1
6	-1	-1	-1	-1	-1	-1	-1	-1	-1
7	-1	-1	-1	-1	-1	-1	-1	-1	-1
8	-1	-1	-1	-1	-1	-1	-1	-1	-1

路径表

图 5.58　邻接矩阵和路径表初始化

如图 5.58 所示，前面讲解过邻接矩阵，邻接矩阵的数据表示行号结点到列号结点的距离，邻接矩阵用 **D** 表示。路径表的数据表示行号结点到列号结点所经过的最短路径中结点号最大的结点，因为没有开始迭代，所以全部初始化为-1，路径表用 *P* 表示。

（1）所有朋友之间的最短路径，现在只允许经过 0 号结点，求任意两个朋友之间的路线，需要判断 **D**[*i*][0]+**D**[0][*j*] < **D**[*i*][*j*]，如果小于 **D**[*i*][*j*]，表明 *i* 号结点到 *j* 号结点通过加入 0 号结点距离变得更短。只通过 0 号结点，并没有发现变短的路径，所以邻接矩阵和路径表没有更新，如图 5.59 所示。

	0	1	2	3	4	5	6	7	8
0	0	4	∞	∞	∞	∞	∞	8	∞
1	4	0	8	∞	∞	∞	∞	11	∞
2	∞	8	0	7	∞	4	∞	∞	2
3	∞	∞	7	0	9	14	∞	∞	∞
4	∞	∞	∞	9	0	10	∞	∞	∞
5	∞	∞	4	14	10	0	2	∞	∞
6	∞	∞	∞	∞	∞	2	0	1	6
7	8	11	∞	∞	∞	∞	1	0	7
8	∞	∞	2	∞	∞	∞	6	7	0

邻接矩阵

	0	1	2	3	4	5	6	7	8
0	-1	-1	-1	-1	-1	-1	-1	-1	-1
1	-1	-1	-1	-1	-1	-1	-1	-1	-1
2	-1	-1	-1	-1	-1	-1	-1	-1	-1
3	-1	-1	-1	-1	-1	-1	-1	-1	-1
4	-1	-1	-1	-1	-1	-1	-1	-1	-1
5	-1	-1	-1	-1	-1	-1	-1	-1	-1
6	-1	-1	-1	-1	-1	-1	-1	-1	-1
7	-1	-1	-1	-1	-1	-1	-1	-1	-1
8	-1	-1	-1	-1	-1	-1	-1	-1	-1

路径表

图 5.59　加入 0 号结点没有更新

（2）接下来，只允许经过 0 号结点和 1 号结点，求任意两个朋友之间的路线，我们需要在只允许经过 0 号结点时任意两点最短距离的结果下，再判断如果经过 1 号结点是否可以使得 *i* 号结点到 *j* 号结点之间的距离变得更短，即判断 **D**[*i*][1]+**D**[1][*j*] 是否比 **D**[*i*][*j*] 小。可以发现加入 1 号结点以后，0 号结点和 2 号结点的距离变短为 12，2 号结点和 7 号结点的距离变短为 19，进行邻接矩阵和路径表更新，如图 5.60 所示。

（3）接下来，只允许经过 0 号结点、1 号结点和 2 号结点，求任意两个朋友之间的路线，我们需要在只允许经过 0 号结点和 1 号结点时任意两点最短距离的结果下，再判断如果经过 2 号结点是否可以使得 *i* 号结点到 *j* 号结点之间的距离变得更短，即判断 D[*i*][2]+D[2][*j*]是否比 **D**[*i*][*j*]小。可以发现加入 2 号结点以后，0 号结点和 3 号结点的距离变短为 19，0 号结点和 5 号结点的距离变短为 16，0 号结点和 8 号结点的距离变短为 14，1 号结点和 3 号结点的距离变短为 15，1 号结点和 5 号结点的距离变短为 12，1 号结点和 8 号结点的距离变短为 10，3 号结点和 5 号结点的距离变短为 11，3 号结点和 7 号结点的距离变短为 26，3 号结点和 8 号结点的距离变短为9，5号结点和7号结点的距离变短为23，5号结点和8号结点的距离变短为6。进行邻接矩阵和路径表更新，如图5.61所示。

邻接矩阵

	0	1	2	3	4	5	6	7	8
0	0	4	12	∞	∞	∞	∞	8	∞
1	4	0	8	∞	∞	∞	∞	11	∞
2	12	8	0	7	∞	4	∞	19	2
3	∞	∞	7	0	9	14	∞	∞	∞
4	∞	∞	∞	9	0	10	∞	∞	∞
5	∞	∞	4	14	10	0	2	∞	∞
6	∞	∞	∞	∞	∞	2	0	1	6
7	8	11	19	∞	∞	∞	1	0	7
8	∞	∞	2	∞	∞	∞	6	7	0

路径表

	0	1	2	3	4	5	6	7	8
0	-1	-1	1	-1	-1	-1	-1	-1	-1
1	-1	-1	-1	-1	-1	-1	-1	-1	-1
2	1	-1	-1	-1	-1	-1	-1	1	-1
3	-1	-1	-1	-1	-1	-1	-1	-1	-1
4	-1	-1	-1	-1	-1	-1	-1	-1	-1
5	-1	-1	-1	-1	-1	-1	-1	-1	-1
6	-1	-1	-1	-1	-1	-1	-1	-1	-1
7	-1	-1	1	-1	-1	-1	-1	-1	-1
8	-1	-1	-1	-1	-1	-1	-1	-1	-1

图 5.60　加入 1 号结点进行更新

邻接矩阵

	0	1	2	3	4	5	6	7	8
0	0	4	12	19	∞	16	∞	8	14
1	4	0	8	15	∞	12	∞	11	10
2	12	8	0	7	∞	4	∞	19	2
3	19	15	7	0	9	11	∞	26	9
4	∞	∞	∞	9	0	10	∞	∞	∞
5	16	12	4	11	10	0	2	23	6
6	∞	∞	∞	∞	∞	2	0	1	6
7	8	11	19	26	∞	23	1	0	7
8	14	10	2	9	∞	6	6	7	0

路径表

	0	1	2	3	4	5	6	7	8
0	-1	-1	1	2	-1	2	-1	-1	2
1	-1	-1	-1	2	-1	2	-1	-1	2
2	1	-1	-1	-1	-1	-1	-1	1	-1
3	2	2	-1	-1	-1	2	-1	2	2
4	-1	-1	-1	-1	-1	-1	-1	-1	-1
5	2	2	-1	2	-1	-1	-1	2	-1
6	-1	-1	-1	-1	-1	-1	-1	-1	-1
7	-1	-1	1	2	-1	2	-1	-1	-1
8	2	2	-1	2	-1	2	-1	-1	-1

图 5.61　加入 2 号结点进行更新

（4）接下来，只允许经过 0 号结点、1 号结点、2 号结点和 3 号结点，求任意两个朋友之间的路线，我们需要在只允许经过 0 号结点、1 号结点和 2 号结点时任意两点最短距离的结果下，再判断如果经过 3 号结点是否可以使得 i 号结点到 j 号结点之间的距离变得更短，即判断 $D[i][3]+D[3][j]$ 是否比 $D[i][j]$ 小。可以发现加入 3 号结点以后，0 号结点和 4 号结点的距离变短为 28，1 号结点和 4 号结点的距离变短为 24，2 号结点和 4 号结点的距离变短为 16，4 号结点和 7 号结点的距离变短为 35，4 号结点和 8 号结点的距离变短为 18。进行邻接矩阵和路径表更新，如图 5.62 所示。

	0	1	2	3	4	5	6	7	8
0	0	4	12	19	28	16	∞	8	14
1	4	0	8	15	24	12	∞	11	10
2	12	8	0	7	16	4	∞	19	2
3	19	15	7	0	9	11	∞	26	9
4	28	24	16	9	0	10	∞	35	18
5	16	12	4	11	10	0	2	23	6
6	∞	∞	∞	∞	2	0	1	5	
7	8	11	19	26	35	23	1	0	5
8	14	10	2	9	18	6	6	7	0

邻接矩阵

	0	1	2	3	4	5	6	7	8
0	-1	-1	1	2	3	2	-1	-1	2
1	-1	-1	-1	2	3	-1	-1	-1	2
2	1	-1	-1	-1	3	-1	-1	1	-1
3	2	2	-1	-1	-1	-1	-1	2	-1
4	3	3	3	-1	-1	-1	-1	3	3
5	2	2	-1	2	-1	-1	-1	2	2
6	-1	-1	-1	-1	-1	-1	-1	-1	-1
7	-1	-1	1	2	3	-1	-1	-1	-1
8	2	2	-1	2	3	-1	-1	-1	-1

路径表

图 5.62 加入 3 号结点进行更新

（5）接下来，只允许经过 0 号结点、1 号结点、2 号结点、3 号结点和 4 号结点，求任意两个朋友之间的路线，我们需要在只允许经过 0 号结点、1 号结点、2 号结点和 3 号结点时任意两点最短距离的结果下，再判断如果经过 4 号结点是否可以使得 i 号结点到 j 号结点之间的距离变得更短，即判断 $D[i][4]+D[4][j]$ 是否比 $D[i][j]$ 小。可以发现加入 4 号结点以后，并没有变短的路径，所以邻接矩阵和路径表没有更新，如图 5.63 所示。

（6）接下来，只允许经过 0 号结点、1 号结点、2 号结点、3 号结点、4 号结点和 5 号结点，求任意两个朋友之间的路线，我们需要在只允许经过 0 号结点、1 号结点、2 号结点、3 号结点和 4 号结点时任意两点最短距离的结果下，再判断如果经过 5 号结点是否可以使得 i 号结点到 j 号结点之间的距离变得更短，即判断 $D[i][5]+D[5][j]$ 是否比 $D[i][j]$ 小。可以发现加入 5 号结点以后，0 号结点到 4 号结点的距离变短为 26，0 号结点到 6 号结点的距离变短为 18，1 号结点到 4 号结点的距离变短为 22，1 号结点到 6 号结点的距离变短为 14，2 号结点到 4 号结点的距离变短为 14，2 号结点到 6 号结点的距离变短为 6，3 号结点到 6 号结点的距离变短为 13，4 号结点到 6 号结点的距离变短为 12，4 号结点到 7 号结点的距离变短为 33，4 号结点到 8 号结点的距离变短为 16。进行邻接矩阵和路径表更新，如图 5.64 所示。

邻接矩阵

	0	1	2	3	4	5	6	7	8
0	0	4	12	19	28	16	∞	8	14
1	4	0	8	15	24	12	∞	11	10
2	12	8	0	7	16	4	∞	19	2
3	19	15	7	0	9	11	∞	26	9
4	28	24	16	9	0	10	∞	35	18
5	16	12	4	11	10	0	2	23	6
6	∞	∞	∞	∞	∞	2	0	1	6
7	8	11	19	26	35	23	1	0	7
8	14	10	2	9	18	6	6	7	0

路径表

	0	1	2	3	4	5	6	7	8
0	−1	−1	1	2	3	2	−1	−1	2
1	−1	−1	−1	2	3	2	−1	−1	2
2	1	−1	−1	−1	3	−1	−1	1	−1
3	2	2	−1	−1	−1	2	−1	2	2
4	3	3	3	−1	−1	−1	−1	3	3
5	2	2	−1	2	−1	−1	−1	2	2
6	−1	−1	−1	−1	−1	−1	−1	−1	−1
7	−1	−1	1	2	3	2	−1	−1	−1
8	2	2	−1	2	3	2	−1	−1	−1

图 5.63 加入 4 号结点没有更新

邻接矩阵

	0	1	2	3	4	5	6	7	8
0	0	4	12	19	26	16	18	8	14
1	4	0	8	15	22	12	14	11	10
2	12	8	0	7	14	4	6	19	2
3	19	15	7	0	9	11	13	26	9
4	26	22	14	9	0	10	12	33	16
5	16	12	4	11	10	0	2	23	6
6	18	14	6	13	12	2	0	1	6
7	8	11	19	26	33	23	1	0	7
8	14	10	2	9	16	6	6	7	0

路径表

	0	1	2	3	4	5	6	7	8
0	−1	−1	1	2	5	2	5	−1	2
1	−1	−1	−1	2	5	2	5	−1	2
2	1	−1	−1	−1	5	1	5	1	−1
3	2	2	−1	−1	−1	2	5	2	2
4	5	5	5	−1	−1	−1	5	5	5
5	2	2	−1	2	−1	−1	−1	2	2
6	5	5	5	5	5	−1	−1	5	−1
7	−1	−1	1	2	5	2	−1	−1	−1
8	2	2	−1	2	5	2	−1	−1	−1

图 5.64 加入 5 号结点进行更新

（7）接下来，只允许经过 0 号结点、1 号结点、2 号结点、3 号结点、4 号结点、5 号结点和 6 号结点，求任意两个朋友之间的路线，我们需要在只允许经过 0 号结点、1 号结点、2 号结点、3 号结点、4 号结点和 5 号结点时任意两点最短距离的结果下，再判断如果经过 6 号结点是

否可以使得 i 号结点到 j 号结点之间的距离变得更短，即判断 $D[i][6]+D[6][j]$ 是否比 $D[i][j]$ 小。可以发现加入 6 号结点以后，2 号结点到 7 号结点的距离变短为 7，3 号结点到 7 号结点的距离变短为 14，4 号结点到 7 号结点的距离变短为 13，5 号结点到 7 号结点的距离变短为 3。进行邻接矩阵和路径表更新，如图 5.65 所示。

邻接矩阵

	0	1	2	3	4	5	6	7	8
0	0	4	12	19	26	16	18	8	14
1	4	0	8	15	22	12	14	11	10
2	12	8	0	7	14	4	6	7	2
3	19	15	7	0	9	11	13	14	9
4	26	22	14	9	0	10	12	13	16
5	16	12	4	11	10	0	2	3	6
6	18	14	6	13	12	2	0	1	6
7	8	11	7	14	13	3	1	0	7
8	14	10	2	9	16	6	6	7	0

路径表

	0	1	2	3	4	5	6	7	8
0	-1	-1	1	2	5	2	5	-1	2
1	-1	-1	-1	2	5	-1	2	5	-1
2	1	-1	-1	-1	5	-1	5	6	-1
3	2	2	-1	-1	-1	2	5	6	2
4	5	5	5	-1	-1	-1	5	6	5
5	2	2	-1	2	-1	-1	-1	6	2
6	5	5	5	5	5	-1	-1	-1	-1
7	-1	-1	6	6	6	6	-1	1	-1
8	2	2	-1	2	5	2	-1	-1	-1

图 5.65　加入 6 号结点进行更新

（8）接下来，只允许经过 0 号结点、1 号结点、2 号结点、3 号结点、4 号结点、5 号结点、6 号结点和 7 号结点，求任意两个朋友之间的路线，我们需要在只允许经过 0 号结点、1 号结点、2 号结点、3 号结点、4 号结点、5 号结点和 6 号结点时任意两点最短距离的结果下，再判断如果经过 7 号结点是否可以使得 i 号结点到 j 号结点之间的距离变得更短，即判断 $D[i][7]+D[7][j]$ 是否比 $D[i][j]$ 小。可以发现加入 7 号结点以后，0 号结点到 4 号结点的距离变短为 21，0 号结点到 5 号结点的距离变短为 11，0 号结点到 6 号结点的距离变短为 9，1 号结点到 6 号结点的距离变短为 12。进行邻接矩阵和路径表更新，如图 5.66 所示。

（9）接下来，只允许经过 0 号结点、1 号结点、2 号结点、3 号结点、4 号结点、5 号结点、6 号结点、7 号结点和 8 号结点，求任意两个朋友之间的路线，我们需要在只允许经过 0 号结点、1 号结点、2 号结点、3 号结点、4 号结点、5 号结点、6 号结点和 7 号结点时任意两点最短距离的结果下，再判断如果经过 8 号结点是否可以使得 i 号结点到 j 号结点之间的距离变得更短，即判断 $D[i][8]+D[8][j]$ 是否比 $D[i][j]$ 小。可以发现加入 8 号结点以后，没有变短的路径，所以邻接矩阵和路径表没有更新，如图 5.67 所示。

邻接矩阵

	0	1	2	3	4	5	6	7	8
0	0	4	12	19	21	11	9	8	14
1	4	0	8	15	22	12	12	11	10
2	12	8	0	7	14	4	6	7	2
3	19	15	7	0	9	11	13	14	9
4	21	22	14	9	0	10	12	13	16
5	11	12	4	11	10	0	2	3	6
6	9	12	6	13	12	2	0	1	6
7	8	11	7	14	13	3	1	0	7
8	14	10	2	9	16	6	7	0	

路径表

	0	1	2	3	4	5	6	7	8
0	-1	-1	1	2	7	7	7	-1	2
1	-1	-1	-1	2	5	2	7	-1	2
2	1	-1	-1	-1	5	-1	5	6	-1
3	2	2	-1	-1	-1	2	5	6	2
4	7	5	5	-1	-1	-1	5	6	5
5	7	2	-1	2	-1	-1	-1	-1	2
6	7	7	5	5	5	-1	-1	-1	-1
7	-1	-1	6	6	6	-1	-1	-1	
8	2	2	-1	2	5	2	-1	-1	-1

图 5.66　加入 7 号结点进行更新

邻接矩阵

	0	1	2	3	4	5	6	7	8
0	0	4	12	19	21	11	9	8	14
1	4	0	8	15	22	12	12	11	10
2	12	8	0	7	14	4	6	7	2
3	19	15	7	0	9	11	13	14	9
4	21	22	14	9	0	10	12	13	16
5	11	12	4	11	10	0	2	3	6
6	9	12	6	13	12	2	0	1	6
7	8	11	7	14	13	3	1	0	7
8	14	10	2	9	16	6	6	7	0

路径表

	0	1	2	3	4	5	6	7	8
0	-1	-1	1	2	7	7	7	-1	2
1	-1	-1	-1	2	5	2	7	-1	2
2	1	-1	-1	-1	5	-1	5	6	-1
3	2	2	-1	-1	-1	2	5	6	2
4	7	5	5	-1	-1	-1	5	6	5
5	7	2	-1	2	-1	-1	-1	-1	2
6	7	7	5	5	5	-1	-1	-1	-1
7	-1	-1	6	6	6	-1	-1	-1	-1
8	2	2	-1	2	5	2	-1	-1	-1

图 5.67　加入 8 号结点没有更新

5.5.4　Floyd 算法实现

　　通过上面的图解，相信大家对多源最短路径 Floyd 算法已经有了了解，那么接下来我们进行实战编程。我们要通过程序实现 Floyd 算法，以此来给出任意两个朋友之间最短路径的路线图。Floyd 算法完整代码如下。

```python
def floyd(graph):
    n = len(graph)
    path = [[-1] * n for i in range(n)]
    #依次遍历 n 个结点
    for k in range(n):
        for i in range(n):
            for j in range(n):
                #判断第 k 个结点加入是否会缩短 i 号结点到 j 号结点的距离
                if graph[i][k] + graph[k][j] < graph[i][j]:
                    #如果可以缩短，则更新邻接矩阵和路径表
                    graph[i][j] = graph[i][k] + graph[k][j]
                    path[i][j] = k

    return path,graph
def getPath(path, i, j):
    if path[i][j] == -1 :
        return "<" + str(i) + "," + str(j) + ">"
    else:
        k = path[i][j]
        return getPath(path, i, k) +" "+ getPath(path, k, j)

if __name__ == '__main__':
    inf = 10000
    # 通过邻接矩阵表示图
    mgraph = [[0, 4, inf, inf, inf, inf, inf, 8, inf],
              [4, 0, 8, inf, inf, inf, inf, 11, inf],
              [inf, 8, 0, 7, inf, 4, inf, inf, 2],
              [inf, inf, 7, 0, 9, 14, inf, inf, inf],
              [inf, inf, inf, 9, 0, 10, inf, inf, inf],
              [inf, inf, 4, 14, 10, 0, 2, inf, inf],
              [inf, inf, inf, inf, inf, 2, 0, 1, 6],
              [8, 11, inf, inf, inf, inf, 1, 0, 7],
              [inf, inf, 2, inf, inf, inf, 6, 7, 0]]
    path,graph = floyd(mgraph)

    print("邻接矩阵为：")
    for i in range(len(graph)):
        for j in range(len(graph[i])):
            print('%d' % graph[i][j], end='\t')
        print()

    print("路径表为：")
    for i in range(len(path)):
```

```
            for j in range(len(path[i])):
                print('%d' % path[i][j], end='\t')
        print()

    print("0 号结点到其他结点路径为: ")
    for j in range(1,len(mgraph)):
        print("0 到 %d 经过的边 %s" % (j,getPath(path, 0, j)),end='\n')
```

Floyd 算法程序运行结果如图 5.68 所示。

```
邻接矩阵为:
0    4    12   19   21   11   9    8    14
4    0    8    15   22   12   12   11   10
12   8    0    7    14   4    6    7    2
19   15   7    0    9    11   13   14   9
21   22   14   9    0    10   12   13   16
11   12   4    11   10   0    2    3    6
9    12   6    13   12   2    0    1    6
8    11   7    14   13   3    1    0    7
14   10   2    9    16   6    6    7    0
路径表为:
-1   -1   1    2    7    7    7    -1   2
-1   -1   -1   1    2    5    2    7    -1    2
1    -1   -1   -1   5    -1   5    6    -1
2    2    -1   -1   -1   2    5    6    2
7    5    5    -1   -1   -1   5    6    5
7    2    -1   2    -1   -1   -1   6    2
7    5    5    5    5    -1   -1   -1   -1
-1   -1   6    6    6    6    -1   -1   -1
2    2    -1   2    5    2    -1   -1   -1
0号结点到其他结点路径为:
0 到 1 经过的边 <0,1>
0 到 2 经过的边 <0,1> <1,2>
0 到 3 经过的边 <0,1> <1,2> <2,3>
0 到 4 经过的边 <0,7> <7,6> <6,5> <5,4>
0 到 5 经过的边 <0,7> <7,6> <6,5>
0 到 6 经过的边 <0,7> <7,6>
0 到 7 经过的边 <0,7>
0 到 8 经过的边 <0,1> <1,2> <2,8>
```

图 5.68　Floyd 算法程序运行结果

可以发现，程序运行后获得的邻接矩阵和路径表与图 5.67 是一致的。我们已经成功地帮助朋友找到了另一种算法，可以给出任意两个朋友之间最短距离的路线图，两个朋友之间的最短距离就是邻接矩阵的数据 $D[i][j]$。接下来我们对程序重要的数据结构和方法进行讲解。

Floyd 算法是典型的动态规划，动态规划算法在后面的章节会有讲解，动态规划是求最优解的一种方法，自上而下分析，自下而上求解。Floyd 算法每次选择一个结点，判断 $D[i][k]+D[k][j]$

是否比 $D[i][j]$ 小，如果小于 $D[i][j]$，表明 i 号结点到 j 号结点通过加入 k 号结点距离变得更短，代码如下所示。

```
#依次遍历 n 个结点
for k in range(n):
    for i in range(n):
        for j in range(n):
            #判断第 k 个结点加入是否会缩短 i 号结点到 j 号结点的距离
            if graph[i][k] + graph[k][j] < graph[i][j]:
                #如果可以缩短，则更新邻接矩阵和路径表
                graph[i][j] = graph[i][k] + graph[k][j]
                path[i][j] = k
```

在更新结点距离的时候，路径表也会进行对应的更新，路径表会更新为当前的 k 号结点，表示保存 i 号结点到 j 号结点通过加入 k 号结点使距离变得更短的信息，如果想要还原路径，只需要将 k 号结点取出来，递归判断 i 号结点到 k 号结点的路径信息和 k 号结点到 j 号结点的路径信息，代码如下所示。

```
def getPath(path, i, j):
    if path[i][j] == -1 :
        return "<" + str(i) + "," + str(j) + ">"
    else:
        k = path[i][j]
        return getPath(path, i, k) +" "+ getPath(path, k, j)
```

第 6 章

动态规划算法

第 2 章介绍过贪心算法求解最优问题,这一章讲解一个更加强大、通用的工具求解最优化问题——动态规划,在讲解多源最短路径时用到的 Floyd 算法就是典型的动态规划问题。生活中有很多求解最优的问题,而使用贪心法是不能解决的。

例如,现在人们工作的大楼基本都有好几十层,如果每一层都有人进电梯或者出电梯,那么电梯每到一个楼层都要停一次,这对于要赶时间的人是无法忍受的。现在的智能电梯会根据用户进行智能停留,保证所有人步行的楼层总和最小,比如,分别有人想要到 10 楼、11 楼、12 楼,电梯如果只能停留一次,那么只能停留在 11 楼,去 10 楼和 12 楼的人也在 11 楼出电梯,分别走一层楼梯到达目的地,这样就可以保证所有人步行楼层总和最小。电梯需要停留在哪些楼层可以保证所有人步行的楼层总和最小的问题可以使用动态规划求解,一旦学会了动态规划,无疑就掌握了一种求解最优问题的利器。

本章主要涉及的知识点如下。

- 长远的眼光——动态规划:学会动态规划的本质及动态规划算法和贪心算法的异同点。
- 智能的语言翻译——编辑距离:通过实际的语言纠错问题,学会使用动态规划对语言智能纠错。
- 智能的电梯——电梯优化:通过实际生活中的电梯问题,学会使用动态规划来规划电梯停靠楼层。
- 名字的相似度——最长公共子序列:通过实际的名字比较问题,学会使用动态规划对比两个名字的相似度。

6.1 长远的眼光——动态规划

本节首先介绍动态规划的核心思想及动态规划算法和贪心算法的异同点。在了解动态规划的思想后,再介绍动态规划策略的重要性及动态规划算法的适用范围。

6.1.1 时间倒流，改变历史

任何事物最终的结果都是由前面一系列的决策决定的，比如，人生轨迹，每个人的人生轨迹都是不一样的。从呱呱坠地开始，然后上小学，念中学，有的人考上了高中，有的人考上了技校，考上了高中的人可能又考上了大学，考上技校的人会学习技能准备进入社会，考上大学的人可能进入社会找了一份在公司上班的工作，学习技能进入社会的人可能找了一份厨师或者电工的工作，每个人都在各自的岗位上工作着。普通人不同的人生轨迹，可能早在念小学的时候就已经被决策了。

人生轨迹没有好坏，只有是否适合，当然人们也无法重新选择自己的人生轨迹，但是动态规划可以；动态规划在比较了最终结果以后，会逐步向前推导，给出最佳决策，类似一个时光机倒流的过程。假设给你两种人生，一种是进入公司工作，另一种是学习技能安身立命；如果选择进公司，你就要先考上大学，如果要考上大学，你就要先考上高中，如果想要考上高中，你就要在中学努力学习，还要在小学打好基础。这样通过自上而下、时光倒流的过程，你就知道你的最佳决策是什么，从而改变最终结果，如图 6.1 所示。

图 6.1　人生的各个阶段

在动态规划算法中，对问题求解，是从整体最优上加以考虑的，是"目光长远"的，从最终结果的最优解不断反推前面决策的最优，然后自下而上，通过不断地做出最优决策得到最终的最优结果，像流水一样不断前进，故有"动态"的含义，动态规划示意图如图 6.2 所示。

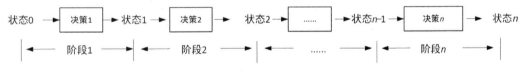

图 6.2　动态规划示意图

6.1.2 慎用贪心算法

在第 2 章我们讲解过贪心算法，贪心算法最重要的是贪心策略的选择，贪心算法在每次做决策时都会根据贪心策略做出局部最优选择，一旦做出选择，就不可以反悔，贪心策略的选择会直接影响贪心算法的好坏和正确性。使用贪心算法求解图中两个结点的最短路径，一种很容易想到的方法就是从起始点开始，一直沿着最短的边走，直到走到终点，很直观，但是学过 Dijkstra 算法的读者应该知道这种方法是错误的。在通常情况下，贪心策略的选择是一个复杂和用心分析的过程。如果自己设计的算法可以转换成前面我们介绍过的单源最短路径、多源最短路径、最小生成树等经典的贪心算法，那么直接套用经典算法即可。

贪心算法只做局部最优选择，对于很多最优问题往往是无能为力的，那我们应该怎样解决呢？动态规划算法是比贪心算法求解最优问题更强大、更通用的利器，动态规划把最终的最优结果分解成了上一个最优结果，所以动态规划是建立在递归的基础上的，它需要把整个问题的解用若干个子问题的解表示。

但是递归算法运算量巨大，正常的递归算法会反复计算一些相同的子问题，要想让递归算法执行效率高，程序中需要保存中间信息。而动态规划算法会将这些子问题的解放在表格中而不重新计算，从而提高整个算法效率，通常递归算法和动态规划是相辅相成的。

动态规划可以系统地搜索所有的可能性，所以要比贪心算法在求解最优问题上更加通用和强大，而且其通过保存中间结果来避免重复计算，提高了整个算法效率。人们一旦学会了动态规划，无疑就掌握了一种求解最优问题的利器。

6.1.3　强者恒强，弱者恒弱——最优子结构

拥有"开挂"人生的人在小时候就是别人攀比的对象，读者可以看一下自己身边优秀的朋友，发现人家从小就一直非常优秀，是"邻居家的孩子"，"强者恒强"说的就是这个道理。在动态规划中也是这样的，最终结果是最优的，那么前面所做的策略必须同样是最优的。为某一阶段选择一个最优决策，通常会有很多的待选决策供选择，只有比较过后才能确认哪一个是最优决策。所以在动态规划中通常在某一阶段进行最优决策时，会枚举和比较所有待选决策来确定当前问题的最优解。

不同阶段的待选决策的计算中会有大量的重复子问题计算，所以动态规划通常会通过表格存储子问题的解来避免重复计算。动态规划翻译成英文是"Dynamic Programming"，规划就是指这种表格存储中间结果从而提升算法效率的方法，把每一步子问题的解存储在表格里，在计算该子问题时不需要再求解一遍，只需要查询表格即可，可将原本指数级的时间复杂度降为多项式级别，是一种以空间换时间的技术。

一个具体的最优解问题，想要通过动态规划算法求解，需具备如下两个特点：

（1）最优子结构——问题的最优解包含了子问题的最优解。

（2）重叠子问题——在动态规划算法中，要进行一系列的最优决策，当前问题的最优解都要通过枚举和比较相关子问题的解来确定，在这个过程中可能需要计算大量相同的子问题，动态规划会将子问题的解存储在表中，当需要计算该子问题时直接取出来即可，这是动态规划算法设计的精华所在。

6.2　智能的语言翻译——编辑距离

现在计算机最火的技术应该是人工智能，在人工智能领域中，有一个方向是自然语言处理，其应用的领域很多，比如，智能音响，智能音响首先会把音频通过音频转文字技术转成文字，

然后通过语义识别技术理解文字。例如，我们对着智能音响说"我想听周杰伦"，智能音响就会播放周杰伦的歌，语言里没有任何包含歌的文字，但是智能音响却可以识别出来是听周杰伦的歌，那么计算机是怎么做到这么智能的呢？

6.2.1 设计语言翻译系统

老王最近买了一台智能音响，智能音响可以识别出老王的话，好像一个真正的人一样。老王是个程序员，对智能音响背后的技术充满了好奇，但是老王才疏学浅，并不会任何自然语言处理相关的算法。老王比较喜欢使用简单有效的方式达到目的，于是他准备自己实现一个简易的智能语言翻译系统，这个智能语言翻译系统很简单，向智能语言翻译系统中输入一句话，可以找到距离这句话最近的语句，整个智能语言翻译系统原理图如图 6.3 所示。

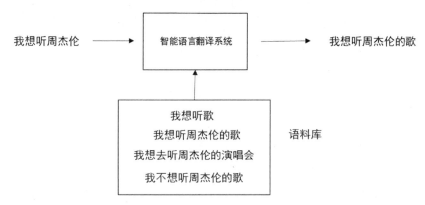

图 6.3　智能语言翻译系统原理图

向系统中输入一句话，这句话会和语料库中的每句话进行比较，最后输出语料库中语意和该句话最近的语句，达到智能的目的。这里有一个核心问题，就是如何比较两句话的距离？

（1）首先比较一下"我想听周杰伦"和"我想听歌"这两句话的距离，两句话的比较如表 6.1 所示。

表 6.1　"我想听周杰伦"和"我想听歌"的比较

我	想	听	周	杰	伦
我	想	听	歌		

"我想听周杰伦"要变成"我想听歌"，需要将"我想听周杰伦"中的"杰"和"伦"删掉，并且将"周"替换成"歌"，所以这两句话的距离是 3。

（2）然后比较"我想听周杰伦"和"我想听周杰伦的歌"这两句话的距离，两句话的比较如表 6.2 所示。

表 6.2 "我想听周杰伦"和"我想听周杰伦的歌"的距离

我	想	听	周	杰	伦		
我	想	听	周	杰	伦	的	歌

"我想听周杰伦"要变成"我想听周杰伦的歌",需要在"我想听周杰伦"后面插入两个字"的"和"歌",所以这两句话的距离是2。

(3)再比较"我想听周杰伦"和"我想去听周杰伦的演唱会"这两句话的距离,这两句话的比较如表 6.3 所示。

表 6.3 "我想听周杰伦"和"我想去听周杰伦的演唱会"的距离

我	想		听	周	杰	伦			
我	想	去	听	周	杰	伦	的	演	唱	会

"我想听周杰伦"要变成"我想去听周杰伦的演唱会",需要在"我想听周杰伦"的中间插入一个"去"字,并在后面插入四个字"的""演""唱"和"会",所以这两句话的距离是5。

(4)最后比较"我想听周杰伦"和"我不想听周杰伦的歌"这两句话的距离,这两句话的比较如表 6.4 所示。

表 6.4 "我想听周杰伦"和"我不想听周杰伦的歌"的距离

我		想	听	周	杰	伦		
我	不	想	听	周	杰	伦	的	歌

"我想听周杰伦"要变成"我不想听周杰伦的歌",需要在"我想听周杰伦"的中间插入一个"不"字,并在后面插入两个字"的""歌",所以这两句话的距离是3。

因为"我想听周杰伦的歌"和"我想听周杰伦"的距离最近,所以智能语言翻译系统会输出"我想听周杰伦的歌"。在比较的过程中,将一个字符串变成另一个字符串所需要的最小编辑次数就叫作编辑距离。在上面的编辑过程中,使用了以下三种修改操作。

(1)替换:把原句子中的一个字符替换成目标句子中的一个不同字符,例如,"我想听周杰伦"要变成"我想听歌",需要将"周"替换成"歌",这里就使用了替换操作。

(2)插入:在原句子中插入一个新的字符,使得它和目标句子更接近,例如,"我想听周杰伦"要变成"我想听周杰伦的歌",后面需要插入两个字"的"和"歌"。

(3)删除:删除是插入的相反操作,在原句子中删除一个字符,使它和目标句子更接近,例如,"我想听周杰伦"要变成"我想听歌",需要将"杰"和"伦"删掉。

6.2.2 考虑最后一次编辑情况

想要编辑得原字符串离目标字符串越来越近,无非是对原字符串的最后一个字符做如下的操作。

（1）第一种是替换，如果原字符串的最后一个字符和目标字符串的最后一个字符相等，那么编辑距离是 0，然后计算原字符串去掉最后一个字符的子字符串和目标字符串去掉最后一个字符的子字符串的编辑距离；如果原字符串的最后一个字符和目标字符串的最后一个字符不相等，那么直接将原字符串的最后一个字符替换为目标字符的最后一个字符，编辑距离是 1，然后计算原字符串去掉最后一个字符的子字符串和目标字符串去掉最后一个字符的子字符串的编辑距离。

（2）第二种是插入，在原字符串的最后面插入一个和目标字符串的最后一个字符相等的字符，编辑距离是 1，然后计算原字符串和目标字符串去掉最后一个字符的子字符串的编辑距离。

（3）第三种是删除，删除原字符串的最后一个字符，编辑距离是 1，然后计算原字符串去掉最后一个字符的子字符串和目标字符串的编辑距离。

从三种操作中选择一个最小的编辑距离来表示原字符串和目标字符串的最少编辑操作，循环递归，直到原字符串或者目标字符串的长度为 0。如果原字符串的长度为 0，表示只要在原字符串的后面增加目标字符串所剩的字符即可，编辑距离是目标字符串所剩的字符个数，如果目标字符串的长度为 0，表示只要删除原字符串的剩余字符即可，编辑距离是原字符串所剩的字符个数。

因为递归执行的步骤太多，限于本书篇幅，这里以"我想"和"想听"这两个简单字符串的编辑操作为例进行讲解，如图 6.4 所示。

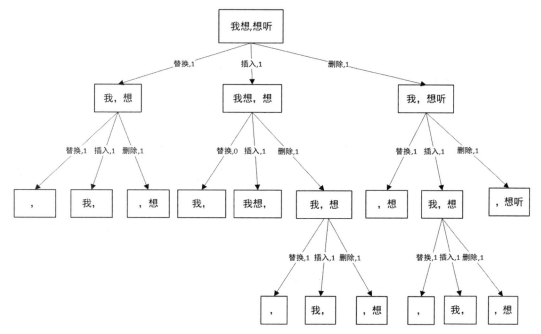

图 6.4 "我想"和"想听"的递归树

（1）首先对"我想"和"想听"这两个字符串的最后一个字符进行操作，首先执行替换操作，将"我想"的"想"替换成"听"，这样替换后需要比较"我"和"想"两个子字符串，替换操作的距离是 1。然后执行插入操作，将"我想"的后面插入"听"字符，这样插入后需要比较"我想"和"想"两个子字符串，插入操作的距离是 1。最后执行删除操作，将"我想"的最后一个字符"想"删掉，这样删除后需要比较"我"和"想听"两个子字符串，如图 6.5 所示。

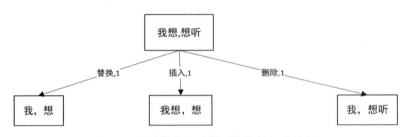

图 6.5　"我想"和"想听"的第一次编辑

（2）然后分别对替换、插入、删除编辑后的三个子字符串进行编辑操作。首先对第一次替换后的子字符串"我"和"想"最后一个字符进行操作，首先执行替换操作，将"我"替换成"想"，这样替换后两个子字符串都为空，替换操作的距离是 1。然后执行插入操作，在"我"的后面插入"想"字符，这样插入后原字符串还有一个字符"我"，目标字符串为空，插入操作的距离是 1。最后执行删除操作，将"我"删除，这样删除后原字符串为空，目标字符串还有一个字符"想"，删除操作的距离是 1。

然后对第一次插入后的子字符串"我想"和"想"最后一个字符进行操作，首先执行替换操作，"我想"的最后一个字符恰好是"想"，不需要进行替换操作，这样原字符串还有一个字符"我"，目标字符串为空，替换操作的距离是 0。然后执行插入操作，在"我想"的后面插入"想"字符，这样插入后原字符串还有两个字符"我想"，目标字符串为空，插入操作的距离是 1。最后执行删除操作，将"我想"的最后一个字符"想"删除，删除后需要比较"我"和"想"两个子字符串，删除操作的距离是 1。

最后对第一次删除后的子字符串"我"和"想听"最后一个字符进行操作，首先执行替换操作，将"我"替换成"听"，这样替换后原字符串为空，目标字符串还剩一个字符"想"，替换操作的距离是 1。然后执行插入操作，在"我"的后面插入"听"字符，插入后需要比较"我"和"想"两个子字符串，插入操作的距离是 1。最后执行删除操作，将"我"删除，删除后原字符串为空，目标字符串还有两个字符"想听"，删除操作的距离是 1，如图 6.6 所示。

（3）当原字符串或者目标字符串为空时，停止递归。如果原字符串的长度为 0，表示只要在原字符串的后面增加目标字符串所剩的字符即可，编辑距离是目标字符串所剩的字符个数。如果目标字符串的长度为 0，表示只要删除原字符串的剩余字符即可，编辑距离是原字符串所剩的字符个数，每个字符串的编辑距离如图 6.7 所示。

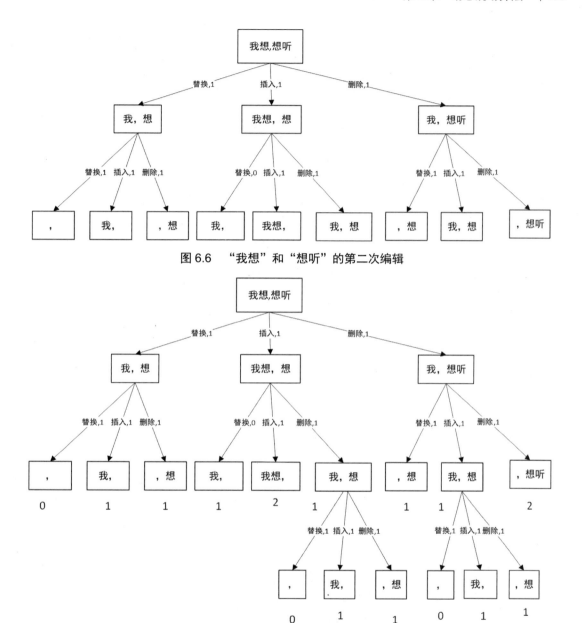

图 6.6 "我想"和"想听"的第二次编辑

图 6.7 "我想"和"想听"的第三次编辑

限于篇幅，我们没有继续分析第三次编辑的"我"和"想"两个子字符串的编辑操作，因为在第二次编辑的时候已经分析过这两个字符串的编辑操作，但是不分析并不代表递归没有执行。这说明递归中存在很多子字符串解的重复计算，在每一层中从三种操作中选择一个最小的编辑距离表示原字符串和目标字符串的最少编辑操作依次返回即可，如图 6.8 所示。

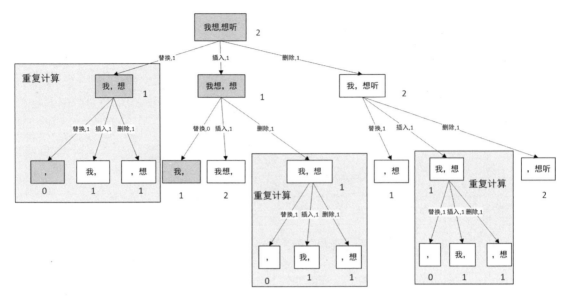

图 6.8 依次返回每一层的编辑距离

如图 6.8 所示,"我想"和"想听"这两个字符串的编辑距离是 2,可以有两种方式进行编辑,第一种是将"我想"进行两次替换直接变成"想听";第二种是首先在"我想"字符串的最后插入一个"听",并且删除第一个字符"我",这两种编辑方式都只编辑两次就可以将"我想"转成"想听"。

读者朋友通过上面的图解,对于给定的两个字符串应该可以分析给出其编辑距离。那么接下来进行实战编程,来完成最开始设计的智能语言翻译系统。

```python
def string_compare(source,target,i,j):
    #原字符串为 0 ,那么只要在原字符串中插入 j 个字符即可
    if i == 0:
        return j
    #目标字符串为 0 ,那么只要删除原字符串 i 个字符即可
    if j == 0:
        return i

    # 将原字符串最后一个字符替换成目标字符串最后一个字符
    match = string_compare(source,target,i-1,j-1) + (0 if source[i] == target[j] else 1)

    # 在原字符串后面增加一个和目标字符串的最后一个字符相等的字符
    insert = string_compare(source,target,i,j-1) + 1

    # 将原字符串最后一个字符删除
    delete = string_compare(source,target,i-1,j) + 1
```

```
            lowest_cost = 1000
            if match < lowest_cost:
                lowest_cost = match
            if insert < lowest_cost:
                lowest_cost = insert
            if delete < lowest_cost:
                lowest_cost = delete

    return lowest_cost

if __name__ == "__main__":
    source = "我想听周杰伦"
    target_list = ["我想听歌","我想听周杰伦的歌","我想去听周杰伦的演唱会","我不想听周杰伦的歌"]
    for target in target_list:
        print("%s 的编辑距离是: %d" % (target,string_compare(source,target,len(source)-1,len(target)-1)))
```

智能语言翻译系统程序运行结果如图 6.9 所示。

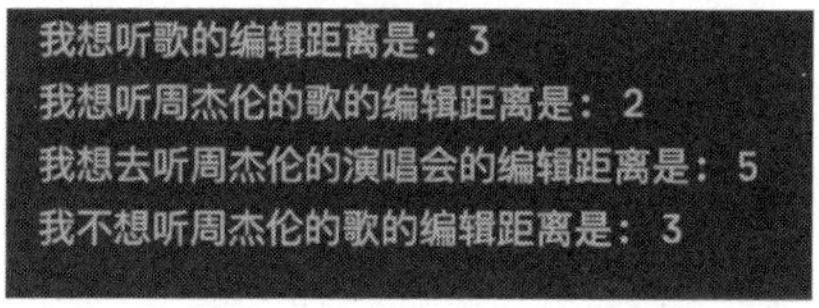

```
我想听歌的编辑距离是：3
我想听周杰伦的歌的编辑距离是：2
我想去听周杰伦的演唱会的编辑距离是：5
我不想听周杰伦的歌的编辑距离是：3
```

图 6.9　智能语言翻译系统程序运行结果

可以发现，程序的运行结果和前面的分析结果是一致的，我们通过递归算法开发完成了智能语言翻译系统。接下来我们对程序重要的数据结构和方法进行讲解。

如果原字符串的长度为 0，表示只要在原字符串的后面增加目标字符串所剩的字符即可，编辑距离是目标字符串所剩的字符个数；如果目标字符串的长度为 0，表示只要删除原字符串的剩余字符即可，编辑距离是原字符串所剩的字符个数，如下所示。

```
#原字符串为 0，那么只要在原字符串后面插入 j 个字符即可
if i == 0:
    return j
#目标字符串为 0，那么只要删除原字符串 i 个字符即可
if j == 0:
    return i
```

替换操作，如果原字符串的最后一个字符和目标字符串的最后一个字符相等，那么编辑距离是 0，然后计算原字符串去掉最后一个字符的子字符串和目标字符串去掉最后一个字符的子字符串的编辑距离；如果原字符串的最后一个字符和目标字符串的最后一个字符不相等，那么直接将原字符串的最后一个字符替换为目标字符的最后一个字符，编辑距离是 1，然后计算原字符串去掉最后一个字符的子字符串和目标字符串去掉最后一个字符的子字符串的编辑距离。

插入操作，在原字符串的最后面插入一个和目标字符串的最后一个字符相等的字符，编辑距离是 1，然后计算原字符串和目标字符串去掉最后一个字符的子字符串的编辑距离。

删除操作，删除原字符串的最后一个字符，编辑距离是 1，然后计算原字符串去掉最后一个字符的子字符串和目标字符串的编辑距离，如下所示。

```
# 将原字符串最后一个字符替换成目标字符串最后一个字符
match = string_compare(source,target,i-1,j-1) + (0 if source[i] == target[j] else 1)

# 在原字符串后面增加一个和目标字符串的最后一个字符相等的字符
insert = string_compare(source,target,i,j-1) + 1

# 删除原字符串最后一个字符
delete = string_compare(source,target,i-1,j) + 1
```

从三种操作中选择一个最小的编辑距离表示当前原字符串和目标字符串的最少编辑操作，如下所示。

```
lowest_cost = 1000
if match < lowest_cost:
    lowest_cost = match
if insert < lowest_cost:
    lowest_cost = insert
if delete < lowest_cost:
    lowest_cost = delete
```

6.2.3　自下而上进行距离编辑

从图 6.7 的递归结果可以发现，在进行递归计算的时候会有大量的重复计算，这样会导致程序运行很慢，如果原字符串和目标字符串很长，程序会运行很长时间。为什么算法会运行这么慢，因为算法的运行时间是指数级别的。观察图 6.7 的递归树会发现，递归到第一层有 3 个分支，递归到第二层就有 9 个分支，递归到第 n 层就有 3^n 个分支，如果一个算法的时间复杂度是指数级别的，那么这个算法基本上是不能在实际中应用的。

那么，应该如何降低算法的复杂度，使算法变得实用呢？算法运行慢的原因是在递归的过程中存在大量重复计算，其实可以在进行第一次计算以后保存这些计算结果，下一次计算的时候直接取出保存的结果就可以了。

自下而上继续观察图 6.7 的递归树，换一种解决问题的思考方式，通过已知字符串的编辑距离不断迭代求出其他未知的编辑距离，以前面要设计的智能语言翻译系统"我想听周杰伦"编辑到"我想听周杰伦的歌"为例通过图例进行仔细讲解。

首先可以发现，图 6.7 的递归树的所有叶子结点要么原字符串为空，要么目标字符串为空，这也是递归终止的条件。如果原字符串的长度为 0，表示只要在原字符串的后面增加目标字符串所剩的字符即可，编辑距离是目标字符串所剩的字符个数，编辑操作是插入；如果目标字符串的长度为 0，表示只要删掉原字符串的剩余字符即可，编辑距离是原字符串所剩的字符个数，编辑操作是删除。这样开始的时候初始化一个二维矩阵，第 0 列代表目标字符串为空、原字符串所剩的字符个数，第 0 行代表原字符串为空、目标字符串所剩的字符个数，如图 6.10 所示。

编辑距离表

		我	想	听	周	杰	伦	的	歌
	0	1	2	3	4	5	6	7	8
我	1	-1	-1	-1	-1	-1	-1	-1	-1
想	2	-1	-1	-1	-1	1	1	-1	-1
听	3	-1	-1	-1	-1	-1	-1	-1	-1
周	4	-1	-1	-1	-1	-1	-1	-1	-1
杰	5	-1	-1	-1	-1	-1	-1	-1	-1
伦	6	-1	-1	-1	-1	-1	-1	-1	-1

编辑操作表

		我	想	听	周	杰	伦	的	歌
	-1	I	I	I	I	I	I	I	I
我	D	-1	-1	-1	-1	-1	-1	-1	-1
想	D	-1	-1	-1	-1	1	1	-1	-1
听	D	-1	-1	-1	-1	-1	-1	-1	-1
周	D	-1	-1	-1	-1	-1	-1	-1	-1
杰	D	-1	-1	-1	-1	-1	-1	-1	-1
伦	D	-1	-1	-1	-1	-1	-1	-1	-1

图 6.10 编辑距离表和编辑操作表初始化

如图 6.10 所示，编辑距离表的数据表示行号字符串到列号字符串的编辑距离，用 T 表示。编辑操作表的数据表示行号字符串到列号字符串所需要的编辑操作，I 代表 Insert，表示插入操作，D 代表 Delete，表示删除操作，M 代表 Match，表示替换操作，用 P 表示。

观察图 6.7 的递归树的第二层递归，第一个分支"我"和"想"的编辑操作可以由<""，"">的替换操作、<"我"，"">的插入操作和<""，"想">的删除操作中的最小编辑迭代出来；第二个分支<"我想"，"想">的编辑操作可以由<"我"，"">的替换操作、<"我想"，"">的插入操作和<"我"，"想">的删除操作中的最小编辑迭代出来；最后一个分支<"我"，"想听">的编辑操作可以由<""，"想">的替换操作、<"我"，"想">的插入操作和<""，"想听">的删除操作中的最小编辑迭代出来。所以表格的迭代是 $T[i][j]$ = $\min(T[i-1][j-1]+\text{Match}, T[i][j-1]+\text{Insert}, T[i-1][j] + \text{Delete})$，如果比较的原字符串和目标字符串的最后一个字符相等，Match 的编辑距离是 0，如果比较的原字符串和目标字符串的最后一个字符不相等，Match 的编辑距离是 1，Insert 的编辑距离是 1，Delete 的编辑距离也是 1。

（1）首先填写表格第一行，填写第一个单元格 $T[1][1]$，$T[1][1]$ 表示的是"我想听周杰伦"的第一个字符"我"和"我想听周杰伦的歌"的第一个字符"我"，很明显，这两个字符是相等的，Match 的编辑距离是 0，如图 6.11 所示。

编辑距离表

		我	想	听	周	杰	伦	的	歌
	0	1	2	3	4	5	6	7	8
我	1	0	-1	-1	-1	-1	-1	-1	-1
想	2	-1	-1	-1	-1	-1	-1	-1	-1
听	3	-1	-1	-1	-1	-1	-1	-1	-1
周	4	-1	-1	-1	-1	-1	-1	-1	-1
杰	5	-1	-1	-1	-1	-1	-1	-1	-1
伦	6	-1	-1	-1	-1	-1	-1	-1	-1

编辑操作表

		我	想	听	周	杰	伦	的	歌
	-1	I	I	I	I	I	I	I	I
我	D	M	-1	-1	-1	-1	-1	-1	-1
想	D	-1	-1	-1	-1	-1	-1	-1	-1
听	D	-1	-1	-1	-1	-1	-1	-1	-1
周	D	-1	-1	-1	-1	-1	-1	-1	-1
杰	D	-1	-1	-1	-1	-1	-1	-1	-1
伦	D	-1	-1	-1	-1	-1	-1	-1	-1

图 6.11 填写表格 $T[1][1]$ 和 $P[1][1]$

（2）然后继续将表格第一行的后序单元格 $T[1][j]$ 进行填写，$T[1][j]$ 表示的是"我想听周杰伦"的第一个字符"我"和"我想听周杰伦的歌"的前 j 个字符，很明显，只需要在"我"的后面插入即可,如图 6.12 所示。

		我	想	听	周	杰	伦	的	歌
	0	1	2	3	4	5	6	7	8
我	1	0	1	2	3	4	5	6	7
想	2	-1	-1	-1	-1	-1	-1	-1	-1
听	3	-1	-1	-1	-1	-1	-1	-1	-1
周	4	-1	-1	-1	-1	-1	-1	-1	-1
杰	5	-1	-1	-1	-1	-1	-1	-1	-1
伦	6	-1	-1	-1	-1	-1	-1	-1	-1

编辑距离表

		我	想	听	周	杰	伦	的	歌
	-1	I	I	I	I	I	I	I	I
我	D	M	I	I	I	I	I	I	I
想	D	-1	-1	-1	-1	-1	-1	-1	-1
听	D	-1	-1	-1	-1	-1	-1	-1	-1
周	D	-1	-1	-1	-1	-1	-1	-1	-1
杰	D	-1	-1	-1	-1	-1	-1	-1	-1
伦	D	-1	-1	-1	-1	-1	-1	-1	-1

编辑操作表

图 6.12　填写表格 T[1][j] 和 P[1][j]

(3) 然后填写表格的第二行,填写第一个单元格 T[2][1],T[2][1] 表示的是"我想听周杰伦"的前两个字符"我想"和"我想听周杰伦的歌"的第一个字符"我",很明显,只需要将"我想"的"想"删掉即可,如图 6.13 所示。

		我	想	听	周	杰	伦	的	歌
	0	1	2	3	4	5	6	7	8
我	1	0	1	2	3	4	5	6	7
想	2	1	-1	-1	-1	-1	-1	-1	-1
听	3	-1	-1	-1	-1	-1	-1	-1	-1
周	4	-1	-1	-1	-1	-1	-1	-1	-1
杰	5	-1	-1	-1	-1	-1	-1	-1	-1
伦	6	-1	-1	-1	-1	-1	-1	-1	-1

编辑距离表

		我	想	听	周	杰	伦	的	歌
	-1	I	I	I	I	I	I	I	I
我	D	M	I	I	I	I	I	I	I
想	D	D	-1	-1	-1	-1	-1	-1	-1
听	D	-1	-1	-1	-1	-1	-1	-1	-1
周	D	-1	-1	-1	-1	-1	-1	-1	-1
杰	D	-1	-1	-1	-1	-1	-1	-1	-1
伦	D	-1	-1	-1	-1	-1	-1	-1	-1

编辑操作表

图 6.13　填写表格 T[2][1] 和 P[2][1]

(4) 然后填写表格的第二行,填写第二个单元格 T[2][2],T[2][2] 表示的是"我想听周杰伦"的前两个字符"我想"和"我想听周杰伦的歌"的前两个字符"我想",很明显,原字符串和目标字符串完全相等,编辑距离应该是 0,如图 6.14 所示。

		我	想	听	周	杰	伦	的	歌
	0	1	2	3	4	5	6	7	8
我	1	0	1	2	3	4	5	6	7
想	2	1	0	-1	-1	-1	-1	-1	-1
听	3	-1	-1	-1	-1	-1	-1	-1	-1
周	4	-1	-1	-1	-1	-1	-1	-1	-1
杰	5	-1	-1	-1	-1	-1	-1	-1	-1
伦	6	-1	-1	-1	-1	-1	-1	-1	-1

编辑距离表

		我	想	听	周	杰	伦	的	歌
	-1	I	I	I	I	I	I	I	I
我	D	M	I	I	I	I	I	I	I
想	D	D	M	-1	-1	-1	-1	-1	-1
听	D	-1	-1	-1	-1	-1	-1	-1	-1
周	D	-1	-1	-1	-1	-1	-1	-1	-1
杰	D	-1	-1	-1	-1	-1	-1	-1	-1
伦	D	-1	-1	-1	-1	-1	-1	-1	-1

编辑操作表

图 6.14　填写表格 T[2][2] 和 P[2][2]

（5）然后继续将表格第二行的后序单元格 $T[2][j]$ 进行填写，$T[2][j]$ 表示的是"我想听周杰伦"的前两个字符"我想"和"我想听周杰伦的歌"的前 j 个字符，很明显，只需要在"我想"的后面插入即可，如图 6.15 所示。

		我	想	听	周	杰	伦	的	歌
	0	1	2	3	4	5	6	7	8
我	1	0	1	2	3	4	5	6	7
想	2	1	0	1	2	3	4	5	6
听	3	-1	-1	-1	-1	-1	-1	-1	-1
周	4	-1	-1	-1	-1	-1	-1	-1	-1
杰	5	-1	-1	-1	-1	-1	-1	-1	-1
伦	6	-1	-1	-1	-1	-1	-1	-1	-1

编辑距离表

		我	想	听	周	杰	伦	的	歌
	-1	I	I	I	I	I	I	I	I
我	D	M	I	I	I	I	I	I	I
想	D	D	M	I	I	I	I	I	I
听	D	-1	-1	-1	-1	-1	-1	-1	-1
周	D	-1	-1	-1	-1	-1	-1	-1	-1
杰	D	-1	-1	-1	-1	-1	-1	-1	-1
伦	D	-1	-1	-1	-1	-1	-1	-1	-1

编辑操作表

图 6.15 填写表格 $T[2][j]$ 和 $P[2][j]$

（6）同理，继续填写表格第三行，填写第一个单元格 $T[3][1]$，$T[3][1]$ 表示的是"我想听周杰伦"的前三个字符"我想听"和"我想听周杰伦的歌"的第一个字符"我"，很明显，只需要将"我想听"的"想听"删掉即可。填写第二个单元格 $T[3][2]$，$T[3][2]$ 表示的是"我想听周杰伦"的前三个字符"我想听"和"我想听周杰伦的歌"的前两个字符"我想"，只需要将"我想听"的"听"删掉即可。

填写第三个单元格 $T[3][3]$，$T[3][3]$ 表示的是"我想听周杰伦"的前三个字符"我想听"和"我想听周杰伦的歌"的前三个字符"我想听"，很明显，原字符串和目标字符串完全相等，编辑距离应该是 0。继续填写表格第三行的后序单元格 $T[3][j]$，$T[3][j]$ 表示的是"我想听周杰伦"的前三个字符"我想听"和"我想听周杰伦的歌"的前 j 个字符，很明显，只需要在"我想听"的后面插入即可，如图 6.16 所示。

		我	想	听	周	杰	伦	的	歌
	0	1	2	3	4	5	6	7	8
我	1	0	1	2	3	4	5	6	7
想	2	1	0	1	2	3	4	5	6
听	3	2	1	0	1	2	3	4	5
周	4	-1	-1	-1	-1	-1	-1	-1	-1
杰	5	-1	-1	-1	-1	-1	-1	-1	-1
伦	6	-1	-1	-1	-1	-1	-1	-1	-1

编辑距离表

		我	想	听	周	杰	伦	的	歌
	-1	I	I	I	I	I	I	I	I
我	D	M	I	I	I	I	I	I	I
想	D	D	M	I	I	I	I	I	I
听	D	D	D	M	I	I	I	I	I
周	D	-1	-1	-1	-1	-1	-1	-1	-1
杰	D	-1	-1	-1	-1	-1	-1	-1	-1
伦	D	-1	-1	-1	-1	-1	-1	-1	-1

编辑操作表

图 6.16 填写表格 $T[3][j]$ 和 $P[3][j]$

（7）同理，继续填写表格第四行，填写第一个单元格 $T[4][1]$，$T[4][1]$ 表示的是"我想听周杰伦"的前四个字符"我想听周"和"我想听周杰伦的歌"的第一个字符"我"，很明显，只需要将"我想听周"的"想听周"删掉即可。填写第二个单元格 $T[4][2]$，$T[4][2]$ 表示的是"我想听周杰伦"的前四个字符"我想听周"和"我想听周杰伦的歌"的前两个字符"我想",只需要将"我想听周"的"听周"删掉即可。填写第三个单元格 T[4][3],T[4][3]表示的是"我想听周杰伦"的前四个字符"我想听周"和"我想听周杰伦的歌"的前三个字符"我想听",很明显,只需要将"我想听周"的"周"删掉即可。

填写第四个单元格 T[4][4],T[4][4]表示的是"我想听周杰伦"的前四个字符"我想听周"和"我想听周杰伦的歌"的前四个字符"我想听周",很明显,原字符串和目标字符串完全相等,编辑距离应该是 0。继续填写表格第四行的后序单元格 T[4][j],T[4][j]表示的是"我想听周杰伦"的前四个字符"我想听周"和"我想听周杰伦的歌"的前 j 个字符,很明显,只需要在"我想听周"的后面插入即可,如图 6.17 所示。

		我	想	听	周	杰	伦	的	歌
	0	1	2	3	4	5	6	7	8
我	1	0	1	2	3	4	5	6	7
想	2	1	0	1	2	3	4	5	6
听	3	2	1	0	1	2	3	4	5
周	4	3	2	1	0	1	2	3	4
杰	5	-1	-1	-1	-1	-1	-1	-1	-1
伦	6	-1	-1	-1	-1	-1	-1	-1	-1

编辑距离表

		我	想	听	周	杰	伦	的	歌
	-1	I	I	I	I	I	I	I	I
我	D	M	I	I	I	I	I	I	I
想	D	D	M	I	I	I	I	I	I
听	D	D	D	M	I	I	I	I	I
周	D	D	D	D	M	I	I	I	I
杰	D	-1	-1	-1	-1	-1	-1	-1	-1
伦	D	-1	-1	-1	-1	-1	-1	-1	-1

编辑操作表

图 6.17　填写表格 T[4][j]和 P[4][j]

(8)同理,继续填写表格第五行,填写第一个单元格 T[5][1],T[5][1]表示的是"我想听周杰伦"的前五个字符"我想听周杰"和"我想听周杰伦的歌"的第一个字符"我",很明显,只需要将"我想听周杰"的"想听周杰"删掉即可。填写第二个单元格 T[5][2],T[5][2]表示的是"我想听周杰伦"的前五个字符"我想听周杰"和"我想听周杰伦的歌"的前两个字符"我想",只需要将"我想听周杰"的"听周杰"删掉即可。填写第三个单元格 T[5][3],T[5][3]表示的是"我想听周杰伦"的前五个字符"我想听周杰"和"我想听周杰伦的歌"的前三个字符"我想听",很明显,只需要将"我想听周杰"的"周杰"删掉即可。填写第四个单元格 T[5][4],T[5][4]表示的是"我想听周杰伦"的前五个字符"我想听周杰"和"我想听周杰伦的歌"的前四个字符"我想听周",很明显,只需要将"我想听周杰"的"杰"删掉即可。填写第五个单元格 T[5][5],T[5][5]表示的是"我想听周杰伦"的前五个字符"我想听周杰"和"我想听周杰伦的歌"的前五个字符"我想听周杰",很明显,原字符串和目标字符串完全相等,编辑距离应该是 0。

继续填写表格第五行的后序单元格 T[5][j],T[5][j]表示的是"我想听周杰伦"的前五个字符"我想听周杰"和"我想听周杰伦的歌"的前 j 个字符,很明显,只需要在"我想听周杰"的后面插入即可,如图 6.18 所示。

		我	想	听	周	杰	伦	的	歌
	0	1	2	3	4	5	6	7	8
我	1	0	1	2	3	4	5	6	7
想	2	1	0	1	2	3	4	5	6
听	3	2	1	0	1	2	3	4	5
周	4	3	2	1	0	1	2	3	4
杰	5	4	3	2	1	0	1	2	3
伦	6	-1	-1	-1	-1	-1	-1	-1	-1

编辑距离表

		我	想	听	周	杰	伦	的	歌
	-1	I	I	I	I	I	I	I	I
我	D	M	I	I	I	I	I	I	I
想	D	D	M	I	I	I	I	I	I
听	D	D	D	M	I	I	I	I	I
周	D	D	D	D	M	I	I	I	I
杰	D	D	D	D	D	M	I	I	I
伦	D	-1	-1	-1	-1	-1	-1	-1	-1

编辑操作表

图 6.18 填写表格 *T*[5][*j*] 和 *P*[5][*j*]

（9）同理，继续填写表格第六行，填写第一个单元格 *T*[6][1]，*T*[6][1]表示的是 "我想听周杰伦" 的前六个字符 "我想听周杰伦" 和 "我想听周杰伦的歌" 的第一个字符 "我"，很明显，只需要将 "我想听周杰伦" 的 "想听周杰伦" 删掉即可。填写第二个单元格 *T*[6][2]，*T*[6][2]表示的是 "我想听周杰伦" 的前六个字符 "我想听周杰伦" 和 "我想听周杰伦的歌" 的前两个字符 "我想"，只需要将 "我想听周杰伦" 的 "听周杰伦" 删掉即可。填写第三个单元格 *T*[6][3]，*T*[6][3]表示的是 "我想听周杰伦" 的前六个字符 "我想听周杰伦" 和 "我想听周杰伦的歌" 的前三个字符 "我想听"，很明显，只需要将 "我想听周杰伦" 的 "周杰伦" 删掉即可。填写第四个单元格 *T*[6][4]，*T*[6][4]表示的是 "我想听周杰伦" 的前六个字符 "我想听周杰伦" 和 "我想听周杰伦的歌" 的前四个字符 "我想听周"，很明显，只需要将 "我想听周杰伦" 的 "杰伦" 删掉即可。

填写第五个单元格 *T*[6][5]，*T*[6][5]表示的是 "我想听周杰伦" 的前六个字符 "我想听周杰伦" 和 "我想听周杰伦的歌" 的前五个字符 "我想听周杰"，很明显，只需要将 "我想听周杰伦" 的 "伦" 删掉即可。填写第六个单元格 *T*[6][6]，*T*[6][6]表示的是 "我想听周杰伦" 的前六个字符 "我想听周杰伦" 和 "我想听周杰伦的歌" 的前六个字符 "我想听周杰伦"，很明显，原字符串和目标字符串完全相等，编辑距离应该是 0。继续填写表格第六行的后序单元格 *T*[6][*j*]，*T*[6][*j*]表示的是 "我想听周杰伦" 的前六个字符 "我想听周杰伦" 和 "我想听周杰伦的歌" 的前 *j* 个字符，很明显，只需要在 "我想听周杰伦" 的后面插入即可，如图 6.19 所示。

		我	想	听	周	杰	伦	的	歌
	0	1	2	3	4	5	6	7	8
我	1	0	1	2	3	4	5	6	7
想	2	1	0	1	2	3	4	5	6
听	3	2	1	0	1	2	3	4	5
周	4	3	2	1	0	1	2	3	4
杰	5	4	3	2	1	0	1	2	3
伦	6	5	4	3	2	1	0	1	2

编辑距离表

		我	想	听	周	杰	伦	的	歌
	-1	I	I	I	I	I	I	I	I
我	D	M	I	I	I	I	I	I	I
想	D	D	M	I	I	I	I	I	I
听	D	D	D	M	I	I	I	I	I
周	D	D	D	D	M	I	I	I	I
杰	D	D	D	D	D	M	I	I	I
伦	D	D	D	D	D	D	M	I	I

编辑操作表

图 6.19 填写表格 *T*[6][*j*] 和 *P*[6][*j*]

通过上面的图解，相信大家对填表格的编辑距离算法已经有了了解，那么接下来我们进行实战编程。我们要通过程序实现这个算法，来完成最开始设计的智能语言翻译系统。编辑距离的动态规划算法完整代码如下。

```python
MATCH_OPERATOR = 1
INSERT_OPERATOR = 2
DELETE_OPERATOR = 3
def dynamic_string_compare(source,target):
    table = [[-1] * ( len(target) + 1 ) for i in range(len(source)+1)]
    operate = [[-1] * ( len(target) + 1) for i in range(len(source)+1)]

    #目标字符串的长度为 0 ，那么只要删除原字符串 i 个字符即可
    for i in range(len(source)+1):
        table[i][0] = i
        if i > 0:
            operate[i][0] = DELETE_OPERATOR

    #原字符串的长度为 0 ，那么只要在原字符串后面插入 j 个字符即可
    for j in range(len(target)+1):
        table[0][j] = j
        if j > 0:
            operate[0][j] = INSERT_OPERATOR


    for i in range(1,len(source)+1):
        for j in range(1,len(target)+1):
            #插入操作，在原句子中插入一个新的字符，使得它和目标句子更相近
            table[i][j] = table[i][j-1] + 1
            insert = table[i][j-1] + 1
            #删除操作，在原句子中删除一个字符，使得它和目标句子更相近
            table[i][j] = table[i-1][j] + 1
            delete = table[i-1][j] + 1
            #替换操作，把原句子中的一个字符替换成目标句子的一个不同字符
            table[i][j] = table[i - 1][j - 1] + (0 if source[i - 1] == target[j - 1] else 1)
            match = table[i - 1][j - 1] + (0 if source[i - 1] == target[j - 1] else 1)
            lowest_cost = 1000
            operation = -1
            #比较三种操作，选择编辑距离最短的操作
            if insert < lowest_cost:
                lowest_cost = insert
                operation = INSERT_OPERATOR
            if delete < lowest_cost:
                lowest_cost = delete
                operation = DELETE_OPERATOR
            if match < lowest_cost:
                lowest_cost = match
```

```python
                    operation = MATCH_OPERATOR
                table[i][j] = lowest_cost
                operate[i][j] = operation
    return table[len(source)][len(target)],operate,table

if __name__ == "__main__":
    source = "我想听周杰伦"
    target = "我想听周杰伦的歌"
    print("编辑距离表：")
    table = dynamic_string_compare(source, target)[2]
    for i in range(len(table)):
        for j in range(len(table[i])):
            print(table[i][j],end="\t")
        print()
    print("编辑操作表：")
    operate = dynamic_string_compare(source, target)[1]
    for i in range(len(operate)):
        for j in range(len(operate[i])):
            if operate[i][j] == MATCH_OPERATOR:
                print('M', end="\t")
            elif operate[i][j] == INSERT_OPERATOR:
                print('I', end="\t")
            elif operate[i][j] == DELETE_OPERATOR:
                print('D', end="\t")
            else:
                print('-1', end="\t")
        print()
```

编辑距离的动态规划算法程序运行结果如图 6.20 所示。

```
编辑距离表：
0   1   2   3   4   5   6   7   8
1   0   1   2   3   4   5   6   7
2   1   0   1   2   3   4   5   6
3   2   1   0   1   2   3   4   5
4   3   2   1   0   1   2   3   4
5   4   3   2   1   0   1   2   3
6   5   4   3   2   1   0   1   2
编辑操作表：
-1  I   I   I   I   I   I   I   I
D   M   I   I   I   I   I   I   I
D   D   M   I   I   I   I   I   I
D   D   D   M   I   I   I   I   I
D   D   D   D   M   I   I   I   I
D   D   D   D   D   M   I   I   I
D   D   D   D   D   D   M   I   I
D   D   D   D   D   D   D   M   I   I
```

图 6.20　编辑距离的动态规划算法程序运行结果

可以发现，程序运行后获得的编辑距离表和编辑操作表与图 6.19 是一致的。我们已经成功地通过动态规划的方式设计了智能语言翻译系统，并且该算法的时间复杂度由递归的指数级下降为 $O(m*n)$，m 和 n 分别表示原字符串和目标字符串的长度，使得该智能语言翻译系统可以用于实际场景中。接下来我们对程序重要的数据结构和方法进行讲解。

动态规划方式的编辑距离首先需要初始化编辑距离表和编辑操作表，如果原字符串的长度为 0，表示只要在原字符串的后面增加目标字符串所剩的字符即可，编辑距离是目标字符串所剩的字符个数，编辑操作是插入；如果目标字符串的长度为 0，表示只要删掉原字符串的剩余字符即可，编辑距离是原字符串所剩的字符个数，编辑操作是删除。这样开始的时候初始化一个二维矩阵，第 0 列代表目标字符串为空、原字符串所剩的字符个数，第 0 行代表原字符串为空、目标字符串所剩的字符个数，代码如下所示。

```
table = [[-1] * ( len(target) + 1 ) for i in range(len(source)+1)]
operate = [[-1] * ( len(target) + 1) for i in range(len(source)+1)]

#目标字符串的长度为 0，那么只要删除原字符串 i 个字符即可
for i in range(len(source)+1):
    table[i][0] = i
    if i > 0:
        operate[i][0] = DELETE_OPERATOR

#原字符串的长度为 0，那么只要在原字符串后面插入 j 个字符即可
for j in range(len(target)+1):
    table[0][j] = j
    if j > 0:
        operate[0][j] = INSERT_OPERATOR
```

接下来就是填表格的过程，选取替换、插入和删除三种操作中的最小编辑，表格的迭代公式是 $T[i][j] = \min(T[i-1][j-1]+\text{Match}, T[i][j-1]+\text{Insert}, T[i-1][j] + \text{Delete})$，如果比较的原字符串和目标字符串的最后一个字符相等，Match 的编辑距离是 0，如果比较的原字符串和目标字符串的最后一个字符不相等，Match 的编辑距离是 1，Insert 的编辑距离是 1，Delete 的编辑距离也是 1，代码如下所示。

```
for i in range(1,len(source)+1):
    for j in range(1,len(target)+1):
        #插入操作，在原句子中插入一个新的字符，使得它和目标句子更相近
        table[i][j] = table[i][j-1] + 1
        insert = table[i][j-1] + 1
        #删除操作，在原句子中删除一个字符，使得它和目标句子更相近
        table[i][j] = table[i-1][j] + 1
        delete = table[i-1][j] + 1
        #替换操作，把原句子中的一个字符替换成目标句子的一个不同字符
        table[i][j] = table[i - 1][j - 1] + (0 if source[i - 1] == target[j - 1] else 1)
        match = table[i - 1][j - 1] + (0 if source[i - 1] == target[j - 1] else 1)
```

```
                lowest_cost = 1000
                operation = -1
                #比较三种操作，选择编辑距离最短的操作
                if insert < lowest_cost:
                    lowest_cost = insert
                    operation = INSERT_OPERATOR
                if delete < lowest_cost:
                    lowest_cost = delete
                    operation = DELETE_OPERATOR
                if match < lowest_cost:
                    lowest_cost = match
                    operation = MATCH_OPERATOR
                table[i][j] = lowest_cost
                operate[i][j] = operation
```

老王对自己设计的智能语言翻译系统很满意，但是翻译系统现在只能给出与原字符串距离最近的目标字符串，而系统内部的整个编辑操作都是黑盒的，"我想听周杰伦"到"我想听周杰伦的歌"的编辑距离是 2，这是没有问题的，但是是哪两种编辑操作，系统并没有进行可视化。回顾前面图例讲解的过程，原字符串到目标字符串的编辑操作已经存储在编辑操作表中，编辑操作可视化就是填表的逆过程，从原字符串最后一个字符 i 和目标字符串最后一个字符 j 出发，如果是 M，表示替换，继续访问表格的 $P[i-1][j-1]$；如果是 I，表示插入，继续访问表格的 $P[i][j-1]$；如果是 D，表示删除，继续访问表格的 $P[i-1][j]$，直到访问到初始单元格 $P[0][0]$ 为止，代码如下所示。

```
def construct_path(operate,i,j,source,target):
    if operate[i][j] == -1 :
        return
    if operate[i][j] == DELETE_OPERATOR:
        print("删掉原字符串字符\"%s\"，原字符串变为：%s,目标字符串为：%s" % (source[i-1],source[:i-1],target[:j]))
        construct_path(operate,i-1,j,source,target)
        return
    if operate[i][j] == INSERT_OPERATOR:
        print("在原字符串增加字符\"%s\"，原字符串为：%s,目标字符串为：%s" % (target[j-1],source[:i],target[:j-1]))
        construct_path(operate,i,j-1,source,target)
        return
    if operate[i][j] == MATCH_OPERATOR:
        if source[i-1] == target[j-1]:
            print("原字符串最后一个字符\"%s\"和目标字符串最后一个字符\"%s\"相等，不需要替换，原字符串为：%s,目标字符串为：%s" % (source[i-1],target[j-1],source[:i-1],target[:j-1]))
        else:
            print("原字符串最后一个字符\"%s\"替换为目标字符串的最后一个字符\"%s\"，原字符串为：%s,目标字符串为：%s" % (source[i-1],target[j-1],source[:i-1],target[:j-1]))
```

```
        construct_path(operate,i-1,j-1,source,target)
        return
```

以"我想听周杰伦"到"我想听周杰伦的歌"的编辑操作为例,程序运行结果如图 6.21 所示。

```
原字符串"我想听周杰伦"和目标字符串"我想听周杰伦的歌"的编辑距离是:2
在原字符串增加字符"歌",原字符串为:我想听周杰伦,目标字符串为:我想听周杰伦的
在原字符串增加字符"的",原字符串为:我想听周杰伦,目标字符串为:我想听周杰伦
原字符串最后一个字符"伦"和目标字符串最后一个字符"伦"相等,不需要替换,原字符串为:我想听周杰,目标字符串为:我想听周杰
原字符串最后一个字符"杰"和目标字符串最后一个字符"杰"相等,不需要替换,原字符串为:我想听周,目标字符串为:我想听周
原字符串最后一个字符"周"和目标字符串最后一个字符"周"相等,不需要替换,原字符串为:我想听,目标字符串为:我想听
原字符串最后一个字符"听"和目标字符串最后一个字符"听"相等,不需要替换,原字符串为:我想,目标字符串为:我想
原字符串最后一个字符"想"和目标字符串最后一个字符"想"相等,不需要替换,原字符串为:我,目标字符串为:我
原字符串最后一个字符"我"和目标字符串最后一个字符"我"相等,不需要替换,原字符串为:,目标字符串为:
```

图 6.21　程序运行结果

通过系统的可视化模块很容易发现,翻译系统是通过在原字符串"我想听周杰伦"的后面插入"的歌"编辑到目标字符串"我想听周杰伦的歌",所以编辑距离是 2。增加系统的可视化模块后,可以一目了然地看到系统的内部编辑逻辑。

6.3　智能的电梯——电梯优化

现在的办公大楼都配有电梯,人们每天中午去吃饭的时候,都需要坐电梯,在等电梯的过程中会浪费很多时间,中午用来休息的时间浪费在等电梯上,这在工作节奏很快的大城市是不可忍受的。很多人为了节省时间最后都无奈地走楼梯下楼吃饭,走楼梯对于低楼层的人是可以忍受的,但是对于高楼层的人是非常累的。作为资深程序员的老王决定优化一下电梯算法,首先电梯停留次数需要限制,不能每一层都停留,这样太浪费时间了。电梯需要一定的停留次数,在这个基础上,电梯停留的所有楼层要保证所有等待的人步行的楼层总和是最少的,这样对所有等电梯的人才是公平的。

6.3.1　设计智能电梯

老王最近跳槽,从一家小公司跳到了一家大型公司,老王对新公司的大部分事物很满意,但是一件小事情却让他愁眉不展,就是中午吃饭问题。新公司规模很大,员工人数很多,办公的楼层也非常多,老王每天中午去吃饭的时候都要等很长时间的电梯,有时等了半个小时都等不到,被逼无奈老王只能走楼梯。但是老王所在的工作楼层又很高,上下走楼梯把老王累得气喘吁吁。老王觉得长久这样下去肯定不行,于是他决定优化一下电梯算法。电梯优化算法有两点基本要求:

- 电梯不能任意停留,如果每一层都停留,那会浪费很多时间,电梯算法会设置电梯的停留次数。

- 在上一个条件的基础上，要保证电梯停留的楼层可以使所有等待电梯的人所步行的楼层总和是最少的。比如，分别有人想要到达第 10 层、第 11 层、第 12 层，电梯如果只能停留一次，那么只能停留在第 11 层，去第 10 层和第 12 层的人也在第 11 层出电梯，这样总的步行楼层数是 2，是所有等待电梯的人所步行的楼层总和最少的方案。

当然，这里为了简化算法，默认低楼层的员工也会坐电梯，而不是走楼梯。老王所在公司的办公楼一共有 10 层，电梯的停留次数是 3 次，电梯如图 6.22 所示。

图 6.22　10 层楼的智能调度

6.3.2　先考虑最后一次电梯停留的情况

因为电梯是智能的，会根据人流的分布智能决定在哪些楼层停留。现在假设，根据当前楼层的人流分布，电梯经过智能调度以后，最后一次停留的楼层是第 10 层，这时候可以使用 $m[i][j]$ 来表示，i 表示停留在第 i 层，j 表示巧好停留 j 次，$m[i][j]$ 表示所有人步行总层数的最小值，根据假设 $m[10][3]$ 就是整张表的最小值。如果第 3 次停留在第 10 层最优，那么根据这个条件，可以反推出第 2 次应该停留在哪一层吗？自上而下递推如图 6.23 所示。

如果电梯最后一次，也就是第 3 次停留在第 10 层，那么上一次停留的楼层肯定要低于第 10 层，具体停留在哪一层，需要根据当时的人流分布情况进行分析。$m[10][3]$ 的加入是如何影响 $m[k][2]$ 的步行层数的呢？这里的 k 要小于 10。很明显，第 3 次停留在第 10 层主要影响目标楼层超过 k 层的人。对于目标楼层不超过 k 层的人，第 3 次停留在第 10 层对他们来说是没有影响的，如图 6.24 所示。

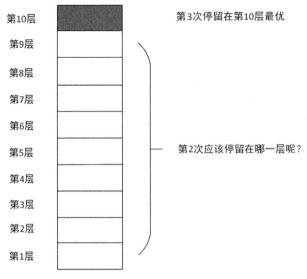

图 6.23　自上而下递推

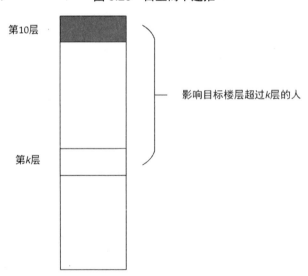

图 6.24　影响目标楼层超过 k 层的人

目标楼层在 k 层以上的人群在没有第 3 次停留的情况下，都会选择走到第 k 层坐电梯，加入了第 3 次停留在第 10 层以后，第 10 层的人群会在本层坐电梯，而目标楼层是在第 k 层和第 10 层之间的人群会根据自己的目标楼层是距离第 k 层近一些，还是距离第 10 层近一些选择去哪一层坐电梯。如果距离第 k 层近一些，就去第 k 层坐电梯；如果距离第 10 层近一些，就去第 10 层坐电梯。那么第 2 次应该停留的楼层的计算公式如下：

$$m[10][3] = \min_{k=0}^{10}(m[k][2] - \text{floors\_walked}(k,\infty) + \text{floors\_walked}(k,10) + \text{floors\_walked}(10,\infty))$$

第 2 次停留的第 k 层首先要小于最后一次停留的第 10 层，然后遍历 $m[k][2]$，在加入第 3 次停留在第 10 层以后，首先减去目标楼层超过 k 层的人的步行层数总和 floors_walked(k,∞)，而这些目标楼层超过 k 层的人群的步行层数总和通过电梯第 3 次停留在第 10 层以后需要的步行层数总和进行计算，目标楼层在 10 层以上的人群可以选择在第 10 层乘坐电梯 floors_walked($10,\infty$)，当然本例只有 10 层楼，所以其实 floors_walked($10,\infty$) 为 0，而目标楼层在第 k 层和第 10 层之间的人群，如果目标楼层离第 k 层比较近，就去第 k 层坐电梯，如果目标楼层离第 10 层近一些，就去第 10 层坐电梯 floors_walked($k,10$)。这样通过遍历小于 10 层的所有楼层，选择一个所有人步行层数总和最小的 k 就是电梯第 2 次停留的位置。以此类推，知道了电梯第 2 次停留的位置，可以反推第 1 次的位置。如果电梯第 2 次停留在第 7 层，那么电梯第 1 次应该停留在第 4 层。自上而下反推出第 1 次停留位置的过程如图 6.25 所示。

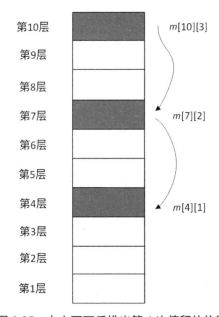

图 6.25　自上而下反推出第 1 次停留的位置

电梯停留一次的位置 $m[k][1]$ 是很好求的，就是所有楼层的人都要在该停留楼层下电梯，从上面的分析可以发现，如果电梯在第 3 次停留在第 10 层，为了使所有人群的步行层数总和最少可以逐渐地反推出电梯第 2 次停留的楼层和电梯第 1 次停留的楼层。反过来说，如果知道电梯第 1 次 $m[k][1]$ 的停留位置，为了使所有人群的步行层数总和最少，可以不断迭代出电梯第 2 次和第 3 次最优的停留位置。当然为了算法的美观性，电梯第 1 次停留在各楼层所步行的楼层总和是可以通过 $m[k][0]$ 迭代出来的。

6.3.3 自下而上计算电梯的停留过程

目前已经知道,通过第 1 次电梯停留可以迭代求出电梯第 2 次停留的最优位置,通过电梯第 2 次停留的位置可以迭代求出电梯第 3 次停留的位置,直到迭代求出最后 1 次电梯停留的位置,取其最小值即可。迭代公式如下:

$$m[i][j+1]=\min_{k=0}^{i}(m[k][j]-\text{floors\_walked}(k,\infty)+\text{floors\_walked}(k,i)+\text{floors\_walked}(i,\infty))$$

该公式表示第 i 层的第 $j+1$ 次停留的所有人步行总层数的最小值,可以通过第 k 层的第 j 次停留的所有人步行总层数的最小值进行迭代。如果最后一次停留在第 i 层,该停留影响了目标楼层超过 k 层的人群坐电梯的方案。首先减去目标楼层超过 k 层的人的步行层数总和 floors_walked(k,∞),代之以第 $j+1$ 次停留在第 i 层以后的步行层数总和,i 层以上目标楼层的人群可以选择在第 i 层乘坐电梯 floors_walked(i,∞),第 k~i 层的人群可以就近选择离目标楼层近的第 k 层或者第 i 层乘坐电梯 floors_walked(k,i)。而电梯第 j 次停留的楼层 k 一定比电梯第 $j+1$ 次停留的楼层 i 小,这样通过遍历电梯第 j 次停留小于 i 层的每个楼层,计算电梯第 $j+1$ 次停留在第 i 层所有人的步行层数总和,选择步行层数总和的最小值就是电梯第 $j+1$ 次停留在第 i 层的人群最小步行总层数。

假设每层楼恰好有对应层数的人数等电梯,第 1 层有 1 个人等电梯,第 2 层有 2 个人等电梯,第 3 层有 3 个人等电梯,以此类推,第 10 层有 10 个人等电梯,如图 6.26 所示。

图 6.26 公司的一次等电梯情况

目的是找到电梯的 3 次停留位置。接下来通过图例仔细讲解如何自下而上通过已知的停留楼层不断迭代求出下一次的停留楼层，最开始的时候需要初始化一个二维矩阵 $m[i][j]$，i 表示停留在第 i 层，j 表示巧好停留 j 次，$m[i][j]$ 表示所有人步行总层数的最小值。如果 j 是 0，表示电梯不停留在任何楼层，所有等电梯的人都需要走楼梯，即所有楼层的人群到第 0 层的步行层数之和，如图 6.27 所示。

	停留0次	停留1次	停留2次	停留3次
	385	-1	-1	-1
第1层	385	-1	-1	-1
第2层	385	-1	-1	-1
第3层	385	-1	-1	-1
第4层	385	-1	-1	-1
第5层	385	-1	-1	-1
第6层	385	-1	-1	-1
第7层	385	-1	-1	-1
第8层	385	-1	-1	-1
第9层	385	-1	-1	-1
第10层	385	-1	-1	-1

步行层数表

	停留0次	停留1次	停留2次	停留3次
	-1	-1	-1	-1
第1层	-1	-1	-1	-1
第2层	-1	-1	-1	-1
第3层	-1	-1	-1	-1
第4层	-1	-1	-1	-1
第5层	-1	-1	-1	-1
第6层	-1	-1	-1	-1
第7层	-1	-1	-1	-1
第8层	-1	-1	-1	-1
第9层	-1	-1	-1	-1
第10层	-1	-1	-1	-1

楼层停留表

图 6.27 步行层数表和楼层停留表初始化

如图 6.27 所示，行号表示停留的楼层，列号表示电梯停留的次数，$m[i][j]$ 表示第 j 次停留在第 i 层所有人步行总层数的最小值。$p[i][j]$ 表示第 j-1 次停留的楼层。首先初始化 j=0 的情况，表示电梯不停留在任何楼层，所有等电梯的人都需要走楼梯，即所有楼层的人群到第 0 层步行总层数为 1×1+2×2+3×3+4×4+5×5+6×6+7×7+8×8+9×9+10×10 =385。

（1）首先填写第一列表格，表格的第一列表示第 1 次停留在第 i 层所有人步行总层数的最小值，很明显就是所有楼层的人群到第 0 层或者第 i 层之间选择最短的距离。比如，填写表格 $m[1][1]$，表示第 1 次停留在第 1 层所有人步行总层数的最小值，其值为 1×2+2×3+3×4+4×5+5×6+6×7+7×8+8×9+9×10=330，第 2 层的 2 个人到第 1 层的距离是 1，第 3 层的 3 个人到第 1 层的距离是 2，以此类推，第 10 层的 10 个人到第 1 层的距离是 9。填写表格 $m[2][1]$，表示第 1 次停留在第 2 层所有人步行总层数的最小值，其值为 1×1+1×3+2×4+3×5+4×6+5×7+6×8+7×9+8×10=277。填写表格 $m[3][1]$，表示第 1 次停留在第 3 层所有人步行总层数的最小值，其值为 1×1+1×2+1×4+2×5+3×6+4×7+5×8+6×9+7×10=227，以此类推，可以求出表格 $m[i][1]$ 的所有值，如图 6.28 所示。

	停留0次	停留1次	停留2次	停留3次
	385	385	−1	−1
第1层	385	330	−1	−1
第2层	385	277	−1	−1
第3层	385	227	−1	−1
第4层	385	183	−1	−1
第5层	385	145	−1	−1
第6层	385	117	−1	−1
第7层	385	98	−1	−1
第8层	385	93	−1	−1
第9层	385	100	−1	−1
第10层	385	125	−1	−1

步行层数表

	停留0次	停留1次	停留2次	停留3次
	−1	0	−1	−1
第1层	−1	0	−1	−1
第2层	−1	0	−1	−1
第3层	−1	0	−1	−1
第4层	−1	0	−1	−1
第5层	−1	0	−1	−1
第6层	−1	0	−1	−1
第7层	−1	0	−1	−1
第8层	−1	0	−1	−1
第9层	−1	0	−1	−1
第10层	−1	0	−1	−1

楼层停留表

图 6.28 电梯第 1 次停留

（2）然后填写第二列表格，表格的第二列表示第 2 次停留在第 i 层所有人步行总层数的最小值，限于篇幅以第二列的第 3 层为例即表格 $m[3][2]$ 进行讲解，第二列其他值读者可以自行推导。根据迭代公式，得到 $m[3][2]$ 的迭代公式如下所示：

$$m[3][2]=\min_{k=0}^{3}(m[k][1]-\text{floors\_walked}(k,\infty)+\text{floors\_walked}(k,3)+\text{floors\_walked}(3,\infty))$$

计算：$m[0][1]-\text{floors\_walked}(0,\infty)+\text{floors\_walked}(0,3)+\text{floors\_walked}(3,\infty) =385-385+227=227$。

$m[0][1]$ 是 385，floors_walked$(0,\infty)$表示第 0 层以上的人需要到第 0 层的最小步行层数，是 385，floors_walked$(0,3)$表示第 0～3 层的人到第 0 层的最小步行层数，为 $1×1+1×2$，floors_walked$(3,\infty)$ 表示第 3 层以上的人到第 3 层坐电梯的最小步行层数，为 $1×4+2×5+3×6+4×7+5×8+6×9+7×10$，所以 floors_walked$(0,3)+$ floors_walked$(3,\infty)=227$。

计算：$m[1][1]-\text{floors\_walked}(1,\infty)+\text{floors\_walked}(1,3)+\text{floors\_walked}(3,\infty) =330-330+226=226$。

$m[1][1]$ 是 330，floors_walked$(1,\infty)$表示第 1 层以上的人到第 1 层坐楼梯的最小步行层数，是 330。floors_walked$(1,3)$表示第 1～3 层的人到第 0 层的最小步行层数，为 $1×2$，floors_walked$(3,\infty)$ 表示第 3 层以上的人到第 3 层坐电梯的最小步行层数，为 $1×4+2×5+3×6+4×7+5×8+6×9+7×10$，所以 floors_walked$(1,3)+$ floors_walked$(3,\infty)=226$。

计算：$m[2][1]-\text{floors\_walked}(2,\infty)+\text{floors\_walked}(2,3)+\text{floors\_walked}(2,\infty) =277-276+224=225$。

$m[2][1]$是 277,floors_walked(2,∞)表示的最小步行层数,2 层以上的人到第 2 层坐楼梯的最小步行层数,为 1×3+2×4+3×5+4×6+5×7+6×8+7×9+8×10,是 276。floors_walked(2,3)表示第 2、3 层的人到第 2 层或者第 3 层坐电梯的最小步行层数,为 0,floors_walked(3,∞)表示第 3 层以上的人到第 3 层坐电梯的最小步行层数,为 1×4+2×5+3×6+4×7+5×8+6×9+7×10,所以 floors_walked(2,3)+ floors_walked(3,∞)=224。

计算:$m[3][1]$-floors_walked(3,∞)+floors_walked(3,3)+floors_walked(3,∞)=227,$m[3][1]$ 是 227,-floors_walked(3,∞)+floors_walked(3,3)+floors_walked(3,∞)是 0。

所以 $m[3][2]$取上面 4 次计算的最小值 225,$p[3][2]$相应变为 2,表示上一次电梯停留的位置是第 2 层,按照刚才的策略依次填完 $m[i][2]$,如图 6.29 所示。

	停留0次	停留1次	停留2次	停留3次
	385	385	385	−1
第1层	385	330	330	−1
第2层	385	277	276	−1
第3层	385	227	225	−1
第4层	385	183	178	−1
第5层	385	145	137	−1
第6层	385	117	102	−1
第7层	385	98	75	−1
第8层	385	93	57	−1
第9层	385	100	52	−1
第10层	385	125	59	−1

步行层数表

	停留0次	停留1次	停留2次	停留3次
	−1	0	0	−1
第1层	−1	0	0	−1
第2层	−1	0	1	−1
第3层	−1	0	2	−1
第4层	−1	0	3	−1
第5层	−1	0	3	−1
第6层	−1	0	3	−1
第7层	−1	0	4	−1
第8层	−1	0	5	−1
第9层	−1	0	6	−1
第10层	−1	0	6	−1

楼层停留表

图 6.29 电梯第 2 次停留

(3)最后继续填写第三列表格,按照如下公式依次填写表格 $m[i][3]$。

$$m[i][3]=\min_{k=0}^{i}(m[k][2]-\text{floors\_walked}(k,\infty)+\text{floors\_walked}(k,i)+\text{floors\_walked}(i,\infty))$$

通过遍历上一次最优决策并增加其代价函数 $-\text{floors\_walked}(k,\infty)+\text{floors\_walked}(k,i)+\text{floors\_walked}(i,\infty)$ 找到该次电梯停留的最小步行层数,按照迭代公式依次填完 $m[i][3]$,如图 6.30 所示。

	停留0次	停留1次	停留2次	停留3次
第1层	385	385	385	385
第1层	385	330	330	330
第2层	385	277	276	276
第3层	385	227	225	224
第4层	385	183	178	176
第5层	385	145	137	133
第6层	385	117	102	97
第7层	385	98	75	68
第8层	385	93	57	48
第9层	385	100	52	37
第10层	385	125	59	36

步行层数表

	停留0次	停留1次	停留2次	停留3次
第1层	-1	0	0	0
第1层	-1	0	0	0
第2层	-1	0	1	1
第3层	-1	0	2	2
第4层	-1	0	3	3
第5层	-1	0	3	4
第6层	-1	0	3	5
第7层	-1	0	4	6
第8层	-1	0	5	6
第9层	-1	0	6	6
第10层	-1	0	6	7

楼层停留表

图 6.30　电梯第 3 次停留

通过上面的图解，相信大家对电梯优化算法已经有了了解，那么接下来我们进行实战编程。我们通过程序实现这个算法，来完成最开始老王要设计的智能电梯系统。智能电梯的动态规划算法完整代码如下。

```python
#每层等电梯的人数
stops = [0,1,2,3,4,5,6,7,8,9,10]

#previous 楼层和 current 楼层之间等电梯的人到 previous 和 current 楼层最小步行总层数
def floors_walked(previous , current):
    nsteps = 0 ;
    for i in range(len(stops)):
        if i > previous and i <= current:
            nsteps = nsteps + min(i - previous , current - i) * stops[i]

    return nsteps

def optimize_floors( nstops):
    MAXINT = 10000
    #初始化步行层数表和楼层停留表
    m = [ [-1] * (nstops + 1) for i in range(len(stops))]
    p = [[-1] * (nstops + 1) for i in range(len(stops))]
    for i in range(len(stops)):
        m[i][0] = floors_walked(0, MAXINT)
```

```
                p[i][0] = -1
        #遍历停留的次数
        for j in range(1,nstops+1):
                #遍历停留的楼层
                for i in range(len(stops)):
                        m[i][j] = MAXINT
                        for k in range(i+1):
                                #第i层的第j次停留的所有人步行总层数的最小值可以通过第k层的第j-1次停留的所
有人步行总层数的最小值进行迭代
                                cost = m[k][j-1] - floors_walked(k,MAXINT) + floors_walked(k,i) + floors_walked(i,MAXINT)
                                if cost < m[i][j] :
                                        #如果第k层的第j-1次所有人的步行总层数较小,则更新所有人步行总层数的最小
值和停留的楼层
                                        m[i][j] = cost
                                        p[i][j] = k
        laststop = 0
        #获取楼梯最后一次停留的所有人步行总层数的最小值
        for i in range(1,len(stops)):
                if m[i][nstops] < m[laststop][nstops]:
                        laststop = i
        return laststop,p,m

if __name__ == "__main__":
        laststop,p,m = optimize_floors(3)

        print("步行层数表")
        for i in range(len(m)):
                for j in range(len(m[i])):
                        print(m[i][j],end='\t')
                print()
        print("楼层停留表")
        for i in range(len(p)):
                for j in range(len(p[i])):
                        print(p[i][j], end='\t')
                print()
```

智能电梯的动态规划算法程序运行结果如图 6.31 所示。

可以发现,程序运行后获得的步行层数表和楼层停留表和图 6.30 最终的结果是一致的。我们已经成功地通过动态规划的方式设计了智能电梯的优化方案,老王终于可以不用忍受等电梯的痛苦了。接下来我们对程序重要的数据结构和方法进行讲解。

```
步行层数表
385  385  385  385
385  330  330  330
385  277  276  276
385  227  225  224
385  183  178  176
385  145  137  133
385  117  102  97
385   98   75  68
385   93   57  48
385  100   52  37
385  125   59  36
楼层停留表
-1   0    0    0
-1   0    0    0
-1   0    1    1
-1   0    2    2
-1   0    3    3
-1   0    3    4
-1   0    3    5
-1   0    4    6
-1   0    5    6
-1   0    6    6
-1   0    6    7
```

图6.31 智能电梯的动态规划算法程序运行结果

动态规划版的电梯优化首先需要初始化步行层数表和楼层停留表，第 0 列表示电梯不停留在任何楼层，所有等电梯的人都需要走楼梯，即所有楼层的人群到第 0 层的步行层数之和，1×1+2×2+3×3+4×4+5×5+6×6+7×7+8×8+9×9+10×10 =385。这样开始的时候初始化一个二维矩阵，第 0 列代表电梯不停留在任何楼层，所有等电梯的人都需要走楼梯，代码如下所示。

```
MAXINT = 10000
#初始化步行层数表和楼层停留表
m = [ [-1] * (nstops + 1) for i in range(len(stops))]
    p = [[-1] * (nstops + 1) for i in range(len(stops))]
    for i in range(len(stops)):
        m[i][0] = floors_walked(0, MAXINT)
        p[i][0] = -1
```

接下来就是填表格的过程，迭代公式如下：

$$m[i][j+1]=\min_{k=0}^{i}(m[k][j] - \text{floors\_walked}(k,\infty)+\text{floors\_walked}(k,i)+\text{floors\_walked}(i,\infty))$$

该公式表示第 i 层的第 $j+1$ 次停留的所有人步行总层数的最小值可以通过第 k 层的第 j 次停留的所有人步行总层数的最小值进行迭代。如果最后一次停留在第 i 层，该停留影响了目标楼

层超过 k 层的人群坐电梯的方案。首先减去目标楼层超过 k 层的人的步行层数总和 floors_walked(k,∞)，代之以第 j+1 次停留在第 i 层以后的步行层数总和，i 层以上的目标楼层的人群可以选择在第 i 层坐电梯 floors_walked(i,∞)，第 k～i 层的人群可以就近选择离目标楼层近的第 k 层或者第 i 层坐电梯 floors_walked(k,i)。这样通过遍历小于 i 层的所有楼层，选择一个最小代价就是第 i 层的第 j+1 次停留所有人步行总层数的最小值，代码如下。

```
#遍历停留的次数
for j in range(1,nstops+1):
    #遍历停留的楼层
    for i in range(len(stops)):
        m[i][j] = MAXINT
        for k in range(i+1):
            #第 i 层的第 j 次停留的所有人步行总层数的最小值可以通过第 k 层的第 j-1 次停留的所有人步行总层数的最小值进行迭代
            cost = m[k][j-1] - floors_walked(k,MAXINT) + floors_walked(k,i) + floors_walked(i,MAXINT)
            if cost < m[i][j] :
                #如果第 k 层的 j-1 次停留所有人步行总层数较小，则更新所有人步行总层数的最小值和停留的楼层
                m[i][j] = cost
                p[i][j] = k
```

然后获取楼梯最后一次停留的所有人步行总层数的最小值即可，该停留值表示整个楼梯最后一次应该停留的楼层，通过该值可以递归求出前面停留的楼层，代码如下所示。

```
laststop = 0
#获取楼梯最后一次停留的所有人步行总层数的最小值
for i in range(1,len(stops)):
    if m[i][nstops] < m[laststop][nstops]:
        laststop = i
```

既然已经知道电梯最后一次应该停留的层数，那么通过该层数如何求出电梯前几次停留的层数，指导电梯进行停留呢？记录电梯停留的信息存放在电梯停留表中，楼层停留表 $p[i][j]$ 表示 j-1 应该停留的楼层是 k，那么 $p[k][j$-1$]$ 就表示上上次应该停留的楼层数，重复递归，直到停留次数为 1 次为止。代码如下所示。

```
def reconstruct_path(p, lastfloor, stops_to_go):
    if stops_to_go > 1:
        reconstruct_path(p, p[lastfloor][stops_to_go], stops_to_go - 1)
    print("第%d 次停留在%d 层" % (stops_to_go,lastfloor))

if __name__ == "__main__":
    laststop,p,m = optimize_floors(3)
    reconstruct_path(p, laststop, 3)
```

电梯停留层数程序运行结果如图 6.32 所示。

```
第1次停留在4层
第2次停留在7层
第3次停留在10层
```

图 6.32　电梯停留层数程序运行结果

通过电梯最后一次停留的层数，依次递归求出电梯前几次停留的层数，验证了从最后一次的停留情况可以反推出上一次电梯应该停留层数的方法的正确性，这样通过该程序就可以完美知道电梯的整个停留路径，帮助公司的人免受等电梯之苦。

6.4　名字的相似度——最长公共子序列

不知道读者朋友是否喜欢读外国小说，有没有被外国小说的人名搞的七荤八素，和外国的人名不一样，中国人名简单易读，区别性很强，四个字的名字都比较少，大多数都是两个字或者三个字，如"郭靖""杨康"。外国人名又长又难记，并且大多数区别性不强，重复度很高，来来回回总是那几个词，如"路易""彼得""约翰""菲力普""查理""詹姆士"等。拿破仑二世是拿破仑的儿子，叫"弗朗索瓦·约瑟夫·夏尔·波拿巴"；拿破仑三世是拿破仑的侄子，叫"夏尔-路易-拿破仑·波拿巴"。

既然外国人的名字总是喜欢使用那几个特定的词语来回组装，那么读者有没有好奇他们名字之间的相似度有多少呢？

6.4.1　外国人名的相似度

老王最近热衷于阅读外国小说，但是被外国小说里又长又难记的人物名字搞得头昏脑涨。然而，老王发现外国人名有一个有趣的现象，就是非常相似，来来回回就是那几个词。作为一名算法爱好者，老王突发奇想，想设计一个算法比较两个名字的相似度，看看两个名字到底有多相似。

那么这里有一个核心问题，就是衡量两个名字相似度的指标是什么呢？以拿破仑二世的名字"弗朗索瓦·约瑟夫·夏尔·波拿巴"和拿破仑三世的名字"夏尔-路易-拿破仑·波拿巴"为例进行比较。为了方便说明问题，把名字中间的"·""-"字符去掉。

比较两个名字的相似度，很明显可以通过名字所含相同字符的个数进行判断，但是只判断字符是否相同是不行的，如"老王"和"王老"，字符是完全相同的，但是一点都不相似，还要判断字符的顺序是否一致，以"弗朗索瓦约瑟夫夏尔波拿巴"和"夏尔路易拿破仑波拿巴"这两个名字的相似度为例进行分析，两个名字的距离如表 6.5 所示。

表 6.5 "弗朗索瓦约瑟夫夏尔波拿巴"和"夏尔路易拿破仑波拿巴"的距离

弗	朗	索	瓦	约	瑟	夫	夏	尔					波	拿	巴
							夏	尔	路	易	拿	破	仑	波	拿	巴

通过表 6.5 可知,"弗朗索瓦约瑟夫夏尔波拿巴"和"夏尔路易拿破仑波拿巴"的相似度是 5,字符相同并且顺序一致的字符串是"夏尔波拿巴",这也与我们的认知是一致的。

6.4.2 考虑最后一个字符比较情况

比较两个名字的相似度,无非是对名字的最后一个字符做如下操作:

(1)如果两个名字的最后一个字符相同,那么相似度加 1,然后计算两个名字分别去掉最后一个字符的子字符串的相似度。

(2)如果两个名字的最后一个字符不相同,那么继续比较第一个名字和第二个名字去掉最后一个字符的子字符串的相似度,以及第二个名字和第一个名字去掉最后一个字符的子字符串的相似度,取两者中的较大值就是两个名字的相似度。

不断递归,直到两个名字中的某一个名字的字符串为空为止,表示没有名字可进行比较了,整个递推公式如下所示。

$$c[i][j] = \begin{cases} 0, & i=0 \text{ 或 } j=0 \\ c[i-1][j-1]+1, & i,j>0 \text{ 且 } x_i = y_j \\ \max(c[i][j-1], c[i-1][j]), & i,j>0 \text{ 且 } x_i \neq y_j \end{cases}$$

i 表示第一个名字的长度,j 表示第二个名字的长度,$c[i][j]$ 表示两个名字的相似度。

因为递归所执行的步骤太多,限于本书篇幅,以"我想"和"想听"这两个简单字符串的相似度为例进行讲解,"我想"和"想听"的递归树如图 6.33 所示。

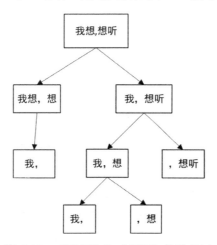

图 6.33 "我想"和"想听"的递归树

（1）首先对"我想"和"想听"这两个字符串的最后一个字符进行操作，因为"我想"的最后一个字符"想"和"想听"的最后一个字符"听"不相同，所以比较第一个字符串"我想"和第二个字符串去掉最后一个字符的子字符串"想"的相似度，以及第二个字符串"想听"和第一个字符串去掉最后一个字符的子字符串"我"的相似度，这时候相似度是 0，如图 6.34 所示。

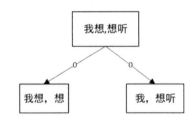

图 6.34　"我想"和"想听"的第一次递归

（2）然后分别对两个子字符串进行相似度比较，首先对第一次替换后的子字符串"我想"和"想"最后一个字符进行操作，因为"我想"的最后一个字符"想"和"想"的最后一个字符"想"相同，所以相似度加一，然后计算两个字符串分别去掉最后一个字符的子字符串的相似度。

对第二次替换后的子字符串"我"和"想听"最后一个字符进行操作，因为"我"和"想听"的最后一个字符"听"不相同，所以比较第一个字符串"我"和第二个字符串去掉最后一个字符的子字符串"想"的相似度，以及第二个字符串"想听"和第一个字符串"我"去掉最后一个字符的子字符串的相似度，这时候相似度是 0，如图 6.35 所示。

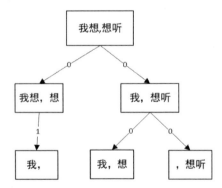

图 6.35　"我想"和"想听"的第二次递归

（3）当原字符串或者目标字符串为空时，停止递归，现在只剩下"我"和"想"这两个字符串不为空，因为"我"和"想"两个字符串的最后一个字符不相同，所以需要分别比较"我"和空字符串，以及"想"和空字符串的相似度，当然相似度依然是 0，如图 6.36 所示。

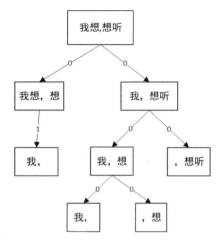

图 6.36 "我想"和"想听"的第三次递归

在每一层中选择一个最大的相似度表示当前原字符串和目标字符串的相似度依次返回即可,如图 6.37 所示。

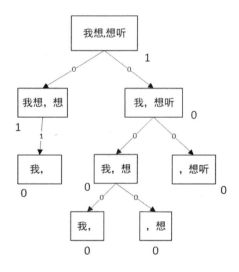

图 6.37 依次返回每一层最大的相似度

如图 6.37 所示,"我想"和"想听"这两个字符串的相似度是 1,因为"我想"的"想"和"想听"的"想"是相同的。

读者朋友通过上面的图解,对于给定的两个字符串应该可以分析给出其相似度。那么接下来进行实战编程,来比较两个人名到底有多相似。

```
def lcs(stra,strb):

    #stra 为空或者 strb 为空,相似度为 0
```

```python
    if stra == '' or strb == '':
        return 0
    elif stra[-1] == strb[-1]:
        #stra 最后一个字符和 strb 最后一个字符相同，相似度+1，c[i][j] = c[i-1][j-1] + 1
        return lcs(stra[:-1],strb[:-1]) + 1
    else:
        #比较 c[i][j-1]和 c[i-1][j]，max(c[i][j-1],c[i-1][j])
        lenA = lcs(stra[:-1], strb)
        lenB = lcs(stra,strb[:-1])
        if lenA > lenB:
            return lenA
        else:
            return lenB

if __name__ == "__main__":
    stra = "弗朗索瓦约瑟夫夏尔波拿巴"
    strb = "夏尔路易拿破仑波拿巴"
    print(lcs(stra,strb))
```

名字相似度算法程序运行结果如图 6.38 所示。

5

图 6.38　名字相似度算法程序运行结果

可以发现，程序的运行结果和表 6.5 的分析结果是一致的，相似度是 5。通过递归算法已经开发完成了两个名字的相似度算法。接下来对程序重要的数据结构和方法进行讲解。

如果两个名字的最后一个字符相同，那么相似度加 1，然后计算两个名字分别去掉最后一个字符的子字符串的相似度。如果两个名字的最后一个字符不相同，那么继续比较第一个名字和第二个名字去掉最后一个字符的子字符串的相似度，以及第二个名字和第一个名字去掉最后一个字符的子字符串的相似度，取两者中的较大值就是两个名字的相似度。不断递归，直到两个名字中的某一个名字的字符串为空，表示没有字符可进行比较了。

```python
#stra 为空或者 strb 为空，相似度为 0
if stra == '' or strb == '':
    return 0
elif stra[-1] == strb[-1]:
    #stra 最后一个字符和 strb 最后一个字符相同，相似度+1，c[i][j] = c[i-1][j-1] + 1
    return lcs(stra[:-1],strb[:-1]) + 1
else:
    #比较 c[i][j-1]和 c[i-1][j]，max(c[i][j-1],c[i-1][j])
    lenA = lcs(stra[:-1], strb)
    lenB = lcs(stra,strb[:-1])
    if lenA > lenB:
        return lenA
```

```
        else:
            return lenB
```

6.4.3 自下而上进行距离编辑

从图 6.37 的递归结果可以发现，在进行递归计算的时候会有大量的重复计算，这样会导致程序运行很慢，如果原字符串和目标字符串很长，程序会运行很久。对于递归过程中存在的大量重复计算，可以将这些计算结果在第一次计算以后就进行保存，下一次计算的时候直接调取保存的结果就可以了。

这个思想在讲解编辑距离时已经向读者介绍过了，利用动态规划的思想，通过已知字符串的相似度不断迭代求出未知字符串的相似度，通过空间换时间的方式提升执行效率。以前面要比较的两个名字"弗朗索瓦约瑟夫夏尔波拿巴"和"夏尔路易拿破仑波拿巴"为例通过图例进行仔细讲解。

可以发现图 6.37 的递归树的所有叶子结点要么是第一个字符串为空，要么是第二个字符串为空，这也是递归终止的条件。无论哪个字符串为空，都表示没有字符可以比较了。这样开始的时候初始化一个二维矩阵，第 0 行代表第一个字符串为空，第 0 列代表第二个字符串为空，表示没有字符可以比较，初始化为 0，如图 6.39 所示。

		夏	尔	路	易	拿	破	仑	波	拿	巴
	0	0	0	0	0	0	0	0	0	0	0
弗	0	0	0	0	0	0	0	0	0	0	0
朗	0	0	0	0	0	0	0	0	0	0	0
索	0	0	0	0	0	0	0	0	0	0	0
瓦	0	0	0	0	0	0	0	0	0	0	0
约	0	0	0	0	0	0	0	0	0	0	0
瑟	0	0	0	0	0	0	0	0	0	0	0
夫	0	0	0	0	0	0	0	0	0	0	0
夏	0	0	0	0	0	0	0	0	0	0	0
尔	0	0	0	0	0	0	0	0	0	0	0
波	0	0	0	0	0	0	0	0	0	0	0
拿	0	0	0	0	0	0	0	0	0	0	0
巴	0	0	0	0	0	0	0	0	0	0	0

相似度表

图 6.39 相似度表初始化

如图 6.39 所示，相似度表的数据表示行号字符串到列号字符串的相似度，用 c 表示。观察

图 6.37 的递归树的第二次递归的第一个分支，"我想"和"想"因为最后一个字符相同，所以相似度为在"我"和空字符串的相似度 0 的基础上加 1，所以"我想"和"想"的相似度是 1，即在 $x_i=y_j$ 的情况下 $c[i][j]=c[i-1][j-1]+1$。再观察递归树的第一次递归的左右两个分支，"我想"和"想听"因为最后一个字符不相同，所以需要比较"我想"和"想听"去掉最后一个字符的子字符串"想"，以及"我想"去掉最后一个字符的子字符串"我"和"想听"的相似度，取其最大值，因为"我想"和"想"的相似度是 1，比"我"和"想听"的相似度 0 大，所以"我想"和"想听"的相似度是 1，即在 $x_i \neq y_j$ 的情况下，$c[i][j]=\max(c[i][j-1],c[i-1][j])$。

（1）填写表格第 1 行，填写第 1 个单元格 $c[1][1]$，$c[1][1]$ 表示的是"弗朗索瓦约瑟夫夏尔波拿巴"的第 1 个字符"弗"和"夏尔路易拿破仑波拿巴"的第 1 个字符"夏"，很明显，这两个字符是不相同的，$c[1][1]=\max(c[1][0],c[0][1])$，如图 6.40 所示。

		夏	尔	路	易	拿	破	仑	波	拿	巴
	0	0	0	0	0	0	0	0	0	0	0
弗	0	0	0	0	0	0	0	0	0	0	0
朗	0	0	0	0	0	0	0	0	0	0	0
索	0	0	0	0	0	0	0	0	0	0	0
瓦	0	0	0	0	0	0	0	0	0	0	0
约	0	0	0	0	0	0	0	0	0	0	0
瑟	0	0	0	0	0	0	0	0	0	0	0
夫	0	0	0	0	0	0	0	0	0	0	0
夏	0	0	0	0	0	0	0	0	0	0	0
尔	0	0	0	0	0	0	0	0	0	0	0
波	0	0	0	0	0	0	0	0	0	0	0
拿	0	0	0	0	0	0	0	0	0	0	0
巴	0	0	0	0	0	0	0	0	0	0	0

相似度表

图 6.40 填写表格 $c[1][1]$

（2）继续将表格第 1 行的后序单元格 $c[1][j]$ 进行填写，$c[1][j]$ 表示的是"弗朗索瓦约瑟夫夏尔波拿巴"的第 1 个字符"弗"到"夏尔路易拿破仑波拿巴"前 j 个字符的相似度，很明显，相似度都是 0，为了节约篇幅，依次将"弗朗索瓦约瑟夫"的列全部填完，相似度都是 0，如图 6.41 所示。

（3）填写表格的第 8 行，填写第 1 个单元格 $c[8][1]$，$c[8][1]$ 表示的是"弗朗索瓦约瑟夫夏尔波拿巴"的前 8 个字符"弗朗索瓦约瑟夫夏"和"夏尔路易拿破仑波拿巴"的第 1 个字符"夏"的相似度，很明显，这两个字符串的最后一个字符是相同的，$c[8][1]=c[7][0]+1$，如图 6.42 所示。

图 6.41 依次将表格 c[1][j]到 c[7][j]填完

图 6.42 填写表格 c[8][1]

（4）将表格第 8 行的后序单元格 c[8][j]进行填写，c[8][j]表示的是"弗朗索瓦约瑟夫夏尔波拿巴"的前 8 个字符"弗朗索瓦约瑟夫夏"和"夏尔路易拿破仑波拿巴"的前 j 个字符所需要的编辑操作，很明显，c[i][j]=max(c[i][j-1],c[i-1][j])，相似度都是 1，如图 6.43 所示。

	夏	尔	路	易	拿	破	仑	波	拿	巴
	0	0	0	0	0	0	0	0	0	0
弗	0	0	0	0	0	0	0	0	0	0
朗	0	0	0	0	0	0	0	0	0	0
索	0	0	0	0	0	0	0	0	0	0
瓦	0	0	0	0	0	0	0	0	0	0
约	0	0	0	0	0	0	0	0	0	0
瑟	0	0	0	0	0	0	0	0	0	0
夫	0	0	0	0	0	0	0	0	0	0
夏	0	1	1	1	1	1	1	1	1	1
尔	0	0	0	0	0	0	0	0	0	0
波	0	0	0	0	0	0	0	0	0	0
拿	0	0	0	0	0	0	0	0	0	0
巴	0	0	0	0	0	0	0	0	0	0

相似度表

图 6.43 填写表格 $c[8][j]$

（5）填写表格第 9 行，为了节约篇幅，依次将第 9～12 行的列全部填完，原则就是如果 $x_i=y_j$，那么 $c[i][j]=c[i-1][j-1]+1$，如果 $x_i \neq y_j$，那么 $c[i][j]=\max(c[i][j-1],c[i-1][j])$，整个表完成后如图 6.44 所示。

	夏	尔	路	易	拿	破	仑	波	拿	巴
	0	0	0	0	0	0	0	0	0	0
弗	0	0	0	0	0	0	0	0	0	0
朗	0	0	0	0	0	0	0	0	0	0
索	0	0	0	0	0	0	0	0	0	0
瓦	0	0	0	0	0	0	0	0	0	0
约	0	0	0	0	0	0	0	0	0	0
瑟	0	0	0	0	0	0	0	0	0	0
夫	0	0	0	0	0	0	0	0	0	0
夏	0	1	1	1	1	1	1	1	1	1
尔	0	1	2	2	2	2	2	2	2	2
波	0	1	2	2	2	2	2	3	3	3
拿	0	1	2	2	3	3	3	3	4	4
巴	0	1	2	2	3	3	3	3	4	5

相似度表

图 6.44 填写完表格

通过上面的图解，相信大家对填表格的两个名字的相似度算法已经有了了解，那么接下来我们进行实战编程。我们要通过程序实现这个算法，来完成两个名字的相似度计算。相似度的动态规划算法完整代码如下。

```python
def lcs_dp(stra, strb):
    t = [([0] * (len(strb) + 1)) for i in range(len(stra) + 1)]
    for i in range(1, len(stra) + 1):
        for j in range(1, len(strb) + 1):
            #stra 最后一个字符和 strb 最后一个字符相同，相似度+1，c[i][j] = c[i-1][j-1] + 1
            if stra[i - 1] == strb[j - 1]:
                t[i][j] = t[i - 1][j - 1] + 1
            else:  # 不相同
                # 比较 c[i][j-1]和 c[i-1][j]，max(c[i][j-1],c[i-1][j])
                t[i][j] = max(t[i - 1][j], t[i][j - 1])
    print("相似度表")
    for dp_line in t:
        print(dp_line)
    return t[-1][-1]


if __name__ == "__main__":
    stra = "弗朗索瓦约瑟夫夏尔波拿巴"
    strb = "夏尔路易拿破仑波拿巴"
    dis = lcs_dp(stra, strb)
    print("相似度距离：%d" % dis)
```

相似度的动态规划算法程序运行结果如图 6.45 所示。

```
相似度表
[0, 0, 0, 0, 0, 0, 0, 0, 0, 0, 0]
[0, 0, 0, 0, 0, 0, 0, 0, 0, 0, 0]
[0, 0, 0, 0, 0, 0, 0, 0, 0, 0, 0]
[0, 0, 0, 0, 0, 0, 0, 0, 0, 0, 0]
[0, 0, 0, 0, 0, 0, 0, 0, 0, 0, 0]
[0, 0, 0, 0, 0, 0, 0, 0, 0, 0, 0]
[0, 0, 0, 0, 0, 0, 0, 0, 0, 0, 0]
[0, 0, 0, 0, 0, 0, 0, 0, 0, 0, 0]
[0, 1, 1, 1, 1, 1, 1, 1, 1, 1, 1]
[0, 1, 2, 2, 2, 2, 2, 2, 2, 2, 2]
[0, 1, 2, 2, 2, 2, 2, 2, 3, 3, 3]
[0, 1, 2, 2, 2, 3, 3, 3, 3, 4, 4]
[0, 1, 2, 2, 2, 3, 3, 3, 3, 4, 5]
相似度距离：5
```

图 6.45　相似度的动态规划算法程序运行结果

可以发现,程序运行后获得的相似度表和图 6.44 是一致的。我们已经成功地通过动态规划的方式比较了两个字符串的相似度。接下来我们对程序重要的数据结构和方法进行讲解。

动态规划版的相似度首先需要初始化相似度表,第 0 行代表第一个字符串为空,第 0 列代表第二个字符串为空,都表示没有字符可以比较,初始化为 0,代码如下所示。

```
t = [([0] * (len(strb) + 1)) for i in range(len(stra) + 1)]
```

接下来就是填表格的过程,如果两个名字的最后一个字符相同,那么相似度加 1,$c[i][j]=c[i-1][j-1]+1$,如果两个名字的最后一个字符不相同,那么比较第一个名字和第二个名字去掉最后一个字符的子字符串的相似度,以及第二个名字和第一个名字去掉最后一个字符的子字符串的相似度,取两者中的较大值作为两个名字的相似度,$c[i][j]=\max(c[i][j-1],c[i-1][j])$,代码如下所示。

```
for i in range(1, len(stra) + 1):
    for j in range(1, len(strb) + 1):
        #stra 最后一个字符和 strb 最后一个字符相同,相似度+1,c[i][j] = c[i-1][j-1] + 1
        if stra[i - 1] == strb[j - 1]:
            t[i][j] = t[i - 1][j - 1] + 1
        else:  # 不相同
            # 比较 c[i][j-1]和 c[i-1][j],max(c[i][j-1],c[i-1][j])
            t[i][j] = max(t[i - 1][j], t[i][j - 1])
```

第 7 章

回溯法

随着现代计算机的飞速发展,穷举法已经成为一个解决问题的有效途径。从理论上讲,只要待选解决方案是有限的,穷举法都是可以解决的,但是当待选解决方案很多,甚至最快的计算机也没有办法在有限的时间内完成待选方案的检查时,回溯法就是一个非常好的解决问题的途径。回溯法是对待选解决方案进行系统检查的方式之一,在搜索的过程中去除不必要的搜索,可以极大地减少程序的整个搜索时间,保证在有限的时间内找到问题的答案。

前面讲解过的图和树的深度遍历就使用了回溯法的思想。从一个结点出发,递归访问相邻的结点,如果该结点无法继续向下访问,就退回到上一个结点,继续访问,直到所有的结点被访问过。回溯法是一种万能的解决问题的途径,因为回溯法采用的是对待选解决方案进行系统检查的方式。

实际生活中有很多使用回溯法的例子,比如,找钥匙,人们在日常生活中往往会将钥匙随手一放,等到需要钥匙的时候就会在全屋寻找。通常我们找钥匙的策略:首先会在卧室里寻找,然后到客厅寻找,最后到厨房寻找。但是我们不会去屋顶寻找,因为我们知道钥匙肯定不会放到屋顶上面,这就是搜索过程中的剪枝。一旦学会了回溯法,无疑就掌握了一种求解问题的万能钥匙。

本章主要涉及的知识点如下。

- 现代计算机的福音——回溯法:回溯法可以对待选解决方案进行系统检查,会有较大的时间和空间开销,现代计算机的飞速发展使其成了一个有效解决问题的方法。
- 不能攻击的皇后——8 个皇后问题:通过国际象棋的 8 个皇后问题,学会使用回溯法摆放皇后。
- 绝望的小老鼠——迷宫中的小老鼠:通过一只小老鼠如何逃出迷宫的问题,学会使用回溯法系统地搜索出口。
- 再谈 0/1 背包问题:在贪心算法中讲解过背包问题,不过贪心算法的物品是可以分割的,这次的背包问题的物品是不可以分割的,使用贪心算法并不能得到最优解,学会使用回溯法进行系统的搜索从而得到最佳的背包策略。
- 再谈集装箱装载问题：在贪心算法中同样讲解过集装箱装载问题，不过贪心算法中只有一个搬家车，现在是两个搬家车要把所有的物品装完，学会使用回溯法进行系统的搜索从而装载所有的物品。

7.1 现代计算机的福音——回溯法

随着现代计算机的飞速发展，回溯法已经成为一个解决问题的有效途径。回溯法是一种万能的解决问题的途径，回溯法可以对待选解决方案进行系统的检查，掌握了回溯法，无疑就掌握了一种求解问题的万能钥匙。

7.1.1 让猴子打出《莎士比亚全集》

众所周知，相对于人类来说，动物的智力是极低的，动物在电脑上打字就很困难，更不要说打出莎士比亚的伟大著作。但是如果让一只猴子或者无数只猴子在打印机前随机按键，当按键时间达到无穷时，必然能够打出任何文字的组合，这个组合肯定也包括莎士比亚的著作。整个打字的可能组合如图 7.1 所示。

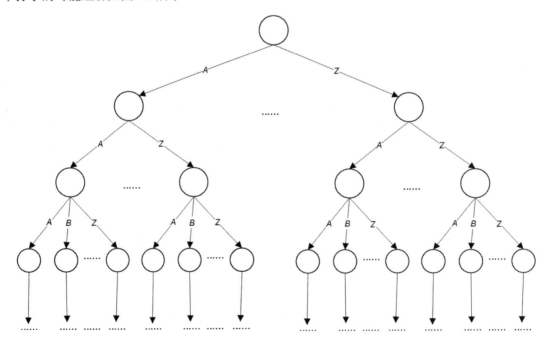

图 7.1　整个打字的可能组合

比如，每个人都知道莎士比亚的《哈姆雷特》的经典语录"to be or not to be that is a question"，打出这一句话的概率按照刚才的模型应该是 26^{28}，这么简单的一句话打出来的概率都这么低，更别说是一整本的《莎士比亚全集》了。概率小归小，但是终究是有概率的，把打字的时间无限延长，可能需要从宇宙开始延长到宇宙毁灭，只要猴子打字的时间够长，就没有什么是它打不出来的。

在无限长的打字过程中，猴子已经把全部字符的所有组合都遍历了一遍，而我们要打出的《莎士比亚全集》就是这些组合中的一种。在这个假设里，猴子是否能打出《莎士比亚全集》不重要，重要的是在对待选解决方案进行系统的检查以后，百分之百可以检查出正确的答案。因此，任何问题都可以采用回溯法进行求解，而回溯法需要考虑的重点应该是如何节省回溯过程中的时间和空间成本，毕竟在现实生活中，猴子打出一篇完整的文章的概率是 0。

7.1.2 一条路走到黑——深度遍历

对于深度遍历算法，读者朋友应该不陌生，因为前面讲解过的图和树的遍历算法就可以进行深度遍历。从一个结点出发，递归访问相邻的结点，如果该结点无法继续向下访问，就会退回到上一个结点，继续访问，直到所有的结点被访问过。通过图和树的深度遍历，读者朋友应该对深度遍历有了一个比较直观的认识。

回溯法是一种枚举所有待选解决方案的系统方案。它有一个一般性的算法框架，算法框架如下所示。

```
'''
:param a:解向量
:param k:构造的第 k 个解
:param n:目标解的长度
'''
def backtrack(a:list,k:int,n:int):
    if is_a_solution(a,k,n):
        process_solution(a,k,n)
    else:
        k = k + 1
        candidates = construct_candidates(a,k,n)
        for candidate in candidates:
            a[k] = candidate
            backtrack(a,k,n)
```

回溯法通常使用解向量 $a=(a_1,a_2,a_3,\cdots,a_n)$ 表示每一个待选解决方案，在回溯算法的操作步骤中，我们从一个给定的部分解 $a=(a_1,a_2,a_3,\cdots,a_k)$ 开始，然后逐渐在后面增加元素来扩展这个部分解，直到这个部分解扩展成为一个完整解为止。接下来对回溯法框架的具体函数进行讲解。

- is_a_solution(a,k,n)：该函数的目的是表示当前的解向量 a 是不是一个完整的解；

- process_solution(a,k,n)：该函数的目的是当一个完整解被构造出来以后，通过该函数对解进行处理；
- construct_candidate(a,k,n)：该函数的目的是根据解向量 *a* 的前 *k*-1 个元素值，构造第 *k* 个元素的所有候选值，通过列表 candidates 进行返回。

通过回溯法的算法框架可以看到，回溯法是一个深度递归的过程，而它的整个搜索过程可以使用树形象地表达出来，这棵树就是我们常说的解空间树，树的每层结点就是解向量中的元素，如图 7.2 所示。

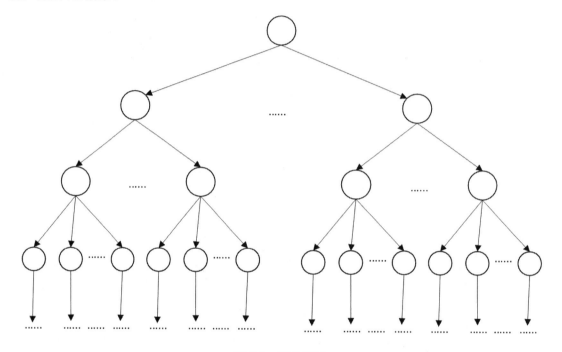

图 7.2　解空间树

我们在对解空间树进行搜索的过程中，如果 is_a_solution 为 False，表示当前解向量 *a* 不是一个完整的解，就必须检查这个部分解是否有可能扩展成为一个完整的解，如果有可能，就继续扩展树的结点进行搜索；如果没有可能，就搜索解空间树的其他分支，直到找到一个完整解为止，解空间树的整个搜索过程如图 7.3 所示。

整个解空间树的搜索过程和前面讲到的树的前序遍历如出一辙，不过读者朋友要注意，解空间树只是解空间的形象表示，并不是真的生成了一棵树，解空间树仅仅有利于对回溯法在搜索过程中的直观理解，可以直观地看到整个搜索空间的大小，整个回溯法的解还是以解向量的方式进行组织。

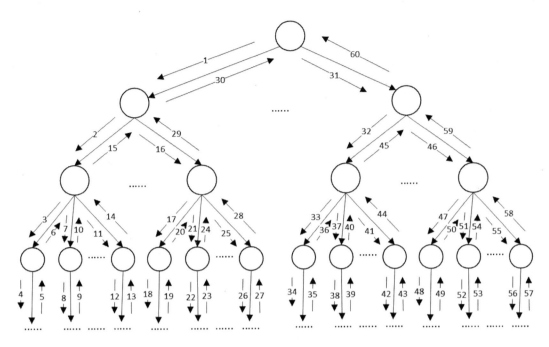

图 7.3 解空间树的整个搜索过程

7.1.3 乱花渐欲迷人眼——搜索中的剪枝

在实际生活中，为了提高果树结果质量，通常会对果树进行剪枝，剪掉树中没有营养的分支，使树的营养可以供给最需要的地方。而回溯法中也有剪枝的概念，因为回溯法的整个搜索过程和树的搜索是一样的，回溯法中的剪枝是剪掉不可行解，来减少搜索解空间树的复杂度，避免无效搜索，提高回溯法的搜索效率。剪枝函数设计得越好，回溯搜索效率就越高。回溯法中的剪枝如图 7.4 所示。

剪枝函数包括约束函数和限界函数，如果问题只是求可行解，那么只需要设置约束函数即可，如果问题是求解最优问题，则不但需要设置约束函数，还需要设置限界函数。

- 约束函数：使用约束函数剪掉不满足约束条件的分支；
- 限界函数：使用限界函数剪去得不到最优解的分支。

对于一个具体的问题，通过回溯法求解需要考虑如下两个问题。

（1）回溯法的解空间向量：回溯法的解组织形式是通过 $a=(a_1,a_2,a_3,\cdots,a_n)$ 向量进行表示的，因此使用回溯法需要定义好合适的解向量，解向量定义的好坏直接影响回溯法的算法效率。

（2）搜索中的剪枝：回溯法是一种深度优先遍历算法，搜索整个解空间的时间复杂度往往是不可忍受的，需要设计约束函数和限界函数，对无法得到可行解或者最优解的分支进行剪枝，不再进行不必要的搜索，提高回溯法的搜索效率。

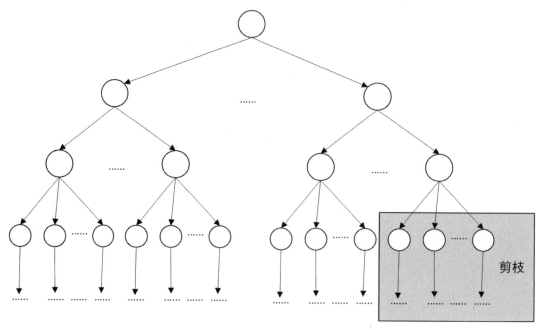

图 7.4 回溯法中的剪枝

7.2 不能攻击的皇后——8 个皇后问题

"马走日,象走田,卒子一去不回还"这是中国象棋的规则,那么读者朋友有听说过国际象棋吗?国际象棋中有一个很强大的棋子——皇后,可横着走、直着走,甚至斜着走。按照国际象棋的规则,皇后可以攻击同一行、同一列甚至同一斜线的棋子。现在换一个玩法,在一个 8×8 的棋盘上,放 8 个皇后,但是要保证 8 个皇后不能相互攻击,即 8 个皇后彼此不能在同一列、同一行和同一斜线上,怎样在棋盘上摆放 8 个皇后才能完成这个任务呢?

7.2.1 一山不容二虎

最近笔者接触了一个很好玩的游戏——国际象棋,国际象棋中有一个很强大的棋子——皇后,类似于中国象棋的车。皇后可以横着走、直着走,甚至斜着走,所以皇后可以攻击同一行、同一列和同一斜线的棋子,可以说是国际象棋中制胜的决定性力量。皇后的攻击范围如图 7.5 所示。

但是在中国会玩国际象棋的人毕竟是少数,笔者只好换了一个玩法,那就是在棋盘上摆皇后,8×8 的棋盘上可以摆放 8 个皇后,要保证 8 个皇后不能相互攻击,即 8 个皇后彼此不能在同一行、同一列和同一斜线上,8 个皇后问题的一个解如图 7.6 所示。

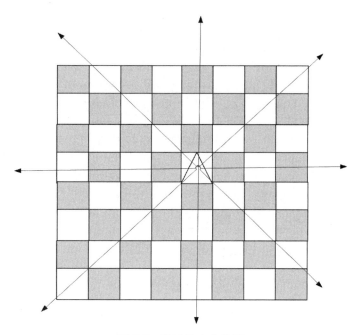

图 7.5　皇后的攻击范围

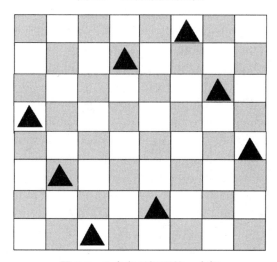

图 7.6　8 个皇后问题的一个解

如图 7.6 所示，棋盘上放置的 8 个皇后彼此不在同一行、同一列和同一斜线上，保证了彼此之间不能相互攻击，当然摆放并不止图 7.6 这一种方式，图 7.7 所示的是 8 个皇后的另一种摆放方式。

8×8 的棋盘摆放 8 个不能相互攻击的皇后，到底有多少种方式呢？读者朋友可以帮助笔者解决这个问题吗？

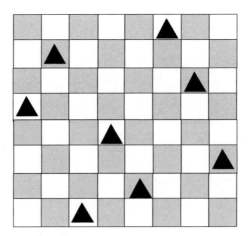

图 7.7　8 个皇后的另一种摆放方式

7.2.2　如何设计 8 个皇后的解向量

在实现 backtrack 回溯框架之前，首先需要设计 8 个皇后的解向量，一个最直观的想法就是根据棋盘的格子是否可以放棋子进行解向量的设计。对于 8×8 的棋盘，需要设计一个 64 位的解向量 $a=(a_1,a_2,a_3,\cdots,a_{64})$，$a_i$ 有两种取值 True 或者 False，True 代表该格子放置了 1 个皇后，False 代表该格子没有放置皇后。而整个 backtrack 回溯框架需要做的就是在这 64 个元素位置中找出其中 8 个元素位置并置为 True，8 个元素代表 8 个皇后，8 个皇后彼此不能在同一行、同一列和同一斜线上，要保证 8 个皇后不能相互攻击。图 7.6 的解转换成 64 位向量如图 7.8 所示。

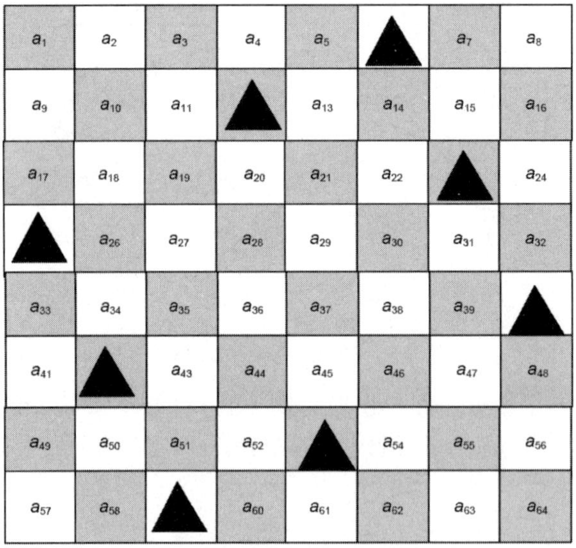

图 7.8　图 7.6 的解转换成 64 位向量

从图 7.8 可以看到，a_6、a_{12}、a_{23}、a_{25}、a_{40}、a_{42}、a_{53}、a_{59} 分别为 True 的时候是 8 个皇后问题的一个解。

这是一个合适的解向量表示方法吗？答案是否定的，因为对于这种表示方法，8×8 的棋盘需要构造 2^{64} 个不同的解向量，在构造的过程中可以使用剪枝策略缩小搜索的规模，但是搜索的时间复杂度也是不可忍受的，这种解向量的表示法搜索代价太高，那有没有一种更好的解向量表示方法呢？

因为 8 个皇后问题的最终解是 8 个皇后的摆放位置，所以使用 64 位解向量表示 8 个皇后的位置有点大材小用。正常来说，8 个皇后的摆放位置只需要使用 8 位解向量表示就足够了。$\boldsymbol{a}=(a_1,a_2,a_3,\cdots,a_8)$，$a_i$ 有 64 种取值，表示第 i 个皇后放置的格子编号，而整个 backtrack 回溯框架需要做的就是填满这 8 个位置，8 个元素代表 8 个皇后，8 个皇后彼此不能在同一行、同一列和同一斜线上，要保证 8 个皇后不能相互攻击。图 7.6 的解转换成 8 位向量（1）如图 7.9 所示。

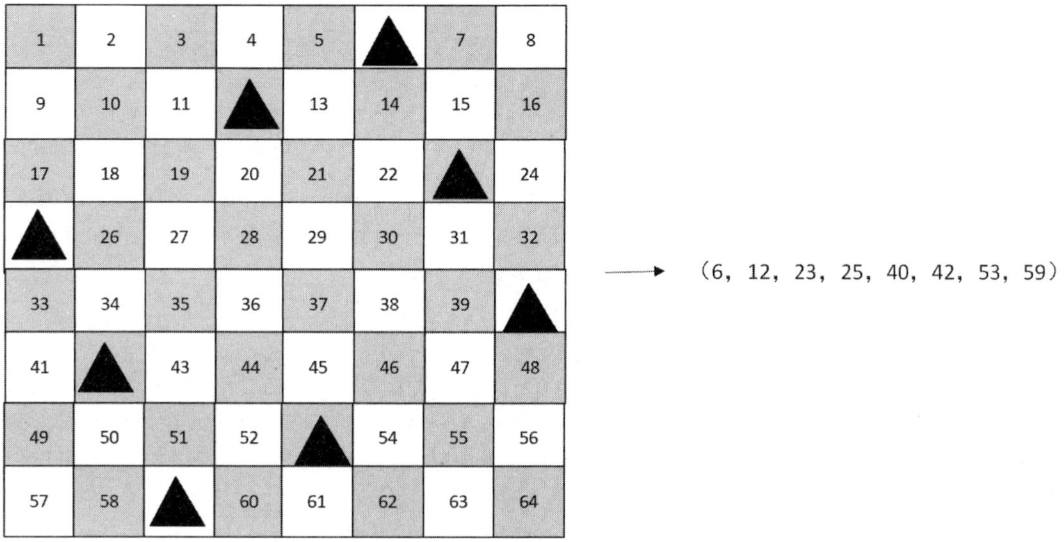

图 7.9　图 7.6 的解转换成 8 位向量（1）

从图 7.9 可以看到，（6，12，23，25，40，42，53，59）表示的向量是 8 个皇后问题的一个解。8×8 的棋盘需要构造 64 的 8 次方个不同的解向量，相对于上面的 64 位向量表示法是一个很大的改进，但是搜索的时间复杂度仍然是不可忍受的，还需要继续寻找更加合适的解向量表示方法。

解向量的元素个数肯定是无法再减少了，因为是 8 个皇后的摆放位置，所以肯定最少需要 8 位解向量进行表示 $\boldsymbol{a}=(a_1,a_2,a_3,\cdots,a_8)$。但是 a_i 这一次只有 8 种取值，不是 64 种取值，a_i 现在表示的是第 i 行放置的格子编号，而整个 backtrack 回溯框架需要做的也是填满这 8 个位置，8 个元素代表 8 个皇后，8 个皇后彼此不能在同一行、同一列和同一斜线上，要保证 8 个皇后不能相互攻击。图 7.6 的解转换成 8 位向量（2）如图 7.10 所示。

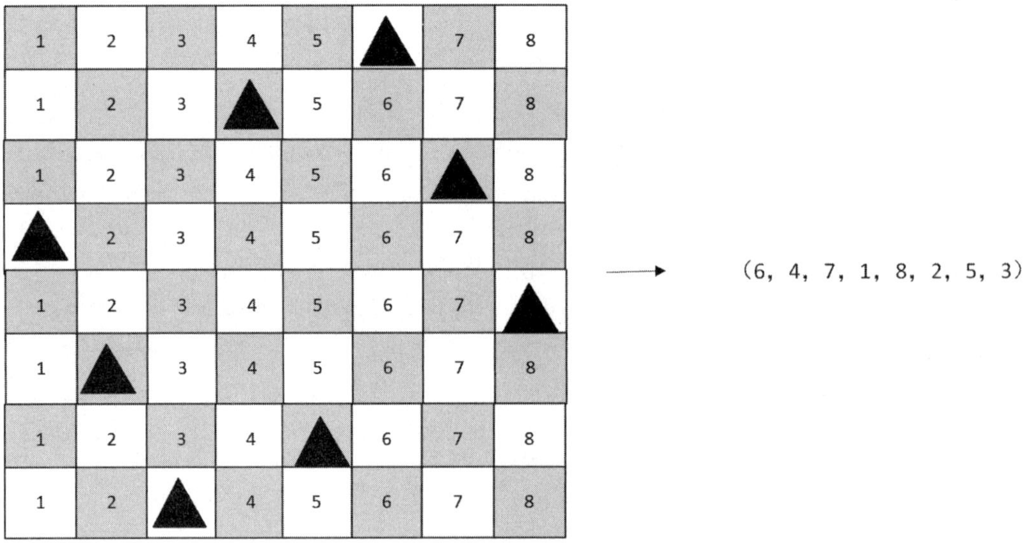

图 7.10　图 7.6 的解转换成 8 位向量（2）

从图 7.10 可以看到，（6，4，7，1，8，2，5，3）表示的向量是 8 个皇后问题的一个解。这种解向量表示方法对于 8×8 的棋盘需要构造 8 的 8 次方个不同的解向量，相对于上面的 64 的 8 次方个不同的解向量空间表示法是一个巨大的改进，通过这种向量表示法，回溯法的算法效率可以大幅度提升，搜索的时间复杂度可以用于解决实际的 8 个皇后问题。

7.2.3　搜索过程中的剪枝

因为 8 个皇后问题递归所执行的步骤太多，限于本书篇幅，以 4 个皇后的摆放为例进行讲解，在 4×4 的棋盘上摆放 4 个皇后，但是要保证 4 个皇后彼此不能在同一行、同一列和同一斜线上。

（1）搜索解向量（a_1，a_2，a_3，a_4）第 1 个皇后 a_1 的摆放位置。第 1 个皇后可以放置在第一行的任意位置，先考虑第 1 个皇后放在第一列，如图 7.11 所示。

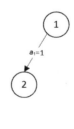

图 7.11　第 1 次搜索

(2)回溯法采用深度优先搜索,所以接下来搜索解向量(a_1, a_2, a_3, a_4)的第 2 个皇后 a_2 的摆放位置。因为第 1 个皇后放在第一列,所以第 2 个皇后不能放在第一列,如果放在第一列就和第 1 个皇后同列。第 2 个皇后也不能放在第二列,如果放在第二列就和第 1 个皇后同一斜线。所以第 2 个皇后放在第三列的位置上,如图 7.12 所示。

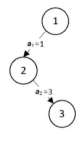

图 7.12 第 2 次搜索

(3)搜索解向量(a_1, a_2, a_3, a_4)第 3 个皇后 a_3 的摆放位置。因为第 1 个皇后放在第一列,所以第 3 个皇后不能放在第一列,如果放在第一列就和第 1 个皇后同列。因为第 2 个皇后放在第三列,所以第 3 个皇后不能放在第二列和第四列,如果放在第二列和第四列就和第 2 个皇后同斜线。也不能放在第三列,如果放在第三列就和第 2 个皇后同列,所以需要回溯到上个结点继续搜索,如图 7.13 所示。

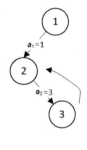

图 7.13 第 1 次回溯

(4)考虑解向量(a_1, a_2, a_3, a_4)第 2 个皇后 a_2 的摆放位置。上一次第 2 个皇后摆放在第三列,这一次第 2 个皇后摆放在第四列,如图 7.14 所示。

(5)搜索解向量(a_1, a_2, a_3, a_4)第 3 个皇后 a_3 的摆放位置。因为第 1 个皇后放在第一列,所以第 3 个皇后不能放在第一列,如果放在第一列就和第 1 个皇后同列。将第 3 个皇后放置在第二列符合条件,如图 7.15 所示。

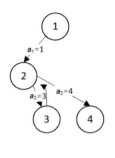

图 7.14　第 3 次搜索

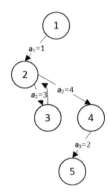

图 7.15　第 4 次搜索

（6）搜索解向量（a_1, a_2, a_3, a_4）第 4 个皇后 a_4 的摆放位置。因为第 1 个皇后放在第一列，所以第 4 个皇后不能放在第一列，如果放在第一列就和第 1 个皇后同列。因为第 3 个皇后放在第二列，所以第 4 个皇后不能放在第二列，如果放在第二列就和第 3 个皇后同列。第 4 个皇后也不能放在第三列，如果放在第三列就和第 3 个皇后同斜线。因为第 2 个皇后放在第四列，所以第 4 个皇后同样不能放在第四列，如果放在第四列就和第 2 个皇后同列，所以需要回溯到上个结点继续搜索。

上个结点第 3 个皇后已经放到了第二列，因为第 2 个皇后放在第四列，所以第 3 个皇后不能放到第三列，如果放在第三列就和第 2 个皇后同斜线。第 3 个皇后也不能放到第四列，如果放在第四列就和第 2 个皇后同列，所以需要回溯到上个结点继续搜索。

上个结点第 2 个皇后已经放到了第四列，已经无法继续进行搜索，所以需要继续回溯到上个结点进行搜索，如图 7.16 所示。

（7）搜索解向量（a_1, a_2, a_3, a_4）第 1 个皇后 a_1 的摆放位置。第 1 个皇后放在第二列，如图 7.17 所示。

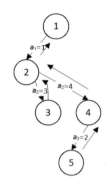

图 7.16 第 2 次回溯

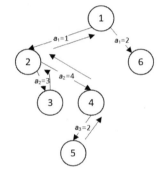

图 7.17 第 5 次搜索

(8) 搜索解向量 (a_1, a_2, a_3, a_4) 第 2 个皇后 a_2 的摆放位置。因为第 1 个皇后放在第二列，所以第 2 个皇后不能放在第一列，如果放在第一列就和第 1 个皇后同斜线。第 2 个皇后也不能放在第二列，如果放在第二列就和第 1 个皇后同一列。第 2 个皇后也不能放在第三列，如果放在第三列就和第 1 个皇后同一斜线，所以第 2 个皇后放在第四列的位置上，如图 7.18 所示。

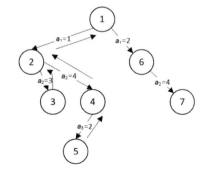

图 7.18 第 6 次搜索

（9）搜索解向量（a_1，a_2，a_3，a_4）第 3 个皇后 a_3 的摆放位置。第 3 个皇后摆放在第一列符合条件，直接放在第一列，如图 7.19 所示。

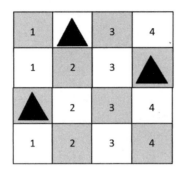
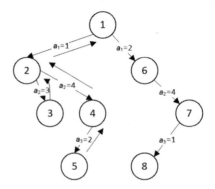

图 7.19 第 7 次搜索

（10）搜索解向量（a_1，a_2，a_3，a_4）第 4 个皇后 a_4 的摆放位置。因为第 3 个皇后放在第一列，所以第 4 个皇后不能放在第一列，如果放在第一列就和第 3 个皇后同列。第 4 个皇后也不能放在第二列，如果放在第二列就和第 3 个皇后同斜线。第 4 个皇后放在第三列恰好符合条件，不会和前面放置的 3 个皇后在同一行、同一列和同一斜线上，如图 7.20 所示。

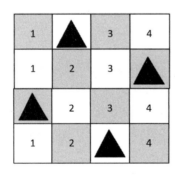
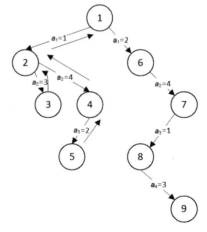

图 7.20 第 8 次搜索

（11）这样从开始搜索到现在，已经得到了一个 4 个皇后的摆放序列，那就是 {2,4,1,3}。接着继续搜索，因为第 2 个皇后放在第四列，所以第 4 个皇后不能放在第四列，如果放在第四列就和第 2 个皇后同列，所以需要回溯到上个结点继续搜索。

因为第 1 个皇后放在第二列，所以第 3 个皇后不能放在第二列，如果放在第二列就会和第 1 个皇后同列。因为第 2 个皇后在第四列，所以第 3 个皇后不能放在第三列，如果放在第三列，就会和第 2 个皇后同斜线。第 3 个皇后也不能放在第四列，如果放在第四列，就会和第 2 个皇后同列。所以需要回溯到上个结点继续搜索。

因为上个结点第 2 个皇后已经放到了第四列，已经无法继续进行搜索，所以需要继续回溯到上个结点进行搜索，如图 7.21 所示。

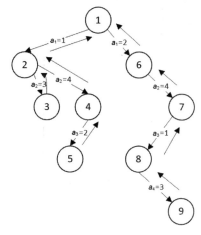

图 7.21　第 3 次回溯

（12）搜索解向量（a_1，a_2，a_3，a_4）第 1 个皇后 a_1 的摆放位置。第 1 个皇后放在第三列，如图 7.22 所示。

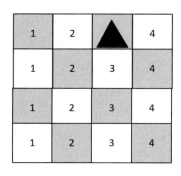
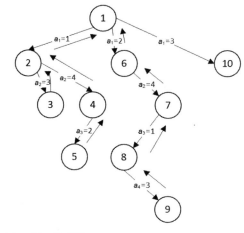

图 7.22　第 9 次搜索

（13）搜索解向量（a_1，a_2，a_3，a_4）第 2 个皇后 a_2 的摆放位置。第 2 个皇后摆放在第一列符合条件，直接摆放在第一列，如图 7.23 所示。

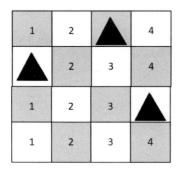
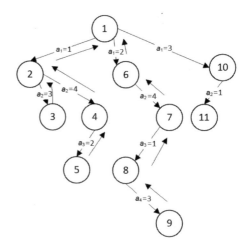

图 7.23 第 10 次搜索

（14）搜索解向量（a_1，a_2，a_3，a_4）第 3 个皇后 a_3 的摆放位置。因为第 2 个皇后放在第一列，所以第 3 个皇后不能放在第一列，如果放在第一列就和第 2 个皇后同列。第 3 个皇后也不能放在第二列，如果放在第二列就和第 2 个皇后同斜线。因为第 1 个皇后放在第三列，所以第 3 个皇后不能放在第三列，如果放在第三列就和第 1 个皇后同列。所以第 3 个皇后放在第四列符合条件，如图 7.24 所示。

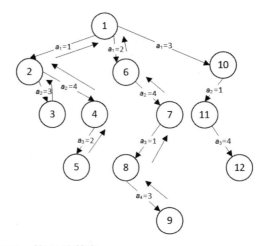

图 7.24 第 11 次搜索

（15）搜索解向量（a_1，a_2，a_3，a_4）第 4 个皇后 a_4 的摆放位置。因为第 2 个皇后放在第一列，所以第 4 个皇后不能放在第一列，如果放在第一列就和第 2 个皇后同列。第 4 个皇后放在第二列恰好符合条件，不会和前面放置的 3 个皇后在同一行、同一列和同一斜线上，如图 7.25 所示。

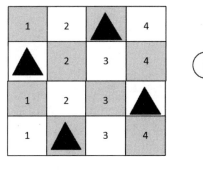
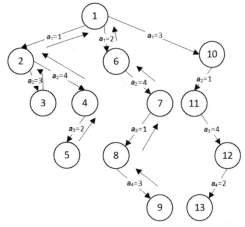

图 7.25　第 12 次搜索

（16）这样从开始搜索到现在，又得到了一个 4 个皇后的摆放序列，那就是{3,1,4,2}。接着继续搜索，因为第 3 个皇后放在第四列，所以第 4 个皇后不能放在第三列，如果放在第三列就和第 3 个皇后同斜线。第 4 个皇后也不能放在第四列，如果放在第四列就和第 3 个皇后同列，所以需要回溯到上个结点继续搜索。

因为上个结点第 3 个皇后已经放到了第四列，已经无法继续进行搜索，所以需要继续回溯到上个结点进行搜索。

因为第 1 个皇后在第三列，所以第 2 个皇后不能放在第二列，如果放在第二列就和第一个皇后在同一斜线上。第 2 个皇后同样不能放在第三列，如果放在第三列就和第 1 个皇后在同一列上。第 2 个皇后也不能放在第四列，如果放在第四列就和第 1 个皇后在同一斜线上，所以需要回溯到上个结点继续搜索，如图 7.26 所示。

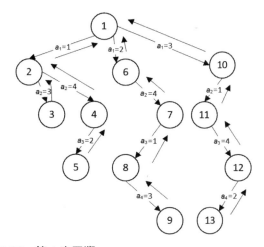

图 7.26　第 4 次回溯

（17）搜索解向量（a_1，a_2，a_3，a_4）第 1 个皇后 a_1 的摆放位置。第 1 个皇后放在第四列，如图 7.27 所示。

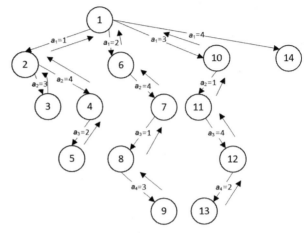

图 7.27　第 13 次搜索

（18）搜索解向量（a_1，a_2，a_3，a_4）第 2 个皇后 a_2 的摆放位置。第 2 个皇后放在第一列符合条件，如图 7.28 所示。

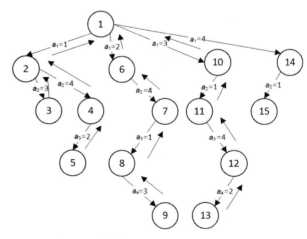

图 7.28　第 14 次搜索

（19）搜索解向量（a_1，a_2，a_3，a_4）第 3 个皇后 a_3 的摆放位置。因为第 2 个皇后放在第一列，所以第 3 个皇后不能放在第一列，如果放在第一列就和第 2 个皇后同列。第 3 个皇后不能放在第二列，如果放在第二列就和第 2 个皇后同斜线。第 3 个皇后放在第三列符合条件，如图 7.29 所示。

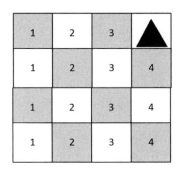
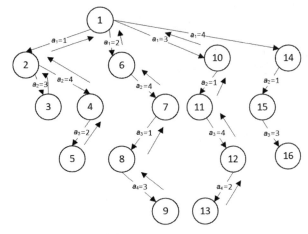

图 7.29　第 15 次搜索

（20）考虑解向量（a_1，a_2，a_3，a_4）第 4 个皇后 a_4 的摆放位置。因为第 2 个皇后放在第一列，所以第 4 个皇后不能放在第一列，如果放在第一列会和第 2 个皇后同列。第 3 个皇后放在第三列，所以第 4 个皇后不能放在第二列和第四列，如果放在第二列或者第四列就和第 3 个皇后同斜线。第 4 个皇后也不能放在第三列，如果放在第三列就和第 3 个皇后同列，所以需要回溯到上个结点继续搜索。

第 1 个皇后放在第四列，所以第 3 个皇后不能放在第四列，如果放在第四列就和第 1 个皇后同列，所以需要回溯到上个结点继续搜索，如图 7.30 所示。

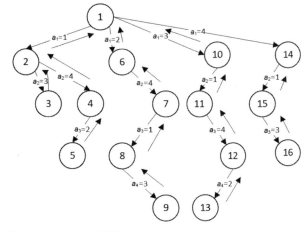

图 7.30　第 5 次回溯

（21）搜索解向量（a_1，a_2，a_3，a_4）第 2 个皇后 a_2 的摆放位置。将第 2 个皇后放置在第二列符合条件，如图 7.31 所示。

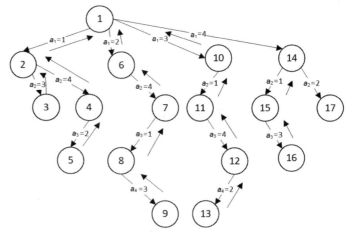

图 7.31　第 16 次搜索

（22）搜索解向量（a_1，a_2，a_3，a_4）第 3 个皇后 a_3 的摆放位置。因为第 2 个皇后放在第二列，所以第 3 个皇后不能放在第一列，如果放在第一列就和第 2 个皇后同斜线。第 3 个皇后不能放在第二列，如果放在第二列就和第 2 个皇后同列。第 3 个皇后也不能放在第三列，如果放在第三列就和第 2 个皇后同斜线。因为第 1 个皇后放在第四列，所以第 3 个皇后同样不能放在第四列，如果放在第四列就和第 1 个皇后同列，所以需要回溯到上个结点继续搜索。

第 1 个皇后放在第四列，所以第 2 个皇后不能放在第三列和第四列，如果放在第三列就和第 1 个皇后同斜线；如果放在第四列就和第 1 个皇后同列，所以需要回溯到上个结点继续搜索。

上个结点第 1 个皇后已经放到了第四列，已经无法继续进行搜索，所以整个回溯法搜索完毕，如图 7.32 所示。

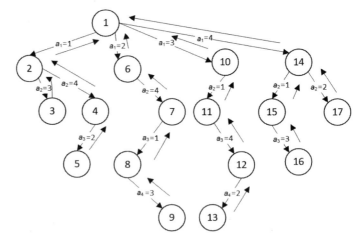

图 7.32　第 6 次回溯

通过上面的图解搜索，找到了 4 个皇后的两种摆放方式，分别是{2,4,1,3}和{3,1,4,2}。相信大家对通过回溯法求解 n 个皇后问题已经有了了解，那么接下来我们进行实战编程。我们要通过程序实现这个算法，来求解 8 个皇后的摆放方式，当然程序也支持任意 n 个皇后摆放问题的求解。8 个皇后问题的回溯算法完整代码如下。

```python
import math
'''
:param a:解向量
:param k:构造的第 k 个解
:param c:候选解
'''

solution_count:int = 0

def backtrack(a:list,k:int,n:int):
    global solution_count
    if n==k:
        solution_count = solution_count + 1
    else:
        k = k + 1
        candidates = construct_candidates(a,k,n)
        for candidate in candidates:
            a[k] = candidate
            backtrack(a,k,n)


def construct_candidates(a:list, k:int , n:int) -> list:
    candidates:list = []
    for i in range(1,n+1):
        legal = True
        for j in range(1,k):
            #k 代表构造当前解的行，j 代表已经构造解的行，a[j]代表已经构造解的列，
            i 代表构造当前解的列
            #斜线不能攻击
            if math.fabs(k-j) == math.fabs(i-a[j]):
                legal = False
            #同一列不能攻击
            if i == a[j]:
                legal = False
        if legal == True:
            candidates.append(i)
    return candidates

if __name__ == '__main__':
```

```
n = 8
a: list = [0] * (n+1)
backtrack(a,0,n)
print("%d 个皇后的摆放方式个数是：%d" %(n,solution_count))
```

8 个皇后问题的回溯算法程序运行结果如图 7.33 所示。

8个皇后的摆放方式个数是：92

图 7.33　8 个皇后问题的回溯算法程序运行结果

可以发现，8 个皇后的摆放方式可以多达 92 种，这如果通过人手方式去数需要很长时间，但是通过程序可以快速得出答案。接下来我们对程序重要的数据结构和方法进行讲解。

首先使用了前面介绍的 backtrack 框架，整个框架的代码如下所示。

```
def backtrack(a:list,k:int,n:int):
    global solution_count
    if n==k:
        solution_count = solution_count + 1
    else:
        k = k + 1
        candidates = construct_candidates(a,k,n)
        for candidate in candidates:
            a[k] = candidate
            backtrack(a,k,n)
```

在 8 个皇后问题中，当 k 等于 n 时就表示成功搜索到了一个解，is_a_solution 为 n==k，而对于解的处理 process_solution 函数就是简单地对解的个数进行累加 solution_count = solution_count + 1，当然也可以打印出解向量 a，可视化查看 8 个皇后的摆放策略。

而对于候选解的构造代码 construct_candidates 是 8 个皇后问题代码中最重要的函数，construct_candidates 构造 8 个皇后问题可能的候选解，如下所示。

```
def construct_candidates(a:list, k:int , n:int) -> list:
    candidates:list = []
    for i in range(1,n+1):
        legal = True
        for j in range(1,k):
            #k 代表构造当前解的行，j 代表已经构造解的行，a[j]代表已经构造解的列，
            i 代表构造当前解的列
            #斜线不能攻击
            if math.fabs(k-j) == math.fabs(i-a[j]):
                legal = False
            #同一列不能攻击
            if i == a[j]:
                legal = False
        if legal == True:
```

```
        candidates.append(i)
    return candidates
```

在摆放第 k 个皇后时，要考虑前 $k-1$ 个皇后的摆放位置，因为第 k 个皇后表示在第 k 行摆放，已经保证了皇后之间不可能在同一行，所以需要保证第 k 个皇后和前 $k-1$ 个皇后不能在同一列和同一斜线上，代码如下所示。

```
#k 代表构造当前解的行，j 代表已经构造解的行
#a[j]代表已经构造解的列，i 代表构造当前解的列
if math.fabs(k-j) == math.fabs(i-a[j]):
    legal = False
if i == a[j]:
    legal = False
```

7.3 绝望的小老鼠——迷宫中的小老鼠

如果有看过《最强大脑》的读者朋友，可能会对盲走迷宫那一期印象深刻。迷宫中每个房间都是六边形，六扇门中只有一扇门是正确的出口，挑战者从入口进入迷宫后，全程蒙着眼睛在迷宫中搜索路径直到找到出口，挑战者在迷宫中不断试错，若房间里面的门都打不开，表示是死路，挑战者需要根据记忆按原路径返回重新搜索，在不断的试错过程中，大脑记录下整个蜂巢路径。接下来我们模拟挑战者在迷宫中的路径搜索，找到迷宫入口到出口的正确路径，当然搜索的路径不是存储在大脑中，而是存储在计算机中。

7.3.1 上帝视角帮助小老鼠

老王最近看了一期《最强大脑》节目，被盲走迷宫挑战者的大脑记忆力深深折服。整个迷宫设计得非常复杂，由 127 个等边六边形组成，挑战者全程需要蒙着眼睛进入迷宫中进行搜索；迷宫中每个房间有六扇门，六扇门中只有一扇门是正确的出口，挑战者在迷宫中不断试错，若房间里面的门都打不开，则表示是死路，挑战者需要根据记忆按原路径返回重新搜索，在不断的试错过程中，大脑记录下整个蜂巢路径。

普通人不用说蒙着眼睛了，就是不蒙眼睛直接进入迷宫，能找到出口的概率也微乎其微。记忆力不够，技术来凑，虽然作为普通人的老王没有那么超强的记忆力，但是老王的计算机的记忆功力还是可以的，老王决定通过计算机来模拟挑战者在迷宫中的路径搜索，使用计算机记录搜索中的整个过程，并找到迷宫入口到出口的路径，老王设计的迷宫如图 7.34 所示。

老王设计的迷宫相对还是比较简单的，白色格子表示迷宫中的路，黑色格子表示迷宫中的墙，从入口进去以后只能沿着迷宫中的路进行搜索，可以在上下左右四个方向查找路径，这个迷宫很简单，基本上看一眼就可以给出入口到出口的正确路径，如图 7.35 所示。

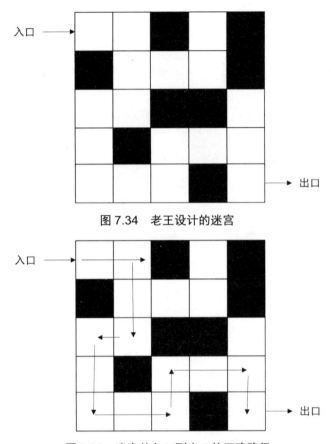

图 7.34 老王设计的迷宫

图 7.35 迷宫从入口到出口的正确路径

因为迷宫设计得比较简单，并且是上帝视角，所以可以一眼给出入口到出口的正确路径。现在我们假设一只小老鼠从入口进去了，小老鼠并没有整个迷宫的全局视野，那这只小老鼠需要不断地搜索和试错才能找到正确的路径。

7.3.2 小老鼠如何进行搜索

小老鼠进入一个陌生的迷宫后，开始小心翼翼地寻找出逃路径，为了方便描述小老鼠的搜索路径，将迷宫进行编号，如图 7.36 所示。

小老鼠从迷宫入口到迷宫出口的路径对应的是图中的格子（0，0）到格子（4，4）的路径。如果小老鼠当前位置的上下左右的 4 个格子都有路径，那么先搜索上面的格子，然后搜索下面的格子，再搜索左面的格子，最后搜索右面的格子。

（1）小老鼠从格子（0，0）开始搜索，因为格子（1，0）是墙，所以格子（0，0）只能扩展到格子（0，1），如图 7.37 所示。

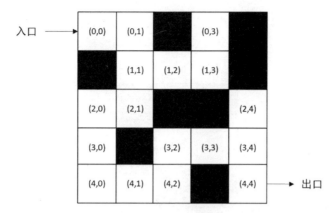

图 7.36 编号的迷宫

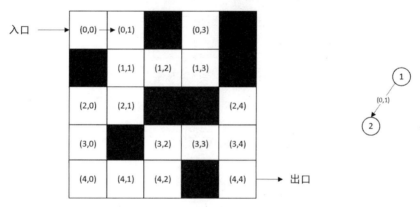

图 7.37 第 1 次搜索

（2）小老鼠从格子（0，1）继续搜索，因为格子（0，2）是墙，所以格子（0，1）只能扩展到格子（1，1），如图 7.38 所示。

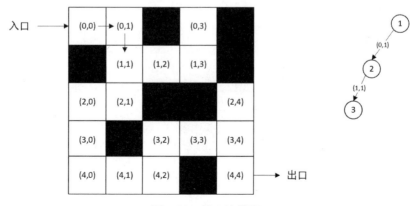

图 7.38 第 2 次搜索

（3）小老鼠从格子（1，1）继续搜索，小老鼠面临着两种选择，现在下面的格子（2，1）和右面的格子（1，2）都可以到达，小老鼠优先选择下面的格子（2，1）进行探索，如图 7.39 所示。

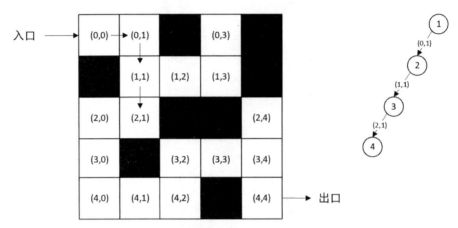

图 7.39　第 3 次搜索

（4）小老鼠进入到格子（2，1）以后，基本上每次都只有一种选择，小老鼠无须苦恼即可做出选择：

进入格子（2，1）以后，格子（2，2）和格子（3，1）都是墙，所以小老鼠只能进入格子（2，0）；

进入格子（2，0）以后，因为格子（1，0）是墙，所以小老鼠只能选择格子（3，0）继续进行搜索；

进入格子（3，0）以后，因为格子（3，1）是墙，所以小老鼠只能选择格子（4，0）继续搜索；

进入格子（4，0）以后，只能选择格子（4，1）继续搜索；

进入格子（4，1）以后，因为格子（3，1）是墙，所以小老鼠只能选择格子（4，2）继续搜索；

进入格子（4，2）以后，因为格子（4，3）是墙，所以小老鼠只能选择格子（3，2）继续搜索；

进入格子（3，2）以后，因为格子（3，1）和格子（2，2）都是墙，所以小老鼠只能选择格子（3，3）继续搜索；

进入格子（3，3）以后，因为格子（2，3）和格子（4，3）都是墙，所以小老鼠只能选择格子（3，4）继续搜索，如图 7.40 所示。

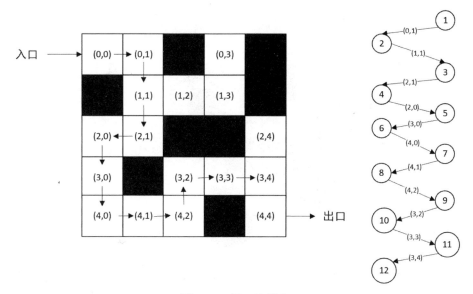

图 7.40　第 4 次搜索

（5）进入格子（3，4）以后，小老鼠面临着两种选择，现在上面的格子（2，4）和下面的格子（4，4）都可以到达，小老鼠优先选择上面的格子（2，4）进行探索，如图 7.41 所示。

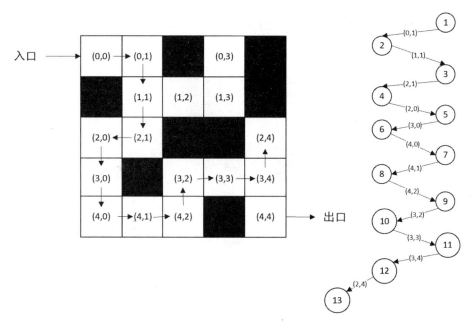

图 7.41　第 5 次搜索

（6）小老鼠从格子（2，4）继续搜索，发现是个死格子，左面的格子（2，3）和上面的格子

(1，4)都是墙，无法继续搜索，所以只能退回到上一个格子(3，4)继续搜索，如图7.42所示。

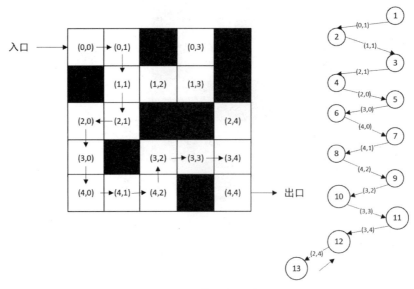

图 7.42　第 1 次回溯

（7）小老鼠退回到上一个格子（3，4）以后，因为上面的格子（2，4）已经搜索过了，所以小老鼠选择下面的格子（4，4）继续搜索，如图7.43所示。

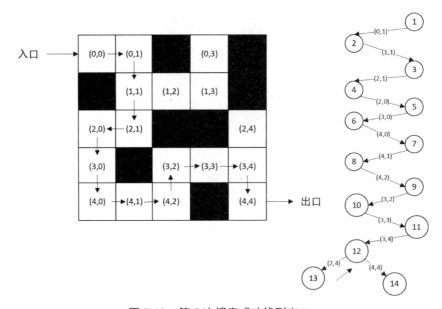

图 7.43　第 6 次搜索成功找到出口

（8）小老鼠成功地找到了迷宫的出口，整个出逃路径是(0,0)—(0,1)—(1,1)—(2,1)—(2,0)—(3,0)—(4,0)—(4,1)—(4,2)—(3,2)—(3,3)—(3,4)—(4,4)，和前面上帝视角所看到的出逃路径是一致的。但是因为还有格子（1，2）、（1，3）和（0，3）没有进行搜索过，所以不能确定整个迷宫是否还有其他路径能让小老鼠到达出口，小老鼠需要从格子（4，4）回溯到格子（1，1），如图 7.44 所示。

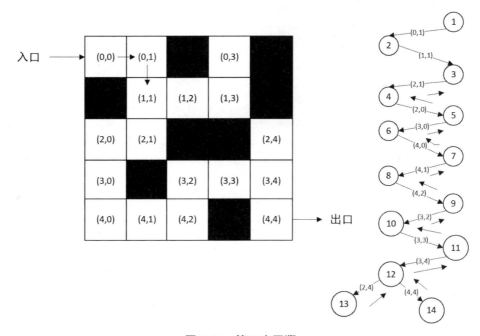

图 7.44　第 2 次回溯

（9）小老鼠又站在了格子（1，1）的位置上，因为下面的格子（2，1）已经搜索过了，并且成功地搜索到了一条出逃路径，现在开始搜索右边的格子（1，2），进入格子（1，2）以后，基本上每次都只有一种选择：

进入格子（1，2）以后，因为格子（0，2）和格子（2，2）都是墙，所以小老鼠只能选择格子（1，3）继续搜索；

进入格子（1，3）以后，因为格子（2，3）和格子（1，4）都是墙，所以小老鼠只能选择格子（0，3）继续搜索；

进入格子（0，3）以后，发现是个死格子，因为格子（0，2）和格子（0，4）都是墙，无法继续搜索。

因为整个迷宫所有的路径都被系统地搜索过了，所以小老鼠的出逃路径只有一条，那就是(0,0)—(0,1)—(1,1)—(2,1)—(2,0)—(3,0)—(4,0)—(4,1)—(4,2)—(3,2)—(3,3)—(3,4)—(4,4)，如图 7.45 所示。

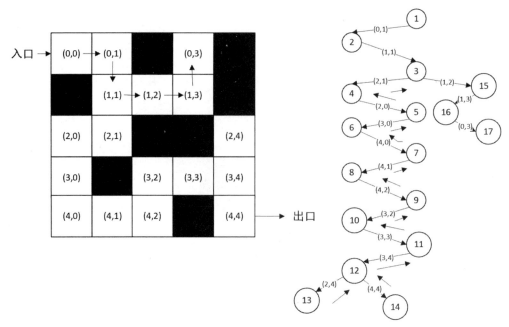

图 7.45　第 7 次搜索

7.3.3　小老鼠的出逃之路

通过上面的图解，相信读者对迷宫中的小老鼠的路径搜索已经有了了解，小老鼠在迷宫中进入一个格子以后，会优先搜索该格子上面的格子，然后搜索下面的格子，再搜索左面的格子，最后搜索右面的格子。如果进入的格子四个方向都无法搜索，则需要退回到上一个格子继续搜索，直到整个迷宫搜索完毕。小老鼠搜索迷宫的完整代码如下。

```python
def process_solution(maze:list, endr:int , endc:int):
    print("显示路径：");
    for row in range(endr+1):
        for col in range(endc+1):
            if maze[row][col] == 1:
                print("1",end='')
            elif maze[row][col] ==2:
                print( "2",end='');
            else:
                print("0",end='')
    print()

def backtrack(maze:list, row:int, col:int,endr:int, endc:int):
    if row==endr and col == endc:
        #找到出口
```

```
                process_solution(maze,endr,endc)
            else:
                # up direction,向上搜索
                if row > 0 and maze[row - 1][col] == 0:
                    maze[row - 1][col] = 2
                    backtrack(maze, row - 1, col, endr, endc)
                    maze[row - 1][col] = 0

                # down direction,向下搜索
                if row < endr and maze[row + 1][col] == 0:
                    maze[row + 1][col] = 2
                    backtrack(maze, row + 1, col, endr, endc)
                    maze[row + 1][col] = 0

                # left direction,向左搜索
                if col > 0 and maze[row][col-1] == 0:
                    maze[row][col-1] = 2
                    backtrack(maze,row, col - 1,endr,endc)
                    maze[row][col-1] = 0
                # right direction,向右搜索
                if col < endc and maze[row][col+1] == 0:
                    maze[row][col+1] = 2
                    backtrack(maze,row, col + 1,endr,endc)
                    maze[row][col+1] = 0

if __name__ == '__main__':
    maze = [[2, 0, 1, 0, 1],
            [1, 0, 0, 0, 1],
            [0, 0, 1, 1, 0],
            [0, 1, 0, 0, 0],
            [0, 0, 0, 1, 0]]

    endr = 4
    endc = 4
    backtrack(maze,0,0,endr,endc)
```

小老鼠搜索迷宫的程序运行结果如图 7.46 所示。

图 7.46　小老鼠搜索迷宫的程序运行结果

数字 2 代表小老鼠的行走路径，数字 0 代表迷宫中的路，数字 1 代表迷宫中的墙，可以发现程序的运行结果和图 7.43 一致。上面的程序实现了一个递归函数 backtrack，函数的参数 row 和 col 是当前小老鼠所在迷宫的行和列，然后小老鼠分别搜索迷宫的四个方向，首先向上搜索迷宫 backtrack(maze,row-1, col ,endr,endc)，然后向下搜索迷宫 backtrack(maze,row+1, col,endr,endc)，再向左搜索迷宫 backtrack(maze,row, col - 1,endr,endc)，最后向右搜索迷宫 backtrack(maze,row, col + 1,endr,endc)，代码如下所示。

```
# up direction，向上搜索
if row > 0 and maze[row - 1][col] == 0:
    maze[row - 1][col] = 2
    backtrack(maze, row - 1, col, endr, endc)
    maze[row - 1][col] = 0

# down direction，向下搜索
if row < endr and maze[row + 1][col] == 0:
    maze[row + 1][col] = 2
    backtrack(maze, row + 1, col, endr, endc)
    maze[row + 1][col] = 0

# left direction，向左搜索
if col > 0 and maze[row][col-1] == 0:
    maze[row][col-1] = 2
    backtrack(maze,row, col - 1,endr,endc)
    maze[row][col-1] = 0
# right direction，向右搜索
if col < endc and maze[row][col+1] == 0:
    maze[row][col+1] = 2
    backtrack(maze,row, col + 1,endr,endc)
    maze[row][col+1] = 0
```

如果当前小老鼠所在迷宫的行和列是迷宫的出口，表示小老鼠成功搜索出了一条出逃路径，代码如下所示。

```
if row==endr and col == endc:
    #找到出口
    process_solution(maze,endr,endc)
```

但是上面的程序并没有使用前面所讲的 backtrack 回溯框架，就好比考试的过程中有一套标准的解题思路不用，使用其他的非标准方法进行解题，往往这样的解题思路不容易使用和推广。接下来使用 backtrack 回溯框架帮助小老鼠搜索整个迷宫，代码如下所示。

```
def backtrack(a: list, k: int, maze: list, endr: int, endc: int):
    if a[k][0] == endr and a[k][1] == endc:
        #找到出口
        process_solution(maze,endr,endc)
    else:
```

```python
            k = k + 1
            candidates = construct_candidates(a, k, maze, endr, endc)
            for candidate in candidates:
                maze[candidate[0]][candidate[1]] = 2
                a.append(candidate)
                backtrack(a, k, maze, endr, endc)
                a.pop()
                maze[candidate[0]][candidate[1]] = 0


def construct_candidates(a: list, k: int, maze: list, endr: int, endc: int) -> list:
    candidates: list = []
    row = a[k - 1][0]
    col = a[k - 1][1]
    # up direction，向上搜索
    if row > 0 and maze[row - 1][col] == 0:
        candidates.append((row - 1, col))

    # down direction，向下搜索
    if row < endr and maze[row + 1][col] == 0:
        candidates.append((row + 1, col))
    # left direction，向左搜索
    if col > 0 and maze[row][col - 1] == 0:
        candidates.append((row, col - 1))
    # right direction，向右搜索
    if col < endc and maze[row][col + 1] == 0:
        candidates.append((row, col + 1))
    return candidates

def process_solution(maze:list, endr:int , endc:int):
    print("显示路径：");
    for row in range(endr+1):
        for col in range(endc+1):
            if maze[row][col] == 1:
                print("1",end='')
            elif maze[row][col] ==2:
                print( "2",end='');
            else:
                print("0",end='')
        print()

if __name__ == '__main__':
    maze = [[2, 0, 1, 0, 1],
            [1, 0, 0, 0, 1],
```

```
                [0, 0, 1, 1, 0],
                [0, 1, 0, 0, 0],
                [0, 0, 0, 1, 0]]

    endr = 4
    endc = 4
    a: list = [(0, 0)]
    backtrack(a, 0, maze, endr, endc)
```

首先使用了前面介绍的 backtrack 框架，整个框架的代码如下所示。

```
 def backtrack(a: list, k: int, maze: list, endr: int, endc: int):
if a[k][0] == endr and a[k][1] == endc:
        #找到出口
        process_solution(maze,endr,endc)
    else:
        k = k + 1
        candidates = construct_candidates(a, k, maze, endr, endc)
        for candidate in candidates:
            maze[candidate[0]][candidate[1]] = 2
            a.append(candidate)
            backtrack(a, k, maze, endr, endc)
            a.pop()
            maze[candidate[0]][candidate[1]] = 0
```

在迷宫问题中，当小老鼠所在的行和列是迷宫的出口位置时就表示成功搜索到了一个解。is_a_solution 为 a[k][0] == endr and a[k][1] == endc，而对于解的处理 process_solution 函数就是简单地对整个迷宫进行打印，可视化小老鼠的出逃路线。

而对于候选解的构造代码 construct_candidates 是迷宫代码中最重要的函数，construct_candidates 构造小老鼠搜索迷宫可能的候选解，如下所示。

```
    def construct_candidates(a: list, k: int, maze: list, endr: int, endc: int) -> list:
        candidates: list = []
        row = a[k - 1][0]
        col = a[k - 1][1]
        # up direction，向上搜索
        if row > 0 and maze[row - 1][col] == 0:
            candidates.append((row - 1, col))

        # down direction，向下搜索
        if row < endr and maze[row + 1][col] == 0:
            candidates.append((row + 1, col))
        # left direction，向左搜索
        if col > 0 and maze[row][col - 1] == 0:
            candidates.append((row, col - 1))
        # right direction，向右搜索
        if col < endc and maze[row][col + 1] == 0:
```

```
            candidates.append((row, col + 1))
        return candidates
```

在搜索第 k 个格子的时候,要参考小老鼠在第 k-1 个格子的搜索位置。同样地,小老鼠分别搜索迷宫的四个方向,首先构造向上搜索迷宫 candidates.append((row - 1, col)) 的候选解,然后构造向下搜索迷宫 candidates.append((row + 1, col)) 的候选解,再构造向左搜索迷宫 candidates.append((row, col - 1)) 的候选解,最后构造向右搜索迷宫 candidates.append((row, col + 1)) 的候选解。

7.4 再谈 0/1 背包问题

在第 2 章的贪心算法中介绍过背包问题,在贪心算法的背包问题中装的物品是沙子,并且最终要保证背包中的物品价值是最大的。沙子是可以分割的,所以可以按照单位价值最大的贪心策略装满背包。这一次对该背包问题进行改进,需要装载的物品是不可以分割的,要么放进背包,要么不放进背包,只有这两种选择,我们把这种问题叫作"0/1 背包问题"。对于 0/1 背包问题,如果使用贪心算法还可以找到装载背包的最优策略吗?如果使用贪心算法找不到,那么还有没有其他的方法可以找到最优的解吗?

7.4.1 背包问题回顾

假设你是这伙海盗的首领,在贪心算法章节中,你带着大家辛辛苦苦、冒着生命的危险来到了生产沙子的小岛,在经过内部激烈的讨论后,最终按照单位价值最大的贪心策略将沙子装满小船,将沙子的价值最大化,赚了笔不小的财富。

很快地,通过沙子赚的钱花完了,这一次你又带着大家开启了冒险之旅,很幸运,这一次在岛上发现了一个宝藏,宝藏是三颗钻石,分别是钻石 A、钻石 B 和钻石 C,其质量分别是 20、30、10,对应的总价值分别为 60、120、50,钻石 B 虽然总价值最高,但是质量也最大,钻石 C 最轻,总价值也最少。我们的小船可以装钻石的质量依然是 50。应该按照怎样的策略来装载钻石才能保证小船运送的钻石价值最大呢?

7.4.2 还可以使用贪心算法求解吗

在第 2 章贪心算法中,使用了贪心算法求解背包问题,通过贪心单位价值最大的沙子装满小船,从而保证小船运送的沙子价值最大,那么同样的贪心策略适用于不可分割的钻石搬运吗?

因为钻石的个数也不是很多,我们就直接分析装船策略好了。对于每颗钻石只有两种选择,要么放入船中被运走,要么不放入船中。当然最理想的情况是小船没有承重的限制,直接将三颗钻石全部运走,理想很丰满,但现实很骨感,小船的极限承重是 50,而三颗钻石的总质量是 60,所以不可能把所有的钻石都装到船上。我们使用"False"表示钻石不被放到船上,用"True"

表示钻石被放到船上。对于只有三个钻石的情况，一共有 8 种装船方式，分别是 { False，False，False }、{ False，False，True }、{ False，True，False }、{ False，True，True }、{ True，False，False }、{ True，False，True }、{ True，True，False }、{ True，True，True }。

（1）第一种情况 { False，False，False }：表示三颗钻石都不被放到船上，船上钻石的总质量是 0，总价值是 0；

（2）第二种情况 { False，False，True }：表示只有第三颗钻石被放到了船上，前两颗钻石都没有被放到船上，船上钻石的总质量是 10，总价值是 50；

（3）第三种情况 { False，True，False }：表示只有第二颗钻石被放到了船上，第一颗和第三颗钻石没有被放到船上，船上钻石的总质量是 30，总价值是 120；

（4）第四种情况 { False，True，True }：表示第二颗和第三颗钻石被放到了船上，第一颗钻石没有被放到船上，船上钻石的总质量是 40，总价值是 170；

（5）第五种情况 { True，False，False }：表示只有第一颗钻石被放到了船上，第二颗和第三颗钻石都没有被放到船上，船上钻石的总质量是 20，总价值是 60；

（6）第六种情况 { True，False，True }：表示第一颗钻石和第三颗钻石被放到了船上，第二颗钻石没有被放到船上，船上钻石的总质量是 30，总价值是 110；

（7）第七种情况 { True，True，False }：表示第一颗钻石和第二颗钻石被放到了船上，第三颗钻石没有被放到船上，船上钻石的总质量是 50，总价值是 180；

（8）第八种情况是 { True，True，True }：表示全部钻石都被放到船上，全面分析过，小船的极限承重只有 50，而所有钻石的质量之和是 60，所以第八种情况不存在。

我们枚举了小船装载钻石所有可能的情况，通过比较发现，第七种情况在小船的承重范围之内，船上钻石的总价值最大，如图 7.47 所示。

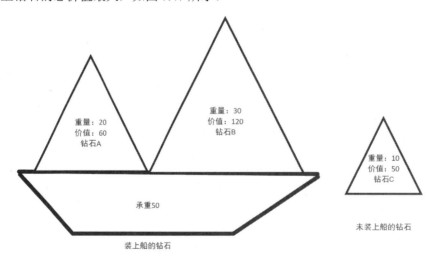

图 7.47　装船策略

已经知道了三颗钻石的最佳装船策略是第一颗钻石和第二颗钻石被放到船上运走，第三颗钻石留下。接下来通过第 2 章的贪心算法按照单位价值最大的贪心策略装满小船验证贪心算法能否得到最优装载方案。

钻石 A 的质量是 20，价值是 60，那么钻石 A 的单位价值是 3；钻石 B 的质量是 30，价值是 120，那么钻石 B 的单位价值是 4；钻石 C 的质量是 10，价值是 50，那么钻石 C 的单位价值是 5。按照单位价值贪心应该是首先装载钻石 C，然后装载钻石 B，最后装载钻石 A，当然如果装载钻石 A 就超过了小船的承重，所以通过贪心算法的装载策略是第二颗和第三颗钻石被放到船上运走，第一颗钻石留下，即第 4 种情况{False, True, True }，船上钻石的总价值是 170。

可以发现，通过贪心策略没有得到最优的装载方案，主要是因为贪心算法章节中的背包问题装载的物品是沙子，沙子是可以分割的，而这一次的背包问题装载的物品是钻石，钻石是不可以分割的。

虽然使用贪心算法没有得到最优的装载方案，但是其给出的装载方案的总价值也高达了 170，所以说贪心算法有时候可能不会得到最优解，但是会给出最优解附近的近似解。如果要精确获得最优解，贪心算法便不可以采用了，那么有没有其他的解决方案呢？

7.4.3 通过搜索求解背包问题

通过列举三颗钻石运载方案的所有情况，系统地比较了 8 种方案小船运载钻石的总价值，选择其中一个最优的运载方案作为最终的装船策略，是不是嗅到了一种回溯法的味道。当然例子中只有三颗钻石，搜索空间一共也就 8 种，如果现在有 n 颗钻石，那么就有 2^n 种可能性。我们使用解向量 $\boldsymbol{a}=(a_1,a_2,a_3,\cdots,a_n)$ 表示钻石的状态，每个 a_i 表示第 i 颗钻石，每颗钻石只有两种取值 False 和 True，使用 "False" 表示钻石不被放到船上，用 "True" 表示钻石被放到船上，整个回溯法的解空间树如图 7.48 所示。

这样的时间复杂度对于回溯法肯定是不可行的，所以在回溯的过程中还需要剪枝。回溯法求解最优问题包括两种剪枝：约束函数和限界函数。

约束函数：因为小船有极限承重，所以不可能将所有钻石都装到船上，如果该钻石装上船以后超出了小船的承重，就表示为不可行解；如果该钻石装上船以后没有超出小船的承重，就表示为可行解，该条件会对解空间树的左子树进行剪枝。

限界函数：限界函数会剪去得不到最优解的分支，对于本书的例子，如果当前分支装船方案的钻石价值小于已经找到的装船方案的钻石价值，那么就没必要对该分支进行搜索。因为后面结点的钻石装载状态不知道，所以采用估计值确定当前分支装船方案的钻石总价值，假设后面结点的钻石全部可以装载上船。如果当前已经装载在船上的钻石价值加上后面剩余钻石的总价值还小于已经找到的装船方案的钻石价值，那么就没必要继续搜索。该条件会对解空间树的右子树进行剪枝。

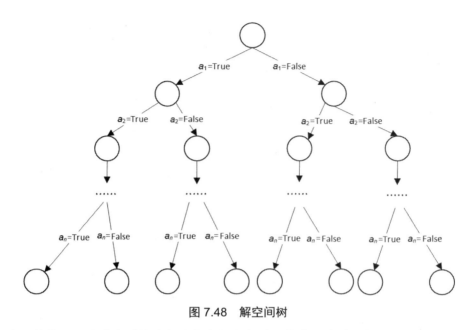

图 7.48　解空间树

现在开始使用回溯法来系统地帮助海盗们进行钻石装载方案的选择。

（1）首先判断钻石 A 是否被放入小船中，钻石 A 的质量是 20，价值是 60，小船的承重是 50，所以钻石 A 有两种选择，一种是被放入船中，一种是不被放入船中。先考虑钻石 A 被放入船中的情况，如图 7.49 所示。

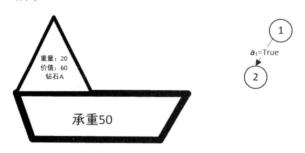

图 7.49　钻石 A 被放入船中

（2）继续判断钻石 B 是否被放入小船中，钻石 B 的质量是 30，价值是 120，小船的承重是 50，如果钻石 B 被放入船中，船上钻石的质量就是钻石 A 和钻石 B 的总质量为 50，当然钻石 B 也可以选择不被放入船中。先考虑钻石 B 被放入船中的情况，如图 7.50 所示。

（3）继续判断钻石 C 是否被放入小船中，钻石 C 的质量是 10，价值是 50，小船的承重是 50，如果钻石 C 被放入船中，船上钻石的质量就是钻石 A、钻石 B 和钻石 C 的总质量为 60，超过了小船的极限承重，所以不能继续扩展左子树，即通过约束函数对左子树进行剪枝，（True，True，True）这种情况直接被剪掉了，如图 7.51 所示。

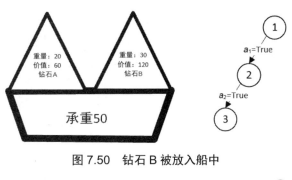

图 7.50　钻石 B 被放入船中

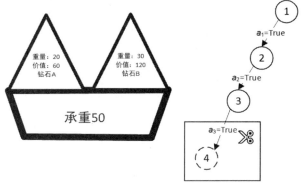

图 7.51　剪枝左子树

（4）钻石 C 选择不被放入船中，则得到了第一个装船策略，第一颗和第二颗钻石被放入船中，第三颗钻石不被放入船中，船上钻石的总质量是 50，总价值是 180，对应的装船情况是（True，True，False），如图 7.52 所示。

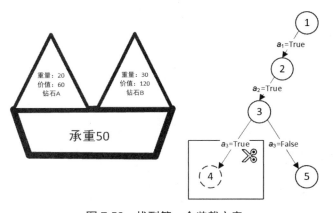

图 7.52　找到第一个装载方案

（5）因为没有其他钻石可以装载了，所以回溯到上一个结点，考虑钻石 B 不被放入小船的情况。如果钻石 B 不被放入小船中，当前船上只有钻石 A，船上钻石的价值为 60，假设剩余的钻石，即钻石 C 也被放入船上，其总价值是钻石 A 和钻石 C 的总价值为 110，小于已经找到的（True，True，False）装载策略的钻石总价值 180，所以当前结点不能继续扩展右子树，即通过限界函数对右子树进行剪枝，（True，False，True）和（True，False，False）这两种情况直接被剪掉了，如图 7.53 所示。

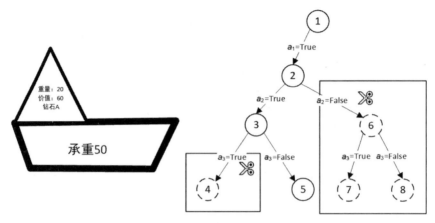

图 7.53　剪枝右子树（1）

（6）因为结点的右子树直接被剪掉了，所以回溯到上一个结点，考虑钻石 A 不被放入小船的情况。如果钻石 A 不被放入小船中，当前船上是没有钻石的，假设剩余的钻石，即钻石 B 和钻石 C 都被放入船上，其总价值为钻石 B 和钻石 C 的总价值为 170，小于已经找到的（True，True，False）装载策略的钻石总价值 180，所以当前结点不能继续扩展右子树，即通过限界函数对右子树进行剪枝，（False，True，True）、（False，True，False）、（False，False，True）、（False，False，False）这四种情况都直接被剪掉了，如图 7.54 所示。

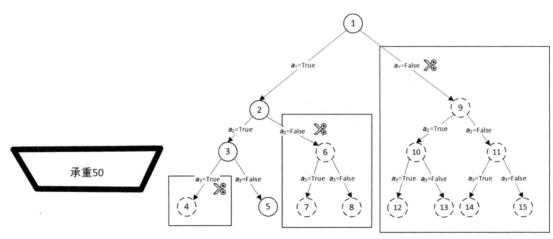

图 7.54　剪枝右子树（2）

这时候整个解空间树都搜索完毕了，最终的装载策略是（True，True，False），即钻石 A 和钻石 B 被装到船上，钻石 C 不被装到船上，船上装载钻石的总价值为 180。对于本书中的例子，整个解空间树一共有 8 种不同的组合，通过约束函数和限界函数直接将其中的 7 种情况都剪掉了，充分说明剪枝函数设计得越好，回溯法的搜索效率越高。

通过上面的图解，相信读者对于通过回溯法求解 0/1 背包问题已经有了了解，0/1 背包问题属于通过回溯法求解最优问题的典型算法，回溯法通过系统地搜索整个解空间，比较所有的解决方案，选择其中一个最优的解决方案作为最终解。当然如果要搜索整个空间树，那么时间复杂度对于回溯法肯定是不可行的，所以需要在回溯法搜索的过程中设计约束函数和限界函数，减少搜索空间，提高搜索效率。0/1 背包问题的完整代码如下。

```python
'''
:param a:解向量
:param k:构造的第 k 个解
:param c:候选解
'''
class SKnapsack:
    def __init__(self, weights: list, values: list, capacity: int):
        #各个物品的质量
        self.weights = weights
        #各个物品的价值
        self.values = values
        #背包容量
        self.capacity = capacity
        #剩余的价值
        self.remainingValue = 0
        #当前质量
        self.currentWeight = 0;
        #当前价值
        self.currentValue = 0
        #当前的最大价值
        self.best_value = 0
        #当前的最优解
        self.best_solution = []
        for value in values:
            self.remainingValue = self.remainingValue + value

    def process_solution(self,a:list):
        #当前价值大于最大价值，更新最优向量和最优值
        if(self.currentValue > self.best_value):
            self.best_solution = []
            self.best_value = self.currentValue
            for value in a:
```

```python
            self.best_solution.append(value)

    def construct_candidates(self,a:list, k:int ,n:int):
        candidates: list = []
        #对左子树进行剪枝
        if self.currentWeight + self.weights[k] <= self.capacity :
            candidates.append(True)
        #对右子树进行剪枝
        if self.currentValue + self.remainingValue - self.values[k] > self.best_value:
            candidates.append(False)
        return candidates

    def get_best_solution(self):
        return self.best_solution

    def get_best_value(self):
        return self.best_value

    def backtrack(self, a: list, n: int, k: int):
        if (n-1) == k:
            self.process_solution(a)
        else:
            k =k+ 1
            candidates = self.construct_candidates(a, k, n)
            for candidate in candidates:
                a[k] = candidate
                #背包放入该物品
                if a[k] == True:
                    self.currentWeight = self.currentWeight + self.weights[k]
                    self.currentValue = self.currentValue + self.values[k]

                if a[k] == False:
                    if self.currentValue + self.remainingValue - self.values[k] <= self.best_value:
                        continue

                self.remainingValue = self.remainingValue - self.values[k]
                self.backtrack(a,n,k)
                self.remainingValue = self.remainingValue + self.values[k]

                if a[k] == True:
                    self.currentWeight = self.currentWeight - self.weights[k]
                    self.currentValue = self.currentValue - self.values[k]

if __name__ == "__main__" :
```

```
            weights = [20,30,10]
            values = [60,120,50]
            n = 3
            capacity = 50
            knapsack = SKnapsack(weights,values,capacity)
            a = [0] * n
            knapsack.backtrack(a,n,-1)
            best_solution = knapsack.get_best_solution()
best_value = knapsack.get_best_value()
print("装载策略为")
            for value in best_solution:
                print(value,end=' ')
            print()
print("最大价值为%s" % best_value)
```

0/1 背包问题的程序运行结果如图 7.55 所示。

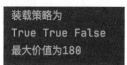

图 7.55   0/1 背包问题的程序运行结果

可以发现，程序的运行结果和最终的分析结果是一致的。我们已经成功地通过回溯法帮助海盗们找到了最佳的装载策略，海盗们又高高兴兴地去装船了。接下来我们对程序中重要的数据结构和方法进行讲解。

首先继续套用前面介绍的 backtrack 框架，整个框架的代码如下所示。

```
def backtrack(self, a: list, n: int, k: int):
        if (n-1) == k:
                self.process_solution(a)
        else:
                k = k + 1
                candidates = self.construct_candidates(a, k, n)
                for candidate in candidates:
                    a[k] = candidate
                    #背包放入该物品
                    if a[k] == True:
                        self.currentWeight = self.currentWeight + self.weights[k]
                        self.currentValue = self.currentValue + self.values[k]

                    if a[k] == False:
                        if self.currentValue + self.remainingValue - self.values[k] <= self.best_value:
                            continue
                        self.remainingValue = self.remainingValue - self.values[k]
```

```
                self.backtrack(a,n,k)
                self.remainingValue = self.remainingValue + self.values[k]

            if a[k] == True:
                self.currentWeight = self.currentWeight - self.weights[k]
                self.currentValue = self.currentValue - self.values[k]
```

在 0/1 背包问题中，当判断最后一颗钻石是否装载时就表示找到了一个解，is_a_solution 为 (n-1)==k，而对于解的处理 process_solution 函数更新最优解向量和最优值，如果当前解大于最优解就将当前解更新为最优解，否则不更新，代码如下所示。

```
def process_solution(self,a:list):
    #当前价值大于最大价值，更新最优向量和最优值
    if(self.currentValue > self.best_value):
        self.best_solution = []
        self.best_value = self.currentValue
        for value in a:
            self.best_solution.append(value)
```

而对于候选解的构造代码 construct_candidates 是 0/1 背包问题代码中最重要的函数，construct_candidates 构造 0/1 背包问题可能的候选解，并通过约束函数对左子树进行剪枝，通过限界函数对右子树进行剪枝，代码如下所示。

```
def construct_candidates(self,a:list, k:int ,n:int):
    candidates: list = []
    #对左子树进行剪枝
    if self.currentWeight + self.weights[k] <= self.capacity :
        candidates.append(True)
    #对右子树进行剪枝
    if self.currentValue + self.remainingValue - self.values[k] > self.best_value:
        candidates.append(False)
    return candidates
```

在搜索第 k 个钻石的时候，如果船上已有钻石的质量加上第 k 个钻石的质量小于船的承重，表示第 k 个钻石可以被放到船上，其判断条件为 self.currentWeight + self.weights[k] <= self.capacity。如果船上已有钻石的价值加上剩余钻石的价值大于已经找到的装载策略的钻石总价值，表示第 k 个钻石可以不被放到船上，其判断条件为 self.currentValue + self.remainingValue - self.values[k] > self.best_value。

7.5 再谈集装箱装载问题

在第 2 章的贪心算法中介绍过集装箱装载问题，在贪心算法的集装箱装载问题中只有一个搬家车，并且目标是让尽可能多的物品装上车。在贪心算法中，通过对物品体积最小的物品进行贪心，从而保证搬家车装上最多的物品。这一次对该集装箱装载问题进行改进，因为发现每

个物品都非常重要，都不能扔掉，所以打算再叫一辆搬家车把剩余的物品运走，当然两辆搬家车的总容量肯定大于所有物品的总容量，如果不大于肯定无法运走所有物品。现在要考虑的是在两辆搬家车的容量大于所有物品的总容量的情况下，所有物品是否都可以搬上车？

7.5.1 集装箱装载问题回顾

老王刚买了一个新房，需要将现在所住房子的物品搬到新房子里。在贪心算法章节里，老王只叫了一辆搬家车，发现还有很多物品都没有办法装到车上，老王又舍不得将剩下的物品扔掉，打算再叫一辆搬家车将剩下的物品装走。搬家车是按照容量和距离计费的，老王刚买了新房，手里余钱也不多，能省则省，打算再叫一辆刚刚可以装下所有物品的搬家车。

老王一共打包了 8 个物品，8 个物品的体积如下。

- 物品 A：4；
- 物品 B：1；
- 物品 C：3；
- 物品 D：2；
- 物品 E：7；
- 物品 F：12；
- 物品 G：11；
- 物品 H：7。

所有物品的总体积之和是 47。第一辆搬家车的容量是 20，那么只需要再叫一辆容量是 27 的搬家车就可以将所有物品都装下了。那应该按照怎样的策略来装载搬家车，可以保证所有的物品都能装上车呢？

7.5.2 使用贪心算法求解而存在的问题

在第 2 章贪心算法中，使用了贪心算法帮助搬家师傅求解装载问题，通过对体积最小的物品进行贪心从而保证搬家车装上最多的物品。但是这一次的搬家车不是一辆，而是两辆，同样的贪心策略适用于两辆车搬运物品吗？

首先我们按照同样的贪心策略先装满第一辆车，然后将剩余的物品装到第二辆车上。在贪心算法中，通过对体积最小的物品进行贪心，图 2.35 给出了第一辆车所能装载的物品，分别是物品 B、物品 D、物品 C、物品 A 和物品 E，如图 7.56 所示。

剩下没有装上车的物品是物品 H、物品 F 和物品 G，虽然剩下物品的的数量很少，但是剩下物品的总体积是最大的。物品 H 的体积是 7，物品 F 的体积是 12，物品 G 的体积是 11，剩下三个物品的总体积是 30，已经大于第二辆车的容量 27 了，所以无法把剩下的所有物品都装上第二辆车。

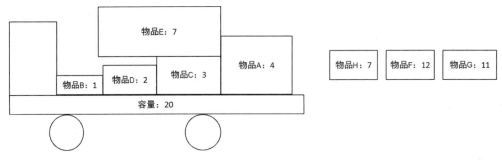

图 7.56　基于贪心算法装满第一辆车

回顾第一辆搬家车已经装上的物品，物品 B、物品 D、物品 C、物品 A 和物品 E。物品 B 的体积是 1，物品 D 的体积是 2，物品 C 的体积是 3，物品 A 的体积是 4，物品 E 的体积是 7，已经装上搬家车的物品的总体积是 17，第一辆车的容量是 20，还剩下 3 个空间，而第二辆搬家车却少 3 个空间，虽然两辆车的容量可以装下所有的物品，但是两辆车的容量并没有被充分利用起来，导致有部分物品依旧不能被搬运走。

可以发现，通过第 2 章贪心算法，对物品体积最小进行贪心是不能通过两辆搬家车搬运所有的物品的，主要是因为贪心算法章节中的搬家车是一辆，并且目标是保证搬家车装上最多的物品，而这一次的装载问题有两辆搬家车，目标是把所有的物品都装到搬家车上运走。

既然使用贪心算法没有得到最优的装车方案，那么有没有其他的解决方案可以帮助搬家师傅将所有的物品都放到两辆搬家车上呢？

7.5.3　通过搜索求解装载问题

上面的贪心算法所获得的装车方案之所以会失败，是因为在装载第一辆车的时候并没有充分利用第一辆车的所有空间。通过贪心算法装完第一辆车以后，还有 3 个空间的剩余，剩下的空间无法装载剩下的任意一个物品，因为剩下的任意一个物品的体积都要大于 3，造成了车上空间的不必要浪费。

那么很容易想到解决方案，首先第一辆车尽可能装满，最理想的情况是第一辆车没有一点剩余空间，全部被物品填满。对于本节问题，第一辆车必须填满，如果填不满有剩余的空间，那么第二辆车无论怎么装都装不下所有剩下的物品，因为物品的总体积和两辆车的总容量是一样的，第一辆车剩余的空间就是第二辆车缺少的空间。在填满第一辆车以后，将剩余的物品装上第二辆车即可。

那么选择哪些物品去填满第一辆搬家车呢？我们使用解向量 $a=(a_1,a_2,a_3,\cdots,a_n)$ 表示物品的状态，每个 a_i 表示第 i 个物品，每个物品只有两种取值 False 和 True，使用"False"表示物品不放到车上，用"True"表示物品放到车上，是不是觉得物品的这种状态表达似曾相识？没错，就是 7.4 节介绍的 0/1 背包问题的物品状态表达，所以整个解空间树如图 7.57 所示。

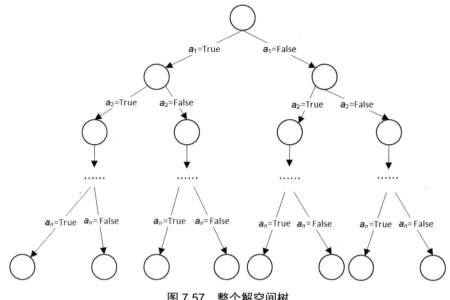

图 7.57 整个解空间树

类似于 0/1 背包问题，回溯的过程也需要剪枝。回溯法求解最优问题包括两种剪枝：约束函数和限界函数。

约束函数：因为搬运车的容量有限，所以不可能将所有的物品都放到第一辆车上，如果该物品装上车以后超出了搬运车的容量，就表示为不可行解；如果该物品装上车以后没有超出搬运车的容量，就表示为可行解，该条件会对解空间树的左子树进行剪枝。

限界函数：限界函数会剪去得不到最优解的分支，对于本节的例子，如果当前分支的装车方案的物品体积小于已经找到的装车方案的总体积，那么就没必要对该分支进行搜索。因为后面结点的物品装载状态不知道，所以采用估计值确定当前分支的装车方案的物品总容量，假设后面结点的物品全部可以装载上车。如果当前已经装在车上的物品体积加上后面剩余物品的总体积还小于已经找到的装车方案的总体积，那么就没必要继续搜索。该条件会对解空间树的右子树进行剪枝。当然，在本节的例子中，还可以再加一个剪枝条件，如果找到了一种装车策略恰好可以装满第一辆车，不留一点空间，可以认为找到了最佳的装车方案，立即停止整个空间树的搜索。

现在开始使用回溯法来系统地帮助搬家师傅进行物品搬运方案的选择。

（1）首先判断物品 A 是否放入车中，物品 A 的体积是 4，搬家车的容量是 20，所以物品 A 有两种选择，一种是放入第一辆车中，另一种是不放入第一辆车中，先考虑物品 A 放入第一辆车中的情况，如图 7.58 所示。

（2）继续判断物品 B 是否放入车中，物品 B 的体积是 1，搬家车的容量是 20，如果物品 B 放入车中，车上物品的体积就是物品 A 和物品 B 的总体积为 5，当然物品 B 也可以选择不放入车中。先考虑物品 B 放入车中的情况，如图 7.59 所示。

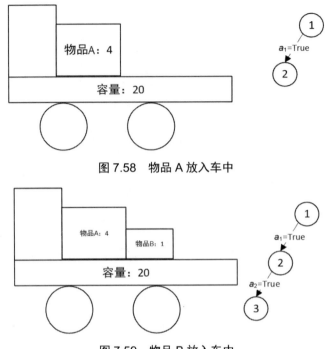

图 7.58　物品 A 放入车中

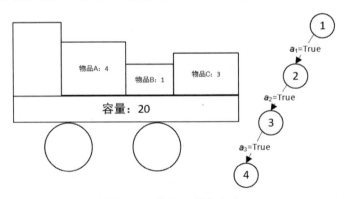

图 7.59　物品 B 放入车中

（3）继续判断物品 C 是否放入车中，物品 C 的体积是 3，搬家车的容量是 20，如果物品 C 放入车中，车上物品的体积就是物品 A、物品 B 和物品 C 的总体积为 8，当然物品 C 也可以选择不放入车中。先考虑物品 C 放入车中的情况，如图 7.60 所示。

图 7.60　物品 C 放入车中

（4）继续判断物品 D 是否放入车中，物品 D 的体积是 2，搬家车的容量是 20，如果物品 D 放入车中，车上物品的体积就是物品 A、物品 B、物品 C 和物品 D 的总体积为 10，当然物品 D 也可以选择不放入车中。先考虑物品 D 放入车中的情况，如图 7.61 所示。

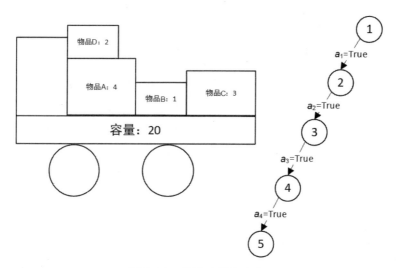

图 7.61 物品 D 放入车中

（5）继续判断物品 E 是否放入车中，物品 E 的体积是 7，搬家车的容量是 20，如果物品 E 放入车中，车上物品的体积就是物品 A、物品 B、物品 C、物品 D 和物品 E 的总体积为 17，当然物品 E 也可以选择不放入车中。先考虑物品 E 放入车中的情况，如图 7.62 所示。

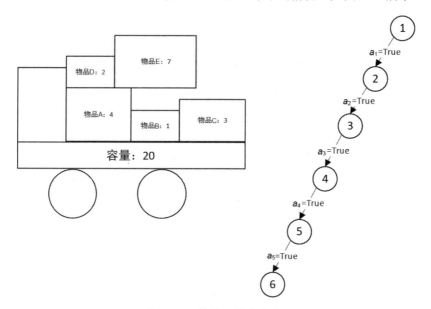

图 7.62 物品 E 放入车中

（6）继续判断物品 F 是否放入车中，物品 F 的体积是 12，搬家车的容量是 20，如果物品 F 放入车中，车上物品的体积就是物品 A、物品 B、物品 C、物品 D、物品 E 和物品 F

的总体积为 29，超过了搬运车的容量，所以不能继续扩展左子树，即通过约束函数对左子树进行剪枝。

物品 F 选择不放入车中，同理因为车上已有的物品体积是 17，后面的物品 G 和物品 H 的体积分别为 11 和 7，如果放入车中那么物品的总体积都超过了搬运车的容量，所以物品 G 和物品 H 都选择不放入车中，则得到了第一种装载策略，对应的装车情况为 {True,True,True,True,True,False,False,False}，其车上物品的总体积为 17，当然这个解并不是最终解，但是这个解可以对后续的右子树剪枝产生作用，如图 7.63 所示。

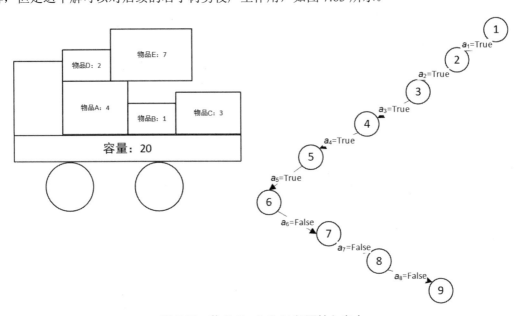

图 7.63　物品 F、G 和 H 都不放入车中

（7）因为没有物品可以装载了，所以回溯到物品 E 不放入车中的情况。如果物品 E 不放入车中，当前车上只有物品 A、物品 B、物品 C 和物品 D，车上物品的体积为 10，假设剩余的物品，即物品 F、物品 G 和物品 H 都放入车上，其总体积是 40，大于已经找到的装载策略的物品总体积 17，可以继续扩展右子树。

物品 F 的体积是 12，如果放入车中，车上物品的体积就是物品 A、物品 B、物品 C、物品 D 和物品 F 的总体积为 22，超过了搬运车的容量，所以不能继续扩展左子树。

物品 F 选择不放入车中，当前车上只有物品 A、物品 B、物品 C 和物品 D，车上物品的体积为 10，假设剩余的物品，即物品 G 和物品 H 都放入车上，其总体积是 28，大于已经找到的装载策略的物品总体积 17，可以继续扩展右子树。

物品 G 的体积是 11，如果放入车中，车上物品的体积就是物品 A、物品 B、物品 C、物品 D 和物品 G 的总体积为 21，超过了搬运车的容量，所以不能继续扩展左子树。

物品 G 选择不放入车中，当前车上只有物品 A、物品 B、物品 C 和物品 D，车上物品的体积为 10，假设剩余的物品，即物品 H 放入车上，车上物品的总体积是 17，不大于已经找到的装载策略的物品总体积 17，无法继续扩展右子树，如图 7.64 所示。

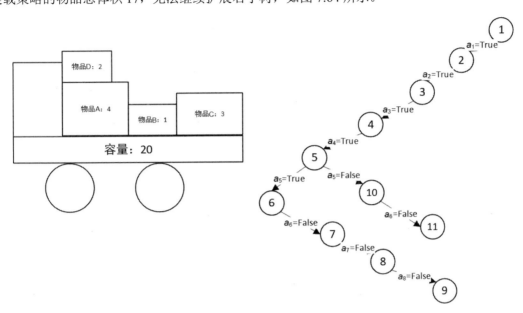

图 7.64　回溯到物品 E 不放入车中的情况

（8）回溯到上一个结点，考虑物品 D 不放入车中的情况，如果物品 D 不放入车中，当前车上只有物品 A、物品 B 和物品 C，车上物品的体积为 8，假设剩余的物品，即物品 E、物品 F、物品 G 和物品 H 都放入车中，其总体积是 45，大于已经找到的装载策略的物品总体积 17，可以继续扩展右子树。

物品 E 的体积是 7，如果放入车中，车上物品的体积就是物品 A、物品 B、物品 C 和物品 E 的总体积为 15，当然物品 E 也可以选择不放入车中。先考虑物品 E 放入车中的情况，物品 F 的体积是 12，如果放入车中，车上物品的体积就是物品 A、物品 B、物品 C、物品 E 和物品 F 的总体积为 27，超过了搬运车的容量，所以不能继续扩展左子树。

物品 F 选择不放入车中，当前车上只有物品 A、物品 B、物品 C 和物品 E，车上物品的体积为 15，假设剩余的物品，即物品 G 和物品 H 都放入车中，其总体积是 33，大于已经找到的装载策略的物品总体积 17，可以继续扩展右子树。

物品 G 的体积是 11，如果放入车中，车上物品的体积就是物品 A、物品 B、物品 C、物品 E 和物品 G 的总体积为 26，超过了搬运车的容量，所以不能继续扩展左子树。

物品 G 选择不放入车中，当前车上只有物品 A、物品 B、物品 C 和物品 E，车上物品的体积为 15，假设剩余的物品，即物品 H 放入车中，车上物品的总体积是 22，大于已经找到的装载策略的物品总体积 17，可以继续扩展右子树。

物品 H 的体积是 7，如果放入车中，车上物品的体积就是物品 A、物品 B、物品 C、物品 E

和物品 H 的总体积为 22，超过了搬运车的容量，所以不能继续扩展左子树。

物品 H 选择不放入车中，当前车上只有物品 A、物品 B、物品 C 和物品 E，车上物品的体积为 15，已经没有剩余的物品，小于已经找到的装载策略的物品总体积 17，无法继续扩展右子树，如图 7.65 所示。

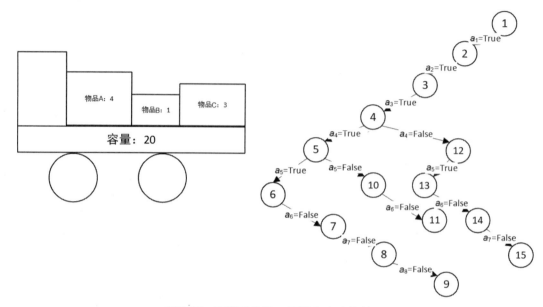

图 7.65　回溯到物品 D 不放入车中的情况

（9）回溯到物品 E 不放入车中的情况。如果物品 E 不放入车中，当前车上只有物品 A、物品 B 和物品 C，车上物品的体积为 8，假设剩余的物品，即物品 F、物品 G 和物品 H 都放入车中，其总体积是 38，大于已经找到的装载策略的物品总体积 17，可以继续扩展右子树。

物品 F 的体积是 12，如果放入车中，车上物品的体积就是物品 A、物品 B、物品 C 和物品 F 的总体积为 20，恰好等于车的容量，其实这时候已经找到了最佳装载方案，为了算法的完整性我们继续分析。

因为车中放入物品 F 以后已经没有剩余空间了，后面的物品 G 和物品 H 的体积分别为 11 和 7，无论哪个放入车中都超过了搬运车的容量，所以物品 G 和物品 H 都选择不放入车中，这时候得到了第二种装载策略，对应的装车情况为(True,True,True,False,False,True,False,False)，车上物品的总体积为 20，因为车上物品的总体积和车的容量相当，已经没有剩余空间了，所以这个解就是最终解，立即停止整个空间树的搜索，如图 7.66 所示。

这时候整个解空间树都搜索完毕了，最终的装载策略是 (True,True,True,False,False,True,False,False)，即物品 A、物品 B、物品 C 和物品 F 装到第一辆搬家车上，物品 D、物品 E、物品 G 和物品 H 装到第二辆搬家车上。

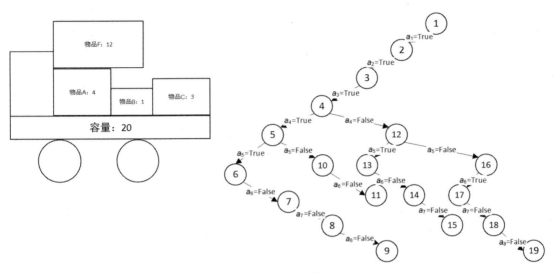

图 7.66　整个解空间树搜索完毕

通过上面的图解，相信读者对于通过回溯法求解装载问题已经有了了解，回溯法通过系统地搜索整个解空间，比较所有的解决方案，选择其中最优的解决方案作为最终的解，在回溯法搜索的过程中设计约束函数和限界函数，减少了搜索空间，提高了搜索效率。在本例子中，还增加了一个剪枝条件，如果找到了一种装车策略恰好可以装满第一辆车，不留一点空间，可以认为找到了最佳的装车方案，立即停止整个空间树的搜索。装载问题的完整代码如下所示。

```
'''
:param a:解向量
:param k:构造的第 k 个解
:param c:候选解
'''
class SLoadCode:
    def __init__(self, volumes: list,capacity: int):
        # 各个物品的体积
        self.volumes = volumes
        # 搬家车容量
        self.capacity = capacity
        # 剩余的体积
        self.remainingVolume = 0
        # 当前体积
        self.currentVolum = 0;
        # 当前的最大体积
        self.best_volum = 0
        # 当前的最优解
        self.best_solution = []
        for volume in volumes:
```

```python
            self.remainingVolume = self.remainingVolume + volume
        # 递归结束标识
        self.finished = False

    def process_solution(self,a:list):
        #当前体积大于最大体积，更新最优向量和最优值
        if(self.currentVolum > self.best_volum):
            self.best_solution = []
            self.best_volum = self.currentVolum
            for value in a:
                self.best_solution.append(value)

    def construct_candidates(self,a:list, k:int ,n:int):
        candidates: list = []
        #对左子树进行剪枝
        if self.currentVolum + self.volumes[k] <= self.capacity :
            candidates.append(True)
        #对右子树进行剪枝
        if self.currentVolum + self.remainingVolume - self.volumes[k] > self.best_volum:
            candidates.append(False)
        return candidates

    def get_best_solution(self):
        return self.best_solution

    def get_best_volum(self):
        return self.best_volum

    def backtrack(self, a: list, n: int, k: int):
        if (n-1) == k:
            self.process_solution(a)
            if self.best_volum == self.capacity:
                self.finished = True
        else:
            k =k+ 1
            candidates = self.construct_candidates(a, k, n)
            for candidate in candidates:
                a[k] = candidate
                #搬家车放入该物品
                if a[k] == True:
                    self.currentVolum = self.currentVolum + self.volumes[k]

                if a[k] == False:
                    if self.currentVolum + self.remainingVolume - self.volumes[k] <= self.best_volum:
```

```
                    continue
                self.remainingVolume = self.remainingVolume - self.volumes[k]
                self.backtrack(a,n,k)
                self.remainingVolume = self.remainingVolume + self.volumes[k]

                if a[k] == True:
                    self.currentVolum = self.currentVolum - self.volumes[k]

                #停止递归
                if self.finished:
                    return

if __name__ == "__main__" :
    volums = [4,1,3,2,7,12,11,7]
    n = 8
    capacity1 = 20
    capacity2 = 27
    loadCode = SLoadCode(volums,capacity1)
    a = [0] * n
    loadCode.backtrack(a,n,-1)
    best_solution = loadCode.get_best_solution()
    best_volum = loadCode.get_best_volum()

    total_volum = 0
    for volum in volums:
        total_volum = total_volum + volum

    if total_volum - best_volum > capacity2 :
        print("没有装载方案")
    else:
        print("第一辆装载车：")
        for index,value in enumerate(best_solution):
            if value == True:
                print("物品%s，体积：%d" % (chr(index+ord('A')),volums[index]))
        print("第二辆装载车：")
        for index, value in enumerate(best_solution):
            if value == False:
                print("物品%s，体积：%d" % (chr(index+ord('A')), volums[index]))
```

  装载问题程序运行结果如图 7.67 所示。

  可以发现，程序的运行结果和图 7.66 的结果是一致的。我们已经成功地通过回溯法帮助搬家师傅找到了最佳的装载策略，搬家师傅高高兴兴地去搬家了。接下来我们对程序中重要的数据结构和方法进行讲解。

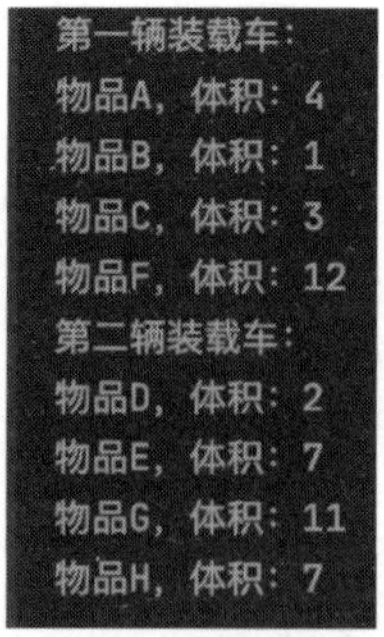

```
第一辆装载车:
物品A, 体积: 4
物品B, 体积: 1
物品C, 体积: 3
物品F, 体积: 12
第二辆装载车:
物品D, 体积: 2
物品E, 体积: 7
物品G, 体积: 11
物品H, 体积: 7
```

图 7.67 装载问题程序运行结果

首先装载问题继续套用前面介绍的 backtrack 框架，整个框架的代码如下所示。

```python
def backtrack(self, a: list, n: int, k: int):
    if (n-1) == k:
        self.process_solution(a)
        if self.best_volum == self.capacity:
            self.finished = True
    else:
        k = k + 1
        candidates = self.construct_candidates(a, k, n)
        for candidate in candidates:
            a[k] = candidate
            #搬家车放入该物品
            if a[k] == True:
                self.currentVolum = self.currentVolum + self.volumes[k]

            if a[k] == False:
                if self.currentVolum + self.remainingVolume - self.volumes[k] <= self.best_volum:
                    continue

            self.remainingVolume = self.remainingVolume - self.volumes[k]
            self.backtrack(a,n,k)
            self.remainingVolume = self.remainingVolume + self.volumes[k]

            if a[k] == True:
                self.currentVolum = self.currentVolum - self.volumes[k]

            #停止递归
            if self.finished:
                return
```

在装载问题中，当判断最后一个物品是否放入车中时表示找到了一个解，is_a_solution 为 (n-1)==k，而对于解的处理 process_solution 函数的作用是更新最优解向量和最优值，如果当前解大于最优解就将当前解更新为最优解，否则不更新，代码如下所示。

```python
def process_solution(self,a:list):
    #当前体积大于最大体积，更新最优向量和最优值
    if(self.currentVolum > self.best_volum):
        self.best_solution = []
        self.best_volum = self.currentVolum
        for value in a:
            self.best_solution.append(value)
```

如果找到了一种装车策略恰好可以装满第一辆车，不留一点空间，可以认为找到了最佳的装车方案，立即停止整个空间树的搜索，代码如下所示。

```python
if self.best_volum == self.capacity:
    self.finished = True
```

而对于候选解的构造代码 construct_candidates 是装载问题代码中最重要的函数，construct_candidates 构造装载物品可能的候选解，并通过约束函数和限界函数分别对左子树和右子树进行剪枝，代码如下所示。

```python
def construct_candidates(self,a:list, k:int ,n:int):
    candidates: list = []
    #对左子树进行剪枝
    if self.currentVolum + self.volumes[k] <= self.capacity :
        candidates.append(True)
    #对右子树进行剪枝
    if self.currentVolum + self.remainingVolume - self.volumes[k] > self.best_volum:
        candidates.append(False)
    return candidates
```

在搜索第 k 个物品的时候，如果车中物品的体积加上第 k 个物品的体积小于搬家车的容量，表示第 k 个物品可以放入车中，其判断条件为 self.currentVolum + self.volumes[k] <= self.capacity。如果车上物品的体积加上剩余物品的体积大于已经找到的装载策略的物品总体积，表示第 k 个物品可以不放入车中，其判断条件为 self.currentVolum + self.remainingVolume - self.volumes[k] > self.best_volum。

第 8 章

分支限界法

第 7 章讲解了回溯法，回溯法是对待选解决方案进行系统检查的方式之一，还有一种对待选解决方案进行系统检查的方式是分支限界法。分支限界法同回溯法一样都是对系统进行搜索，只是回溯法是深度优先遍历，而分支限界法是广度优先遍历。前面讲解的图和树的广度遍历就使用了分支限界法的思想。从一个结点出发，首先将与该结点相邻的所有结点压入队列中，然后循环访问队列中的其他结点，直到队列为空，表示所有的结点被访问过。分支限界法同回溯法一样是一种万能的解决方案，因为分支限界法也是对待选解决方案进行系统检查的方式之一。

实际生活中也有很多的例子使用了分支限界法，比如，搭积木，小孩子很喜欢使用积木搭建房子，通常小孩子搭建房子的策略是，首先搭建房子的地面部分，然后搭建房子的四面墙，最后搭建房子的屋顶，一层一层有条不紊地将房屋搭建起来。分支限界法的搜索策略就和小孩子搭积木一样，一层一层地进行搜索，直到找到最终解。一旦人们学会了分支限界法，无疑就掌握了另一种求解问题的万能钥匙。

本章主要涉及的知识点如下。

- 一步一个脚印——分支限界：分支限界可以对待选解决方案进行系统检查，和回溯法的主要区别是搜索的方式，回溯法是深度优先遍历，而分支限界法是广度优先遍历。
- 再谈迷宫中的小老鼠问题：在回溯法章节中讲解过迷宫中的小老鼠问题，回溯法可以帮助小老鼠找到出逃路径，本章使用分支限界法也可以帮助迷宫中的小老鼠找到最短的出逃路径。
- 再谈 0/1 背包问题：在回溯法章节中讲解过 0/1 背包问题，本章使用分支限界法帮助海盗们找到最佳的装船方案。
- 再谈集装箱装载问题：在回溯法章节中讲解过集装箱装载问题，本章使用分支限界法帮助搬家师傅找到最佳的装载搬家车方案。

8.1 一步一个脚印——分支限界

分支限界法和回溯法一样都是对待选解决方案进行系统检查的方式。分支限界法也是一种万能的解决方案,可以对待选解决方案进行系统的检查,和回溯法的区别就是,回溯法是深度优先遍历,而分支限界法是广度优先遍历,掌握了分支限界法,无疑掌握了另一种求解问题的万能钥匙。

8.1.1 步步为营——广度遍历

对于广度遍历,读者朋友应该不陌生,因为前面讲解过的图和树的遍历算法就可以进行广度遍历。从一个结点出发,将与该结点相邻的所有结点压入队列中,然后循环访问队列中的其他结点,直到队列为空,表示所有的结点被访问过,在广度优先遍历中,每个结点只会被访问一次。通过图和树的广度遍历,读者朋友应该已经对广度遍历有了一个比较直观的认识。

分支限界法是一种枚举所有待选解决方案的系统方案。第 7 章给出了回溯法一般性的算法框架,分支限界法也有一个一般性的算法框架,算法框架如下所示。

```
#结点保存路径向量
class Node:
    def __init__(self,x):
        self.x = x

#k 表示搜索解空间树的第 k 层
#n 表示解空间树的最后一层
def bfs(currentNode: Node, k: int, n: int):
    q = []
    q.append(Node([]))
    while True:
        if is_a_solution(currentNode,k,n):
            process_solution(currentNode,k,n)

        candidates = construct_candidates(currentNode, k ,n)
        for candidate in candidates:
            q.append(candidate)
        currentNode = q.pop(0)
        if len(currentNode.x) == 0:
            if len(q) == 0:
                return
            else:
                q.append(Node([]))
                currentNode = q.pop(0)
                k = k + 1
```

分支限界法，同样也是使用解向量 $\boldsymbol{a}=(a_1,a_2,a_3,\cdots,a_n)$ 来表示每一个待选解决方案。在分支限界法的操作步骤中，因为解向量不能像回溯法一样在递归的操作中根据递归的层次动态保存搜索路径，所以每个结点都需要保存搜索的路径，从一个给定的部分解 $\boldsymbol{a}=(a_1,a_2,a_3,\cdots,a_k)$ 开始，然后将该结点的所有孩子结点压入队列中，每个孩子结点分别在后面增加元素来扩展这个部分解，直到这个部分解扩展成为一个完整解为止。接下来对分支限界框架的具体函数进行讲解。

（1）is_a_solution(currentNode,k,n)：该函数的目的是判断当前的结点 currentNode 是不是一个完整的解；

（2）process_solution(currentNode,k,n)：该函数的目的是当一个完整解被构造出来以后，通过该函数对解进行处理；

（3）construct_candidate(currentNode,k,n)：该函数的目的是根据当前结点 currentNode，构造当前结点的所有孩子结点，通过列表 candidates 进行返回。

通过分支限界法的算法框架可以看到，分支限界法根据当前结点不断扩展孩子结点，并将孩子结点压入队列中，然后循环访问队列中的其他结点，直到队列为空，表示所有的结点被访问过。而它的整个搜索过程也可以使用树形象地表达出来，这棵树就是我们常说的解空间树，树的每层结点就是解向量中的元素，如图 8.1 所示。

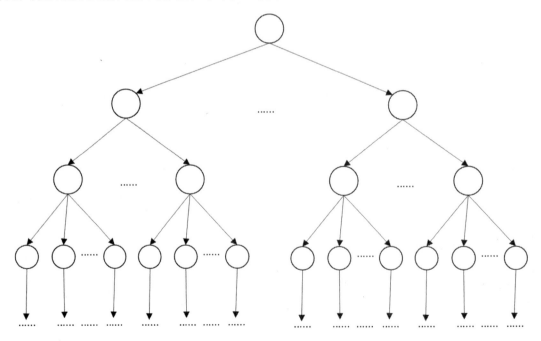

图 8.1　解空间树

在对解空间树进行搜索的过程中，如果 is_a_solution 为 False，表示当前解向量 $\boldsymbol{a}$ 不是一个完整的解，就必须检查这个部分解是否有可能扩展成为一个完整的解，如果有可能，就继续扩展开树的结点进行搜索；如果没有可能，就搜索解空间树的其他分支，直到找到一个完整解为止，解空间树的整个搜索过程如图 8.2 所示。

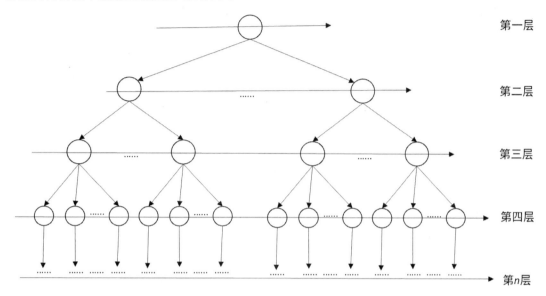

图 8.2　解空间树的整个搜索过程

整个解空间树的搜索过程和前面讲到的树的平层遍历如出一辙，不过读者朋友要注意解空间树只是解空间的形象表示，并不是真的生成了一棵树。解空间树仅仅有利于直观理解分支限界法的搜索过程，可以直观地看到整个搜索空间的大小，整个分支限界法的解是以解向量的方式进行组织的。

8.1.2　剪掉没有营养的分支

回溯法中有剪枝的概念，回溯法的剪枝函数设计的好坏会直接影响整个回溯法的搜索效率，这足以说明剪枝函数对回溯法的重要性。同样地，分支限界法中也有剪枝函数，和回溯法中的剪枝函数一样，通过剪枝函数来减少分支限界搜索解空间树的复杂度，避免无效搜索，提高分支限界法的搜索效率。剪枝函数设计得越好，分支限界法的搜索效率越高，如图 8.3 所示。

和回溯法中的剪枝函数一样，分支限界法中的剪枝函数也包括约束函数和限界函数，如果问题只求可行解，只需要设置约束函数即可；如果问题要求最优解，则不但需要设置约束函数，还需要设置限界函数。

- 约束函数：使用约束函数剪掉不满足约束条件的分支；
- 限界函数：使用限界函数剪去得不到最优解的分支。

对于一个具体的问题，通过分支限界法求解需要考虑如下两个问题。

（1）分支限界法的解空间向量：分支限界法的解组织形式通过 $a=(a_1,a_2,a_3,\cdots,a_n)$ 向量进行表示，因此使用分支限界法需要定义合适的解向量，解向量的定义好坏直接影响分支限界法的算法效率。

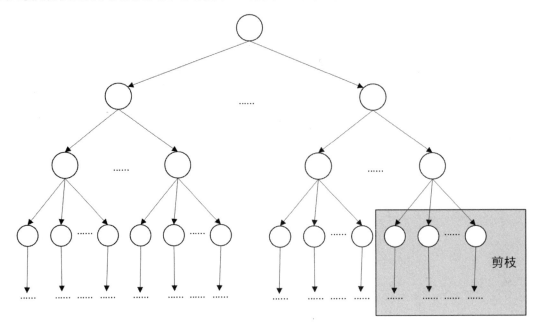

图 8.3 分支限界法中的剪枝

（2）搜索中的剪枝：分支限界法是一种广度优先遍历算法，搜索整个解空间的时间复杂度往往是不可忍受的，需要设计约束函数和限界函数，对无法得到可行解或者最优解的分支进行剪枝，不再进行不必要的搜索，提高分支限界法的搜索效率。

8.1.3 条条大路通罗马——和回溯法的区别

回溯法和分支限界法都可以对待选解决方案进行系统检查，并在检查所有或部分候选答案后，给出确定的方案。因为回溯法和分支限界法都是对解空间进行系统的搜索，所以两种算法是可以互相转换的，使用回溯法可以解决的问题，使用分支限界法也可以解决；使用分支限界法可以解决的问题，使用回溯法也可以解决。条条大路通罗马，如果把最终的解决方案比作罗马，那么回溯法和分支限界法就是通往罗马的两条大路。回溯法和分支限界法的不同点如表 8.1 所示。

表 8.1 回溯法和分支限界法的不同点

项目	回溯法	分支限界法
搜索方式	深度优先搜索	广度优先搜索
数据结构	栈	队列

续表

项目	回溯法	分支限界法
算法框架	递归	迭代
结点扩展方式	一次生成一个孩子结点	一次生成它的所有孩子结点

而回溯法和分支限界法的相同点，主要有如下几点。

（1）解空间的表达方式相同：解空间都使用向量 $a=(a_1,a_2,a_3,\cdots,a_n)$ 来表示每一个待选解决方案，都可以使用解空间树形象地表达整个解空间。

（2）剪枝函数：都需要使用剪枝函数对搜索空间进行剪枝，都包含两种剪枝函数，约束函数和限界函数，约束函数剪掉不满足约束条件的分支，限界函数剪去得不到最优解的分支。剪枝函数对两种算法都是至关重要的，剪枝函数设计的好坏会直接影响算法的搜索效率。

8.2 再谈迷宫中的小老鼠问题

在第 7 章中介绍过迷宫问题，在回溯法的迷宫问题中，通过系统地搜索解空间成功地帮助小老鼠找到了一条出逃路径，但是却不能保证找到的出逃路径是小老鼠最短的出逃路径。如果要通过回溯法帮助小老鼠找到最短的出逃路径，需要遍历所有的路径，然后找到其中一条最短的路径，很明显费时费力。本节将介绍分支限界法，使用分支限界法求解迷宫问题，通过广度优先搜索的方式直接找到小老鼠的最短出逃路径。

8.2.1 迷宫中的小老鼠问题回顾

在回溯法章节中，老王看了一期《最强大脑》的盲走迷宫节目后，被挑战者的大脑记忆力深深折服。作为普通人的老王没有那么超强的记忆力，但是老王决定通过计算机来模拟挑战者在迷宫中的路径搜索，使用计算机记录搜索的整个过程，并找到迷宫入口到出口的路径，老王最初设计的迷宫如图 8.4 所示。

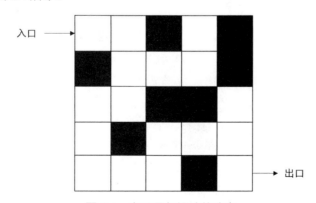

图 8.4　老王最初设计的迷宫

在老王设计的迷宫中,白色格子表示迷宫中的路,黑色格子表示迷宫中的墙,从入口进去以后只能沿着迷宫中的路进行搜索,可以从上下左右四个方向查找路径,这个迷宫的出逃路径只有一条,如图 8.5 所示。

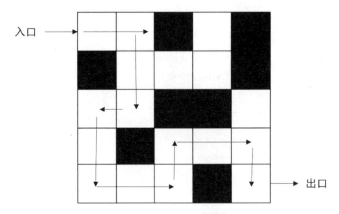

图 8.5　迷宫的出逃路径

在第 7 章中,老王通过回溯法成功地帮助小老鼠找到了这条出逃路径,但是老王在实现回溯法时发现,回溯法找到的第一条路径不一定是最短的,如图 8.6 所示。

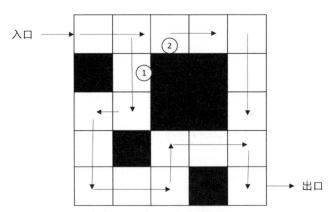

图 8.6　具有两条出逃路径的迷宫

如果按照回溯法的路径搜索进行搜索,搜索到的第一条路径依然会是编号为①的出逃路径,然后才会搜索到编号为②的出逃路径。这样,想要通过回溯法帮助小老鼠找到最短的出逃路径就要把所有的出逃路径遍历出来,然后选择其中最短的一条。作为资深的算法爱好者,老王觉得这种方法费时费力,于是他决定使用其他算法来帮助小老鼠找到出逃路径,并且使得找到的第一条出逃路径就是最短的,以便帮助小老鼠使用最少的时间逃出迷宫。

8.2.2 使用分支限界思路规划小老鼠的路径

为了区别于回溯法，说明分支限界法帮助小老鼠找到的第一条路径就是最短路径，使用图 8.6 的迷宫作为小老鼠新的迷宫。小老鼠进入这个陌生的迷宫后，开始小心翼翼地寻找出逃路径，为了方便描述小老鼠的路径搜索，对图 8.6 的迷宫进行编号，如图 8.7 所示。

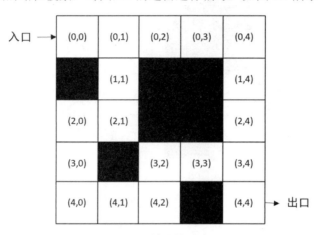

图 8.7 编号的迷宫

小老鼠从迷宫入口到迷宫出口的路径对应的是图中的格子（0，0）到格子（4，4）的路径。如果小老鼠当前位置的上下左右四个格子都有路径，先搜索上面的格子，然后搜索下面的格子，再搜索左面的格子，最后搜索右面的格子。

（1）小老鼠从格子（0，0）开始搜索，因为格子（1，0）是墙，所以格子（0，0）只能扩展到达格子（0，1），如图 8.8 所示。

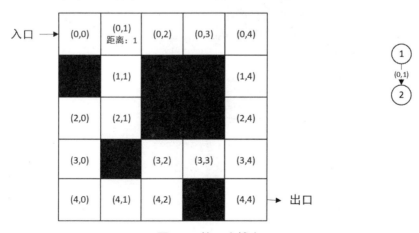

图 8.8 第 1 次搜索

（2）小老鼠从格子（0，1）继续搜索，格子（0，1）可以搜索到格子（0，2）和格子（1，1），所以格子（0，1）会同时扩展格子（0，2）和格子（1，1），如图8.9所示。

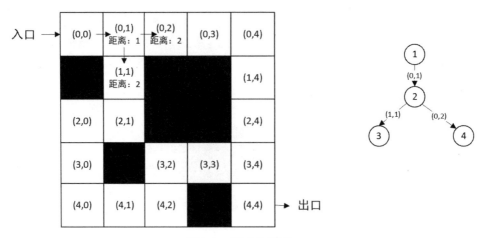

图8.9　第2次搜索

（3）小老鼠从格子（1，1）继续搜索，左面的格子（1，0）和右面的格子（1，2）都是墙，无法搜索，只能搜索格子（2，1）；而对于从格子（0，2）继续搜索，下面的格子（1，2）是墙，所以只能搜索格子（0，3），如图8.10所示。

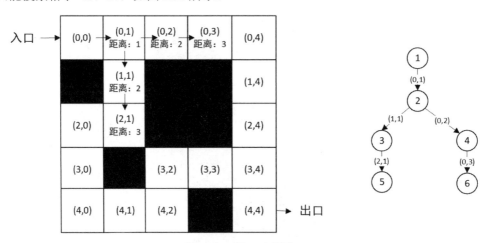

图8.10　第3次搜索

（4）小老鼠进入格子（2，1）以后，格子（2，2）和格子（3，1）都是墙，无法搜索，所以小老鼠只能进入格子（2，0）；而小老鼠进入格子（0，3）以后，格子（1，3）是墙无法搜索，所以只能进入格子（0，4），如图8.11所示。

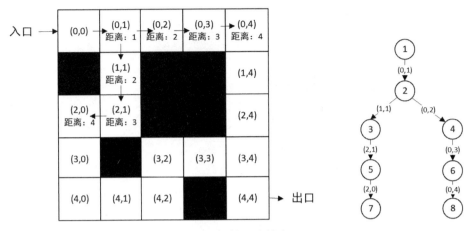

图 8.11　第 4 次搜索

（5）小老鼠进入格子（2，0）以后，上面的格子（1，0）是墙无法搜索，所以小老鼠只能搜索格子（3，0）；如果小老鼠从格子（0，4）进行探索，那么小老鼠只能搜索格子（1，4），如图 8.12 所示。

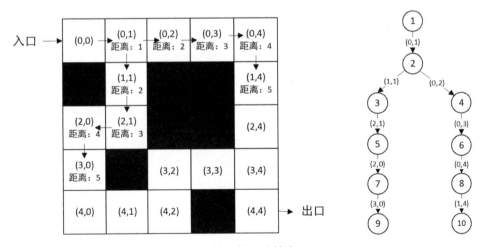

图 8.12　第 5 次搜索

（6）小老鼠从格子（3，0）继续搜索，右面的格子（3，1）是墙无法搜索，只能向下搜索，搜索到格子（4，0）；如果小老鼠从格子（1，4）继续搜索，左面的格子（1，3）是墙，无法继续搜索，只能搜索下面的格子（2，4），如图 8.13 所示。

（7）小老鼠从格子（4，0）继续搜索，因为格子（4，0）在左下角，所以只能搜索格子（4，1）；如果小老鼠从格子（2，4）出发，因为左面的格子（2，3）是墙无法搜索，所以只能向下搜索格子（3，4），如图 8.14 所示。

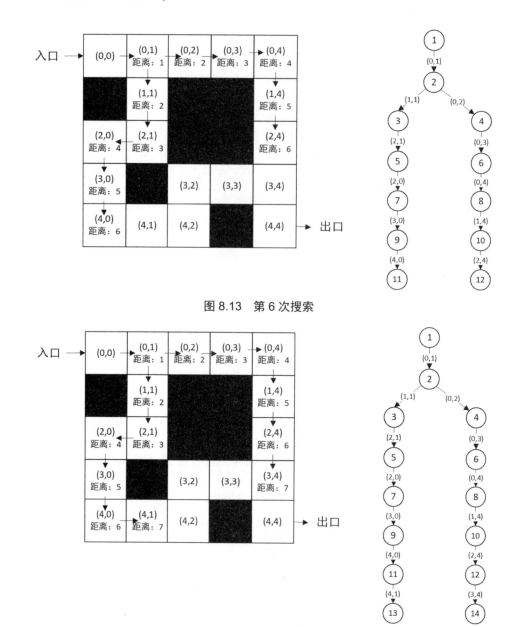

图 8.13 第 6 次搜索

图 8.14 第 7 次搜索

（8）小老鼠从格子（4，1）继续搜索，因为上面的格子（3，1）是墙无法继续搜索，所以只能搜索右面的格子（4，2）；如果小老鼠从格子（3，4）继续搜索，从格子（3，4）出发可以访问下面的格子（4，4）和左面的格子（3，3），所以格子（3，4）会同时扩展格子（4，4）和格子（3，3），如图 8.15 所示。

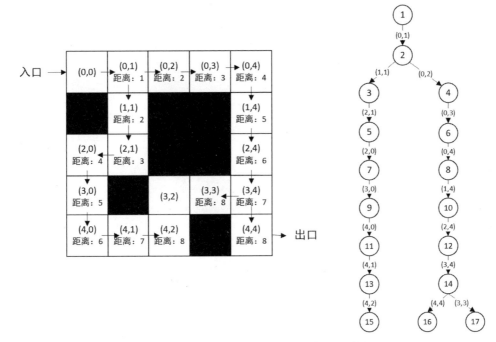

图 8.15　第 8 次搜索，找到了第一条出逃路径

小老鼠通过分支限界法成功搜索到了第一条出逃路径，并且通过分支限界法可以保证这条出逃路径是小老鼠所有出逃路径中最短的一条，这条最短出逃路径是(0,0)—(0,1)—(0,2)—(0,3)—(0,4)—(1,4)—(2,4)—(3,4)—(4,4)，小老鼠出逃的最短距离是 8。既然搜索到了最短的出逃路径，后面的格子就不需要进行搜索了，因为搜索出的其他路径肯定比最短路径长。

8.2.3　小老鼠的出逃之路

通过上面的图解，相信读者对通过分支限界法为迷宫中的小老鼠搜索路径已经有了了解。小老鼠在迷宫中进入一个格子以后，会同时生成该格子相邻的所有格子，相邻格子的生成顺序是先生成上面的格子，然后生成下面的格子，再生成左面的格子，最后生成右面的格子；之后将生成的所有结点压入队列中，如果进入的格子四个方向都无法搜索，则不生成新的格子，然后循环访问队列中的其他结点，直到访问到出口结点，表示成功帮助小老鼠找到了第一条出逃路径。搜索迷宫路径的完整代码如下所示。

```
#保存结点路径向量
class Node:
    def __init__(self, row, col,x):
        self.row = row
        self.col = col
        self.x = x
```

```python
# k 表示解空间树的第 k 层
class FIFOMaze:

    def process_solution(self,currentNode:Node,k:int):
        print("小老鼠的最短出逃距离：%d" % k)
        print("小老鼠的出逃路径为：")
        x = currentNode.x
        for value in x:
            print("(%d,%d)" % (value[0],value[1]))

    def bfs(self, currentNode: Node, k: int, maze: list, endr: int, endc: int):
        q = []
        q.append(Node(-1,-1,[]))
        while True:
            if currentNode.row == endr and currentNode.col == endc:
                self.process_solution(currentNode,k)
                break

            candidates = self.construct_candidates(k, currentNode, maze, endr, endc)
            for candidate in candidates:
                maze[candidate.row][candidate.col] = 2
                q.append(candidate)
            currentNode = q.pop(0)
            if currentNode.row == -1 and currentNode.col == -1:
                if len(q) == 0:
                    return
                else:
                    q.append(Node(-1,-1,[]))
                    currentNode = q.pop(0)
                    k = k + 1


    def construct_candidates(self, k: int, currentNode:Node ,maze: list, endr: int, endc: int) -> list:
        candidates: list = []
        row = currentNode.row
        col = currentNode.col
        # up direction，向上搜索
        if row > 0 and maze[row - 1][col] == 0:
            x = currentNode.x.copy()
            x.append((row - 1, col))
            candidates.append(Node(row-1,col,x))
```

```
            # down direction，向下搜索
            if row < endr and maze[row + 1][col] == 0:
                x = currentNode.x.copy()
                x.append((row + 1, col))
                candidates.append(Node(row + 1, col,x ))
            # left direction，向左搜索
            if col > 0 and maze[row][col - 1] == 0:
                x = currentNode.x.copy()
                x.append((row, col - 1))
                candidates.append(Node(row , col-1, x))
            # right direction，向右搜索
            if col < endc and maze[row][col + 1] == 0:
                x = currentNode.x.copy()
                x.append((row, col + 1))
                candidates.append(Node(row, col + 1,x))
            return candidates


if __name__ == '__main__':
    maze = [[2, 0, 0, 0, 0],
            [1, 0, 1, 1, 0],
            [0, 0, 1, 1, 0],
            [0, 1, 0, 0, 0],
            [0, 0, 0, 1, 0]]

    endr = 4
    endc = 4
    fmaze = FIFOMaze()
    fmaze.bfs(Node(0,0,[(0,0)]),0, maze, endr, endc)
```

搜索迷宫路径程序运行结果如图 8.16 所示。

```
小老鼠的最短出逃距离: 8
小老鼠的出逃路径为:
(0,0)
(0,1)
(0,2)
(0,3)
(0,4)
(1,4)
(2,4)
(3,4)
(4,4)
```

图 8.16　搜索迷宫路径程序运行结果

可以发现，程序的运行结果和图 8.15 一致，小老鼠的最短出逃距离是 8，出逃路径为(0,0)—(0,1)—(0,2)—(0,3)—(0,4)—(1,4)—(2,4)—(3,4)—(4,4)。接下来我们对程序中重要的数据结构和方法进行讲解。

首先在迷宫问题中，需要定义一个结点类，结点类中不但要包含搜索的路径，还要保存当前结点所在迷宫的行和列，代码如下所示。

```
#保存结点路径向量
class Node:
    def __init__(self, row, col,x):
        self.row = row
        self.col = col
        self.x = x
```

首先使用了前面介绍的 bfs 框架，整个框架的代码如下所示。

```
def bfs(self, currentNode: Node, k: int, maze: list, endr: int, endc: int):
    q = []
    q.append(Node(-1,-1,[]))
    while True:
        if currentNode.row == endr and currentNode.col == endc:
            self.process_solution(currentNode,k)
            break

        candidates = self.construct_candidates(k, currentNode, maze, endr, endc)
        for candidate in candidates:
            maze[candidate.row][candidate.col] = 2
            q.append(candidate)
        currentNode = q.pop(0)
        if currentNode.row == -1 and currentNode.col == -1:
            if len(q) == 0:
                return
            else:
                q.append(Node(-1,-1,[]))
                currentNode = q.pop(0)
                k = k + 1
```

在迷宫问题中，当小老鼠所在的行和列是迷宫出口的位置时就表示成功搜索到了一个解，is_a_solution 为 currentNode.row == endr and currentNode.col == endc。而对于解的处理 process_solution 函数的目的是简单地对小老鼠的出逃路径长度和路径进行打印，以便可视化小老鼠的出逃路径。

而对于候选解的构造代码 construct_candidates 是迷宫代码中最重要的函数，construct_candidates 构造小老鼠搜索迷宫路径可能的候选解，如下所示。

```
def construct_candidates(self, k: int, currentNode:Node ,maze: list, endr: int, endc: int) -> list:
    candidates: list = []
```

```
            row = currentNode.row
            col = currentNode.col
            # up direction，向上搜索
            if row > 0 and maze[row - 1][col] == 0:
                x = currentNode.x.copy()
                x.append((row - 1, col))
                candidates.append(Node(row-1,col,x))

            # down direction，向下搜索
            if row < endr and maze[row + 1][col] == 0:
                x = currentNode.x.copy()
                x.append((row + 1, col))
                candidates.append(Node(row + 1, col,x ))
            # left direction，向左搜索
            if col > 0 and maze[row][col - 1] == 0:
                x = currentNode.x.copy()
                x.append((row, col - 1))
                candidates.append(Node(row , col-1, x))
            # right direction，向右搜索
            if col < endc and maze[row][col + 1] == 0:
                x = currentNode.x.copy()
                x.append((row, col + 1))
                candidates.append(Node(row, col + 1,x))
        return candidates
```

当小老鼠在 currentNode 格子时，需要分别搜索 currentNode 格子的四个方向，首先构造 currentNode 相邻的上面的格子 candidates.append(Node(row-1,col,x))作为候选解，然后构造 currentNode 相邻的下面的格子 candidates.append(Node(row + 1, col,x))作为候选解，再构造 currentNode 相邻的左面的格子 candidates.append(Node(row , col-1, x))作为候选解，最后构造 currentNode 相邻的右面的格子 candidates.append(Node(row, col + 1,x))作为候选解。在构造候选解时，当前结点的搜索路径需要复制父亲结点的解向量并进行扩展，对于 currentNode 相邻的上面的格子解向量扩展为 x.append((row - 1, col))，对于 currentNode 相邻的下面的格子解向量扩展为 x.append((row + 1, col))，对于 currentNode 相邻的左面的格子解向量扩展为 x.append((row, col - 1))，对于 currentNode 相邻的右面的格子解向量扩展为 x.append((row, col + 1))。

8.3 三谈 0/1 背包问题

在第 7 章中介绍过 0/1 背包问题，在回溯法的 0/1 背包问题中通过系统地搜索解空间成功地帮助海盗们在船上装上了最大价值的钻石，使他们赚了一笔不小的财富。因为分支限界法也是对解空间进行系统的搜索，所以既然可以使用回溯法帮助海盗们找到最大价值的装船策

略,那么当然也可以通过分支限界法帮助海盗们找到最佳的装船策略。本节将介绍分支限界法,使用分支限界法求解 0/1 背包问题,通过广度优先搜索的方式帮助海盗们找到最佳的装船策略。

8.3.1 0/1 背包问题回顾

你是这伙海盗的首领,在回溯法章节中,你带着大家辛辛苦苦、冒着生命的危险来到了一个新的小岛上。幸运地,你们在岛上发现了一个宝藏,宝藏中有三颗钻石,分别是钻石 A、钻石 B 和钻石 C,其质量分别是 20、30、10,对应的总价值分别为 60、120、50,钻石 B 虽然总价值最高,但是质量也最大,钻石 C 最轻,总价值也最低。你们的小船可以装钻石的质量依然最多是 50。海盗们需要一种可以在小船的承重范围内装上最大价值的钻石的策略。

先采用第 2 章介绍的贪心算法,通过贪心单位价值最大的钻石的策略进行装船。钻石 A 的质量是 20,价值是 60,那么钻石 A 的单位价值是 3;钻石 B 的质量是 30,价值是 120,那么钻石 B 的单位价值是 4;钻石 C 的质量是 10,价值是 50,那么钻石 C 的单位价值是 5,按照贪心单位价值最大的策略,首先应该装载钻石 C,然后装载钻石 B,最后装载钻石 A,但是如果装载钻石 A 就超过了小船的承重,所以通过贪心算法的装载策略是第二颗和第三颗钻石放入船上运走,第一颗钻石留下,船上钻石的总价值是 170,如图 8.17 所示。

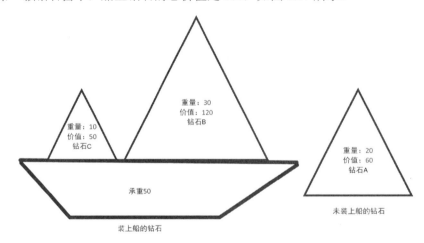

图 8.17 通过贪心算法得到的装船策略

可以发现,通过贪心算法得到的装载方案,船上钻石的总价值是 170。因为一共只有 3 颗钻石,所以通过回溯法可以系统地遍历装船的八种方案,然后选择其中一个装船钻石价值最大的方案作为最终的解决方案。整个回溯法的解空间树如图 8.18 所示。

(1)第一种情况{ False, False, False }:表示三颗钻石都不放入船上,船上钻石的总质量是 0,总价值是 0;

（2）第二种情况{ False，False，True }：表示只有第三颗钻石放入了船上，前两颗钻石都没有放入船上，船上钻石的总质量是10，总价值是50；

（3）第三种情况{ False，True，False }：表示只有第二颗钻石放入了船上，第一颗和第三颗钻石没有放入船上，船上钻石的总质量是30，总价值是120；

（4）第四种情况{ False，True，True }：表示第二颗和第三颗钻石放入了船上，第一颗钻石没有放入船上，船上钻石的总质量是40，总价值是170；

（5）第五种情况{ True，False，False }：表示只有第一颗钻石放入了船上，第二颗和第三颗钻石都没有放入船上，船上钻石的总质量是20，总价值是60；

（6）第六种情况{ True，False，True }：表示第一颗钻石和第三颗钻石放入了船上，第二颗钻石没有放入船上，船上钻石的总质量是30，总价值是110；

（7）第七种情况{ True，True，False }：表示第一颗钻石和第二颗钻石放入了船上，第三颗钻石没有放入船上，船上钻石的总质量是50，总价值是180；

（8）第八种情况是{ True，True，True }：表示全部钻石都要放入船上，小船的极限承重只有50，而所有钻石的质量之和是60，所以第八种情况不存在。

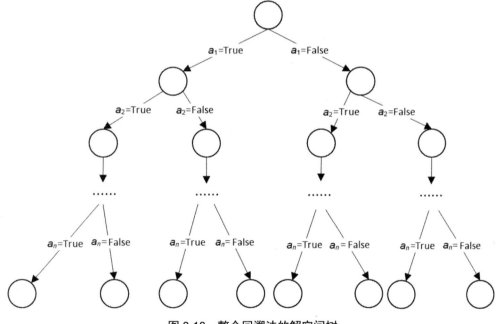

图8.18　整个回溯法的解空间树

枚举了小船装载钻石的所有可能的情况，通过比较发现第七种情况{ True，True，False }的船上钻石价值最大，即第一颗钻石和第二颗钻石放入了船上，第三颗钻石没有放入船上，船上钻石的总质量是50，总价值是180，该方案是最终的装船策略，如图8.19所示。

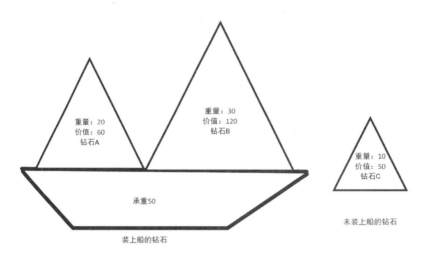

图 8.19　通过回溯法得到的装船策略

8.3.2　使用分支限界的思路装船

通过列举三颗钻石运载方案的所有情况，系统地比较八种方案小船运载钻石所产生的总价值，选择其中一个最优的运载方案作为最终的装船策略。此处使用分支限界法对解空间进行系统搜索。例子中只有三颗钻石，搜索空间一共也就八种，如果现在有 n 颗钻石，那么就有 2^n 种可能性。同样的，在分支限界法中也使用解向量 $\boldsymbol{a}=(a_1,a_2,a_3,\cdots,a_n)$ 表示钻石的状态，每个 a_i 表示第 i 颗钻石，每颗钻石只有两种取值 False 和 True，使用"False"表示钻石不放到船上，用"True"表示钻石放到船上，整个分支限界法的解空间树和回溯法的解空间树是一样的。

如果全量搜索，这样的时间复杂度对于分支限界法肯定是不可行的，所以在分支限界法的过程中也需要剪枝。分支限界法求解最优问题包括两种剪枝：约束函数和限界函数。

约束函数：因为小船有极限承重，所以不可能将所有钻石都放入船上，如果该钻石放入船上以后超出了小船的承重，就表示为不可行解；如果该钻石放入船上以后没有超出小船的承重，就表示为可行解，该条件会对解空间树的左子树进行剪枝。

限界函数：限界函数会剪去得不到最优解的分支，对于本例子，如果当前分支的装船方案的钻石价值小于已经找到的装船方案的钻石价值，那么就没必要对该分支继续进行搜索。因为后面结点的钻石装载状态不知道，所以采用估计值确定当前分支装船方案的钻石总价值，假设后面结点的钻石全部可以放入船上。如果当前已经放入船上的钻石价值加上后面剩余钻石的总价值还小于已经找到的装船方案的钻石价值，那么就没必要继续搜索。该条件会对解空间树的右子树进行剪枝。

对于上面两种剪枝函数，每个结点要保存如下四个信息：
- 当前船上钻石的质量，使用 cw（current weight）表示；
- 当前船上钻石的价值，使用 cv（current value）表示；

- 当前未放入船上的钻石价值，使用 rv（remaining value）表示；
- 当前结点的搜索路径。

现在开始使用分支限界法来系统地搜索解空间，以便帮助海盗们进行钻石搬运方案的选择。

（1）首先判断钻石 A 是否放入小船中，钻石 A 的质量是 20，价值是 60，小船的承重是 50，所以钻石 A 有两种选择，一种是放入船中，一种是不放入船中。先考虑钻石 A 放入船中的情况，钻石 A 放入船中以后，船上钻石的质量是钻石 A 的质量为 20，船上钻石的价值是钻石 A 的价值为 60，未放入船上的剩余钻石的价值为钻石 B 和钻石 C 的价值之和为 170，如图 8.20 所示。

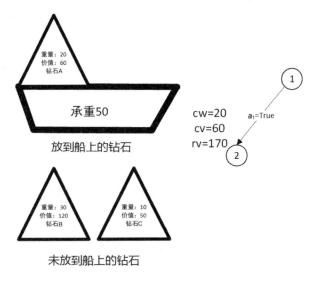

图 8.20　钻石 A 放入船中

第二种情况是钻石 A 不放入船中，如果钻石 A 不放入船中，船上钻石的质量是 0，船上钻石的价值也是 0，未放入船上的剩余钻石的价值为钻石 B 和钻石 C 的价值之和为 170，如图 8.21 所示。

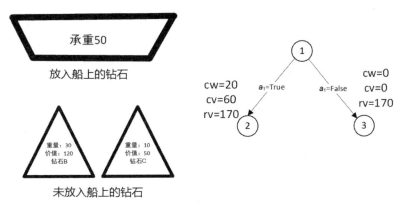

图 8.21　钻石 A 不放入船中

（2）扩展结点 2，判断钻石 B 是否放入小船中，钻石 B 的质量是 30，价值是 120，小船的承重是 50。如果钻石 B 放入船中，船上钻石的质量就是钻石 A 和钻石 B 的总质量为 50，船上钻石的价值就是钻石 A 和钻石 B 的总价值 180，未放入船上的剩余钻石的价值为钻石 C 的价值为 50。当然钻石 B 也可以选择不放入船中。先考虑钻石 B 放入船中的情况，如图 8.22 所示。

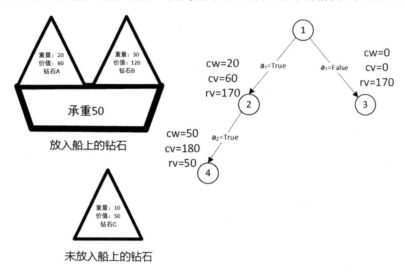

图 8.22　钻石 B 放入船中（1）

第二种情况是钻石 B 不放入船中，如果钻石 B 不放入船中，船上钻石的质量只有钻石 A 的质量为 20，船上钻石的价值只有钻石 A 的价值 60，未放入船上的剩余钻石的价值为钻石 C 的价值为 50，如图 8.23 所示。

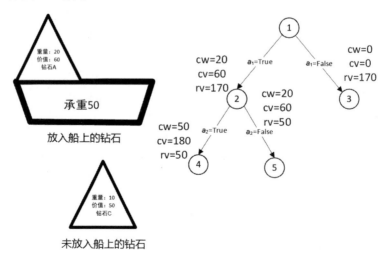

图 8.23　钻石 B 不放入船中（1）

（3）扩展结点 3，判断钻石 B 是否放入小船中，钻石 B 的质量是 30，价值是 120，小船的承重是 50。如果钻石 B 放入船中，船上钻石的质量就是钻石 B 的质量为 30，船上钻石的价值就是钻石 B 的价值为 120，未放入船上的剩余钻石的价值为钻石 C 的价值为 50。当然钻石 B 也可以选择不放入船中。先考虑钻石 B 放入船中的情况，如图 8.24 所示。

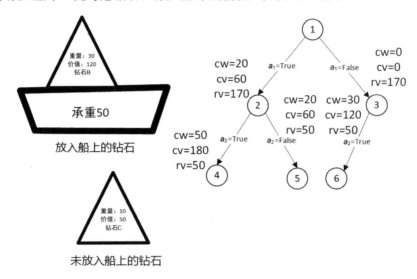

图 8.24　钻石 B 放入船中（2）

第二种情况是钻石 B 不放入船中，如果钻石 B 不放入船中，船上钻石的质量是 0，船上钻石的价值也是 0，未放入船上的剩余钻石的价值为钻石 C 的价值为 50，如图 8.25 所示。

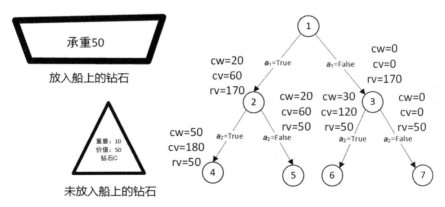

图 8.25　钻石 B 不放入船中（2）

（4）扩展结点 4，判断钻石 C 是否放入小船中，钻石 C 的质量是 10，价值是 50，小船的承重是 50。如果钻石 C 放入船中，船上钻石的质量就是钻石 A、钻石 B 和钻石 C 的总质量为 60，大于小船的极限承重，所以无法扩展左子树，如图 8.26 所示。

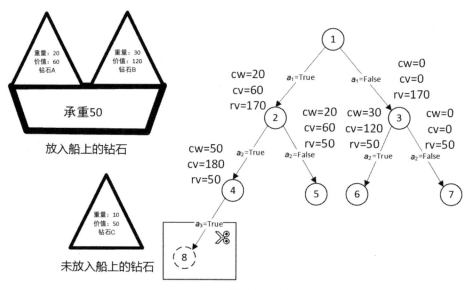

图 8.26 剪枝左子树

第二种情况是钻石 C 不放入船中,如果钻石 C 不放入船中,船上钻石的质量是钻石 A 和钻石 B 的总质量为 50,船上钻石的价值是钻石 A 和钻石 B 的总价值为 180,未放入船上的剩余钻石的价值为 0。在这种情况下三颗钻石的存放状态都确定了,则得到了第一个装船策略,第一颗和第二颗钻石放入船中,第三颗钻石不放入船中,船上钻石的总质量是 50,总价值是 180,对应的装船情况是(True,True,False),如图 8.27 所示。

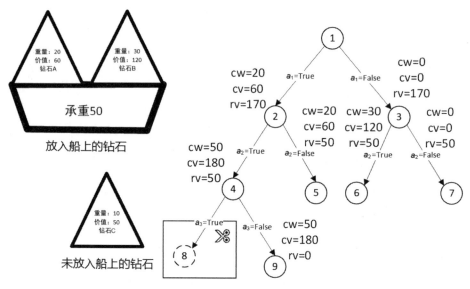

图 8.27 通过分支限界法找到的第一个解

（5）扩展结点 5，判断钻石 C 是否放入小船中，因为结点 5 的当前船上钻石的价值是 60，而未放入船上的剩余钻石的价值是 50，假设后面的钻石全部可以放入船上，当前已经放入船上的钻石价值 60 加上剩余钻石的总价值 50 还小于已经找到的装船方案的钻石总价值 180，所以没有必要继续扩展结点 5，如图 8.28 所示。

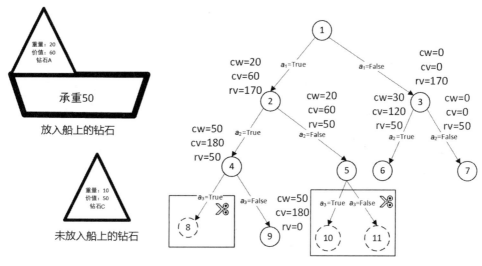

图 8.28　剪枝（1）

（6）扩展结点 6，判断钻石 C 是否放入小船中，因为结点 6 的当前船上钻石的价值是 120，而未装上船的剩余钻石的价值是 50，假设后面的钻石全部可以放入船上，当前已经放入船上的钻石价值 120 加上剩余钻石的总价值 50 还小于已经找到的装船方案的钻石总价值 180，所以没有必要继续扩展结点 6，如图 8.29 所示。

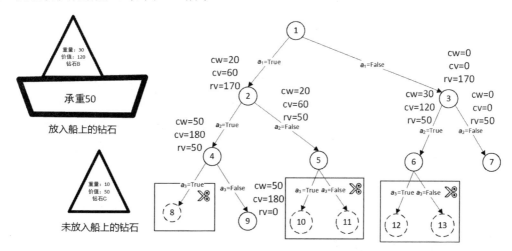

图 8.29　剪枝（2）

（7）扩展结点 7，判断钻石 C 是否放入小船中，因为结点 7 的当前船上钻石的价值是 0，而未放入船上的剩余钻石的价值是 50，假设后面的钻石全部可以放入船上，当前已经放入船上的钻石价值 0 加上剩余钻石的总价值 50 还小于已经找到的装船方案的钻石总价值 180，所以没有必要继续扩展结点 7，如图 8.30 所示。

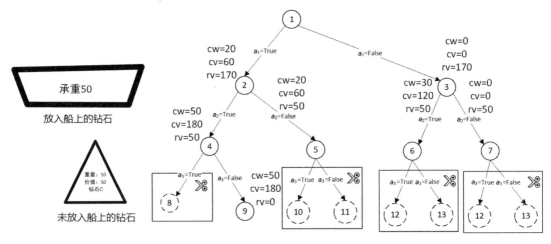

图 8.30　剪枝（3）

这时候整个解空间树都搜索完毕了，最终的装载策略是（True，True，False），即钻石 A 和钻石 B 放入船上，钻石 C 不放入船上，船上放入钻石的总价值为 180，和回溯法找到的装载方案是一致的。对于本书中的例子，整个解空间树一共有八种不同的组合，通过约束函数和限界函数直接将其中的七种情况剪掉了，充分说明剪枝函数设计得越好，分支限界法的搜索效率越高。

8.3.3　背包的搜索过程

通过上面的图解，相信读者对于通过分支限界法求解 0/1 背包问题已经有了了解，0/1 背包问题属于通过分支限界法求解最优问题的典型问题，分支限界法通过系统地搜索整个解空间，比较所有的解决方案，选择其中一个最优的解决方案作为最终的解。如果要搜索整个空间树，那么时间复杂度对于分支限界法肯定是不可行的，所以需要在分支限界法搜索的过程中设计约束函数和限界函数，减少搜索空间，提高搜索效率。0/1 背包问题分支限界法的完整代码如下所示。

```
#保存结点路径向量
class Node:
    def __init__(self, remainingValue, currentWeight, currentValue, x):
        #剩余钻石的价值
```

```python
        self.remainingValue = remainingValue
        #当前钻石的质量
        self.currentWeight = currentWeight
        #当前钻石的价值
        self.currentValue = currentValue
        self.x = x


#k表示解空间树的第k层
class FIFOKnapsack:

    def __init__(self, weights: list, values: list, capacity: int):
        #各个物品的质量
        self.weights = weights
        #各个物品的价值
        self.values = values
        #背包容量
        self.capacity = capacity
        #当前的最大价值
        self.best_value = 0
        #当前的最优解
        self.best_solution = []

    def process_solution(self, currentNode: Node, k: int):
        if currentNode.currentValue > self.best_value:
            self.best_value = currentNode.currentValue
            self.best_solution = currentNode.x.copy()

    def get_best_solution(self):
        return self.best_solution

    def get_best_value(self):
        return self.best_value

    def bfs(self, currentNode: Node, n: int, k: int):
        q = []
        q.append(Node(-1, -1, -1, []))
        while True:
            if currentNode.currentValue + currentNode.remainingValue > self.best_value:
                candidates = self.construct_candidates(k, n, currentNode)
                for candidate in candidates:
                    q.append(candidate)

            currentNode = q.pop(0)
```

```python
                    if currentNode.currentWeight == -1 and currentNode.currentValue == -1:
                        if len(q) == 0:
                            return
                        else:
                            q.append(Node(-1, -1, -1, []))
                            currentNode = q.pop(0)
                            k = k + 1

    def construct_candidates(self, k: int, n: int, currentNode: Node) -> list:
        candidates: list = []
        if k < n:
            #对左子树进行剪枝
            if currentNode.currentWeight + self.weights[k] <= self.capacity:
                x: list = currentNode.x.copy()
                x.append(True)
                expandNode = Node(currentNode.remainingValue - self.values[k], currentNode.currentWeight + self.weights[k],
                                  currentNode.currentValue + self.values[k], x)
                candidates.append(expandNode)

                if (n-1) == k:
                    self.process_solution(expandNode,k+1)
            #对右子树进行剪枝
            if currentNode.currentValue + currentNode.remainingValue - self.values[k] > self.best_value:
                x: list = currentNode.x.copy()
                x.append(False)
                expandNode = Node(currentNode.remainingValue - self.values[k], currentNode.currentWeight,
                                  currentNode.currentValue, x)
                candidates.append(expandNode)
                if (n - 1) == k:
                    self.process_solution(expandNode, k + 1)
        return candidates


if __name__ == '__main__':
    weights = [20, 30, 10]
    values = [60, 120, 50]
    n = 3
    capacity = 50
    knapsack = FIFOKnapsack(weights, values, capacity)
    remainingValue = 0
    for value in values:
        remainingValue = remainingValue + value
    knapsack.bfs(Node(remainingValue, 0, 0, []), n, 0)
```

```
best_solution = knapsack.get_best_solution()
best_value = knapsack.get_best_value()
print("装载策略为")
for value in best_solution:
    print(value, end=' ')
print()
print("最大价值为%s" % best_value)
```

0/1 背包问题分支限界法程序运行结果如图 8.31 所示。

图 8.31　0/1 背包问题分支限界法程序运行结果

可以发现，程序的运行结果和图 8.30 最终的分析结果是一致的。我们已经成功地通过分支限界法帮助海盗们找到了最佳的装载策略，并且找到的最佳装载策略和通过回溯法找到的最佳装载策略是一致的，海盗们高高兴兴地去装船了。接下来我们对程序中重要的数据结构和方法进行讲解。

首先继续套用前面介绍的 bfs 框架，整个框架的代码如下所示。

```
def bfs(self, currentNode: Node, n: int, k: int):
    q = []
    q.append(Node(-1, -1, -1, []))
    while True:
        if currentNode.currentValue + currentNode.remainingValue > self.best_value:
            candidates = self.construct_candidates(k, n, currentNode)
            for candidate in candidates:
                q.append(candidate)

        currentNode = q.pop(0)
        if currentNode.currentWeight == -1 and currentNode.currentValue == -1:
            if len(q) == 0:
                return
            else:
                q.append(Node(-1, -1, -1, []))
                currentNode = q.pop(0)
                k = k + 1
```

如果当前扩展结点的船上已经放入的钻石的价值加上剩余钻石的总价值还小于已经找到的装船方案的钻石价值，则没有必要继续扩展该结点，代码如下所示。

```
if currentNode.currentValue + currentNode.remainingValue > self.best_value:
    candidates = self.construct_candidates(k, n, currentNode)
```

```
            for candidate in candidates:
                q.append(candidate)
```

而对于候选解的构造代码 construct_candidates 是 0/1 背包问题代码中最重要的函数，construct_candidates 构造 0/1 背包问题可能的候选解，并通过约束函数和限界函数分别对左子树和右子树进行剪枝，代码如下所示。

```
def construct_candidates(self, k: int, n: int, currentNode: Node) -> list:
    candidates: list = []
    if k < n:
        #对左子树进行剪枝
        if currentNode.currentWeight + self.weights[k] <= self.capacity:
            x: list = currentNode.x.copy()
            x.append(True)
            expandNode = Node(currentNode.remainingValue - self.values[k], currentNode.currentWeight + self.weights[k],
                              currentNode.currentValue + self.values[k], x)
            candidates.append(expandNode)

            if (n-1) == k:
                self.process_solution(expandNode, k+1)
        #对右子树进行剪枝
        if currentNode.currentValue + currentNode.remainingValue - self.values[k] > self.best_value:
            x: list = currentNode.x.copy()
            x.append(False)
            expandNode = Node(currentNode.remainingValue - self.values[k], currentNode.currentWeight,
                              currentNode.currentValue, x)
            candidates.append(expandNode)
            if (n - 1) == k:
                self.process_solution(expandNode, k + 1)
    return candidates
```

在搜索第 k 个钻石的时候，如果船上已有钻石的质量加上第 k 个钻石的质量小于船的承重，表示第 k 个钻石可以放入船上，其判断条件为 currentNode.currentWeight + self.weights[k] <= self.capacity，如果船上已有钻石的价值加上剩余钻石的价值大于已经找到的装载策略的钻石总价值，表示第 k 个钻石可以不放入船上，其判断条件为 currentNode.currentValue + currentNode.remainingValue - self.values[k] > self.best_value。

在 0/1 背包问题中，当判断最后一颗钻石是否放入时就表示找到了一个解，为了提前得到 best_value 用于分支限界法的剪枝，将 is_a_solution 放在了 construct_candidates 中为(n-1)==k，而对于解的处理 process_solution 函数的目的是更新最优解向量和最优值，如果当前解大于最优解就将当前解更新为最优解，否则不更新，代码如下所示。

```
def process_solution(self, currentNode: Node, k: int):
    if currentNode.currentValue > self.best_value:
```

```
self.best_value = currentNode.currentValue
self.best_solution = currentNode.x.copy()
```

8.4 三谈集装箱装载问题

在第 7 章中介绍过集装箱装载问题，在集装箱装载问题的回溯法中通过系统地搜索解空间成功地帮助搬家师傅找到了可以装完全部物品的方案，所有的物品通过两辆搬家车就全部运走了。因为分支限界法也是对解空间进行系统的搜索，所以既然可以使用回溯法帮助搬家师傅装完全部物品，那么当然也可以通过分支限界法帮助搬家师傅找到最佳的装车策略。本节介绍使用分支限界法求解集装箱装载问题，通过广度优先搜索的方式帮助搬家师傅找到最佳的装车策略。

8.4.1 集装箱装载问题回顾

老王刚买了一个新房，需要将现在住的房子的物品搬到新房子里。在回溯法章节中，老王打算把所有的物品都装走，叫了两辆搬家车，第一辆搬家车的容量是 20，第二辆搬家车的容量是 27。两辆车的容量恰好等于老王打包的所有物品的体积，老王一共打包了 8 个物品，8 个物品的体积如下：

- 物品 A：4；
- 物品 B：1；
- 物品 C：3；
- 物品 D：2；
- 物品 E：7；
- 物品 F：12；
- 物品 G：11；
- 物品 H：7。

老王需要一种策略使两辆车可以把所有的物品都装走运到新家。

先利用第 2 章介绍的贪心算法，使用贪心算法帮助搬家师傅求解装载问题，通过对物品体积最小的物品进行贪心从而保证搬家车装载最多的物品。

首先按照同样的贪心策略先装满第一辆车，然后将剩余的物品装到第二辆车上。在贪心算法中，通过对物品体积最小进行贪心，图 2.35 给出了第一辆车所能装载的物品，分别是物品 B、物品 D、物品 C、物品 A 和物品 E，如图 8.32 所示。

剩下没有装上车的物品是物品 H、物品 F 和物品 G，虽然剩下的物品数量很少，但是剩下物品的体积是最大的。物品 H 的体积是 7，物品 F 的体积是 12，物品 G 的体积是 11，剩下的这三个物品的总体积是 30，已经大于第二辆车的容量 27 了，所以无法把剩下的所有物品都装上第二辆车。

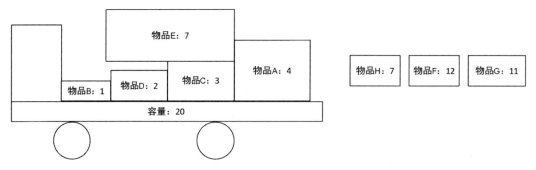

图 8.32 基于贪心装满第一辆车

回顾第一辆搬家车已经装上的物品：物品 B、物品 D、物品 C、物品 A 和物品 E，物品 B 的体积是 1，物品 D 的体积是 2，物品 C 的体积是 3，物品 A 的体积是 4，物品 E 的体积是 7，已经装上搬家车的物品的总体积是 17，第一辆车的容量是 20，还剩下 3 个多余的空间；而第二辆搬家车却少 3 个空间，虽然两辆车的总容量可以装下所有的物品，但是两辆车的容量并没有充分利用起来，导致有部分物品依旧不能被搬运走。

可以发现，通过第 2 章贪心算法，对物品体积最小进行贪心不能使两辆搬家车搬运所有的物品，主要是因为贪心算法章节中的搬家车是一辆，并且目标是保证搬家车装上最多的物品，而这一次的搬家问题有两辆搬家车，目标是把所有的物品都装到搬家车上运走。

上面的贪心算法所获得的装车方案之所以会失败，是因为在装载第一辆车的时候并没有充分利用第一辆车的所有空间。在通过贪心算法装完第一辆车以后，还有 3 个空间的剩余，剩余的空间无法装载剩下的任意一个物品，因为剩下的任意一个物品的体积都要大于 3，造成了车上空间的不必要浪费。

那么很容易想到，首先第一辆车尽可能装满，最理想的情况是第一辆车没有一点剩余空间，全部被物品填满。当然对于本例，第一辆车必须装满，如果装不满有剩余的空间，那么第二辆车无论怎么装都装不下所有剩下的物品，因为物品的总体积和两辆车的总容量是一样的，第一辆车装不满剩余的空间就是第二辆车缺少的空间。在装满第一辆车以后，将剩余的物品装上第二辆车即可。

回溯法可以系统地遍历装第一辆搬家车的所有方案，然后选择其中一个可以装满搬家车、不留一点剩余空间的方案作为最终的解决方案。整个回溯法的解空间树如图 8.33 所示。

通过枚举搬家车装载物品的所有可能情况，比较发现，将物品 A、物品 B、物品 C、物品 F 放到第一辆搬家车上，即可装满整个搬家车，不留一点剩余空间，该方案是最终的装车策略，如图 8.34 所示。

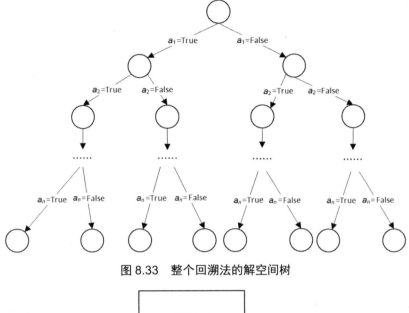

图 8.33　整个回溯法的解空间树

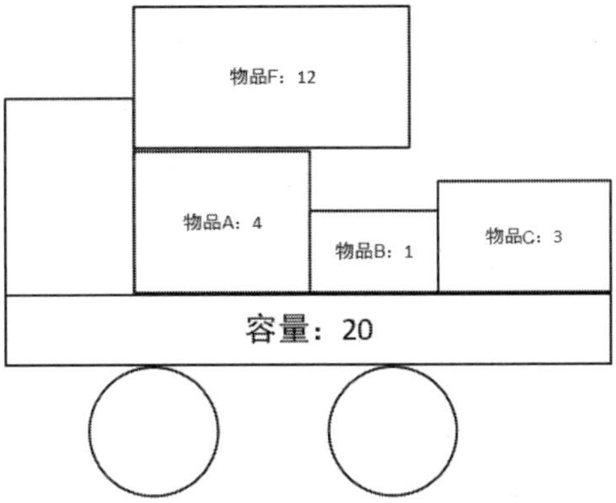

图 8.34　通过回溯法得到的装车策略

8.4.2　使用分支限界的思路装载集装箱

通过列举所有物品装车方案的情况，系统地比较所有方案中搬家车运载物品的总体积，选择其中一个最优的装载方案作为最终的装车策略，这一次使用分支限界法完成对解空间的系统搜索。例子中只有 8 个物品，搜索空间一共也就是 2 的 8 次方种，如果现在有 n 个物品，那么就有 2^n 种可能性。同样的，在分支限界法中也使用解向量 $a=(a_1,a_2,a_3,\cdots,a_n)$ 表示物品的状态，每个 a_i 表示第 i 个物品，每个物品只有两种取值 False 和 True，使用 "False" 表示物品不放到车上，用 "True" 表示物品放到车上，整个分支限界法的解空间树和回溯法的解空间树是一样的，如图 8.33 所示。

如果全量搜索，这样的时间复杂度对于分支限界法肯定是不可行的，所以在分支限界法的过程中也需要剪枝。分支限界法求解最优问题包括两种剪枝：约束函数和限界函数。

约束函数：因为搬运车的容量有限，所以不可能将所有的物品都放到第一辆车上，如果该物品装上车以后超出了搬运车的容量，就表示为不可行解；如果该物品装上车以后没有超出搬运车的容量，就表示为可行解，该条件会对解空间树的左子树进行剪枝。

限界函数：限界函数会剪去得不到最优解的分支，对于本书例子，如果当前分支的装车方案的物品体积小于已经找到的装车方案的物品总体积，那么就没必要对该分支继续进行搜索。因为后面结点的物品装载状态不知道，所以采用估计值确定当前分支的装车方案的物品总体积，假设后面结点的物品全部可以装上车。如果当前已经装在车上的物品体积加上后面剩余物品的总体积还小于已经找到的装车方案的物品总体积，那么就没必要继续搜索。该条件会对解空间树的右子树进行剪枝。当然，在本例子中，还可以再加一个剪枝条件，如果找到了一种装车策略恰好可以装满第一辆车、不留一点空间，可以认为找到了最佳的装车方案，立即停止整个空间树的搜索。

对于上面的两种剪枝函数，每个结点要保存如下四个信息：
- 当前车上物品的体积，使用 cv（current volume）表示；
- 当前未装上车的物品体积，使用 rv（remaining volume）表示；
- 当前结点的搜索路径。

现在开始使用分支限界法来系统地搜索解空间，帮助搬家师傅找到物品搬运方案。

（1）首先判断物品 A 是否放入车中，物品 A 的体积是 4，搬家车的容量是 20，所以物品 A 有两种选择，一种是放入车中，另一种是不放入车中。先考虑物品 A 放入车中的情况，物品 A 放入车中以后，车上物品的体积是物品 A 的体积 4，未装上车的剩余物品的体积是物品 B、物品 C、物品 D、物品 E、物品 F、物品 G、物品 H 的体积之和为 43，如图 8.35 所示。

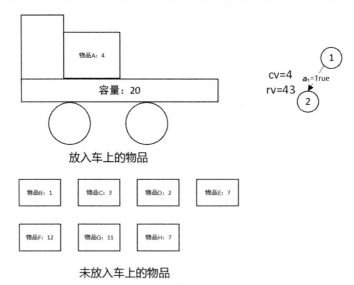

图 8.35　物品 A 放入车中

第二种情况是物品 A 不放入车中,如果物品 A 不放入车中,车上物品的体积是 0,未装上车的剩余物品的体积是物品 B、物品 C、物品 D、物品 E、物品 F、物品 G、物品 H 的体积之和为 43,如图 8.36 所示。

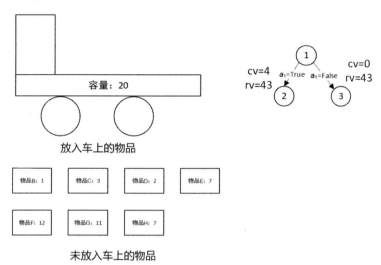

图 8.36　物品 A 不放入车中

(2) 扩展结点 2,判断物品 B 是否放入车中,物品 B 的体积是 1,第一辆搬家车的容量是 20,如果物品 B 放入车中,车上物品的体积就是物品 A 和物品 B 的总体积为 5,未装上车的剩余物品的体积是物品 C、物品 D、物品 E、物品 F、物品 G、物品 H 的体积之和为 42。当然物品 B 也可以选择不放入车中,先考虑物品 B 放入车中的情况,如图 8.37 所示。

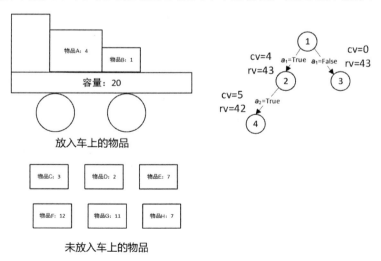

图 8.37　物品 B 放入车中(1)

第二种情况是物品 B 不放入车中，如果物品 B 不放入车中，车上物品的体积只是物品 A 的体积为 4，未装上车的剩余物品的体积是物品 C、物品 D、物品 E、物品 F、物品 G、物品 H 的体积之和为 42，如图 8.38 所示。

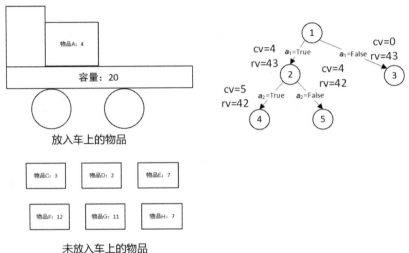

图 8.38　物品 B 不放入车中（1）

（3）扩展结点 3，判断物品 B 是否放入车中，物品 B 的体积是 1，搬家车的容量是 20，如果物品 B 放入车中，车上物品的体积就是物品 B 的总体积为 1，未装上车的剩余物品的体积是物品 C、物品 D、物品 E、物品 F、物品 G、物品 H 的体积之和为 42。当然物品 B 也可以选择不放入车中，先考虑物品 B 放入车中的情况，如图 8.39 所示。

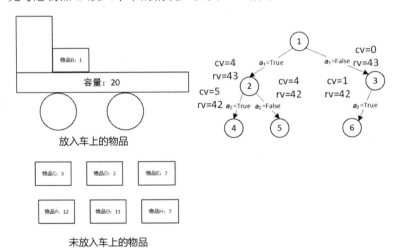

图 8.39　物品 B 放入车中（2）

第二种情况是物品 B 不放入车中，如果物品 B 不放入车中，车上物品的体积是 0，未装上车的剩余物品的体积是物品 C、物品 D、物品 E、物品 F、物品 G、物品 H 的体积之和为 42，如图 8.40 所示。

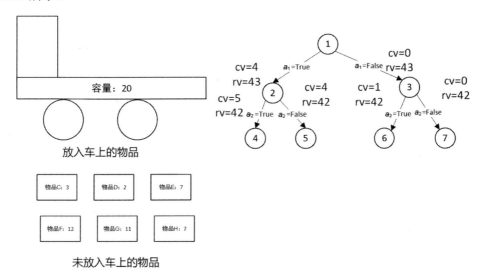

图 8.40　物品 B 不放入车中（2）

（4）扩展结点 4，判断物品 C 是否放入车中，物品 C 的体积是 3，搬家车的容量是 20，如果物品 C 放入车中，车上物品的体积就是物品 A、物品 B 和物品 C 的总体积为 8，未放入车上的剩余物品的体积是物品 D、物品 E、物品 F、物品 G、物品 H 的体积之和为 39。第二种情况是物品 C 不放入车中，如果物品 C 不放入车中，车上物品的体积是物品 A 和物品 B 的总体积为 5，未放入车上的剩余物品的体积是物品 D、物品 E、物品 F、物品 G、物品 H 的体积之和为 39。

扩展结点 5，判断物品 C 是否放入车中，物品 C 的体积是 3，搬家车的容量是 20，如果物品 C 放入车中，车上物品的体积就是物品 A 和物品 C 的总体积为 7，未放入车上的剩余物品的体积是物品 D、物品 E、物品 F、物品 G、物品 H 的体积之和为 39。第二种情况是物品 C 不放入车中，如果物品 C 不放入车中，车上物品的体积是物品 A 的体积为 4，未放入车上的剩余物品的体积是物品 D、物品 E、物品 F、物品 G、物品 H 的体积之和为 39。

扩展结点 6，判断物品 C 是否放入车中，物品 C 的体积是 3，搬家车的容量是 20，如果物品 C 放入车中，车上物品的体积就是物品 B 和物品 C 的总体积为 4，未放入车上的剩余物品的体积是物品 D、物品 E、物品 F、物品 G、物品 H 的体积之和为 39。第二种情况是物品 C 不放入车中，如果物品 C 不放入车中，车上物品的体积是物品 B 的体积为 1，未放入车上的剩余物品的体积是物品 D、物品 E、物品 F、物品 G、物品 H 的体积之和为 39。

扩展结点 7，判断物品 C 是否放入车中，物品 C 的体积是 3，搬家车的容量是 20，如果物品C放入车中，车上物品的体积就是物品C的体积为3，未放入车上的剩余物品的体积是物品D、物品E、物品F、物品G、物品H的体积之和为39。第二种情况是物品C不放入车中，如果物品C不放入车中，车上物品的体积是0，未放入车上的剩余物品的体积是物品D、物品E、物品F、物品G、物品H的体积之和为39。结点4～7扩展如图8.41所示。

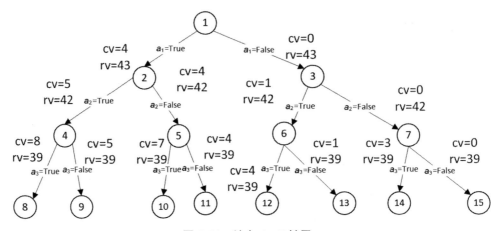

图8.41 结点4～7扩展

（5）对于物品D是否放入车上，需要对结点8～15分别扩展，一共可以扩展出16个孩子结点。

物品D的体积是2，如果物品D放入车中：
- 当前扩展结点物品的体积（cv）=父亲结点物品的体积（cv）+物品D的体积；
- 剩余物品的体积（rv）= 父亲结点剩余物品的体积（rv）-物品D的体积。

如果物品D不放入车中：
- 当前扩展结点物品的体积（cv）= 父亲结点物品的体积（cv）；
- 剩余物品的体积（rv） = 父亲结点剩余物品的体积（rv）-物品D的体积；

读者可以按照上面的规律扩展结点8～15，结点8～15扩展如图8.42所示。

（6）对于物品E是否放入车上，需要对结点16～31分别扩展，一共可以扩展出32个孩子结点。

物品E的体积是7，如果物品E放入车中：
- 当前扩展结点物品的体积（cv）=父亲结点物品的体积（cv）+物品E的体积；
- 剩余物品的体积（rv）= 父亲结点剩余物品的体积（rv）-物品E的体积。

如果物品E不放入车中：
- 当前扩展结点物品的体积（cv）= 父亲结点物品的体积（cv）；
- 剩余物品的体积（rv） = 父亲结点剩余物品的体积（rv）-物品E的体积。

读者可以按照上面的规律扩展结点16～31，结点16～31扩展如图8.43所示。

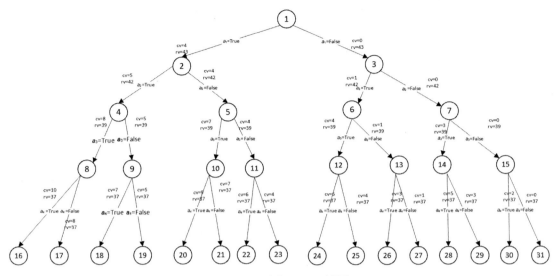

图 8.42　结点 8～15 扩展

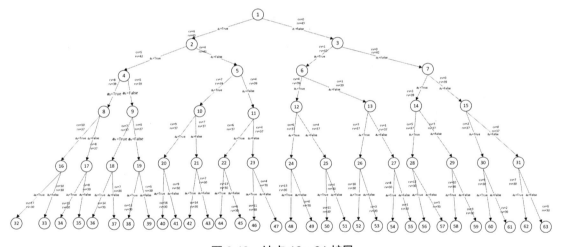

图 8.43　结点 16～31 扩展

（7）扩展结点 32，判断物品 F 是否放入车中，物品 F 的体积是 12，搬家车的容量是 20，如果物品 F 放入车中，车上物品的体积就是物品 A、物品 B、物品 C、物品 D、物品 E 和物品 F 的总体积为 29，超过了搬家车的容量 20，所以无法扩展左子树。第二种情况是物品 F 不放入车中，如果物品 F 不放入车中，车上物品的体积就是物品 A、物品 B、物品 C、物品 D、物品 E 的总体积为 17，未放入车上的剩余物品的体积是物品 G、物品 H 的体积之和为 18。

扩展结点 33，判断物品 F 是否放入车中，物品 F 的体积是 12，搬家车的容量是 20，如果物品 F 放入车中，车上物品的体积就是物品 A、物品 B、物品 C、物品 D 和物品 F 的总体积为 22，超过了搬家车的容量 20，所以无法扩展左子树。第二种情况是物品 F 不放入车中，如果物品 F 不放入车中，车上物品的体积就是物品 A、物品 B、物品 C、物品 D 的总体积为 10，未放入车上的剩余物品的体积是物品 G、物品 H 的体积之和为 18。

扩展结点 34，判断物品 F 是否放入车中，物品 F 的体积是 12，搬家车的容量是 20，如果物品 F 放入车中，车上物品的体积就是物品 A、物品 B、物品 C、物品 E 和物品 F 的总体积为 27，超过了搬家车的容量 20，所以无法扩展左子树。第二种情况是物品 F 不放入车中，如果物品 F 不放入车中，车上物品的体积就是物品 A、物品 B、物品 C、物品 E 的体积之和为 15，未放入车上的剩余物品的体积是物品 G、物品 H 的体积之和为 18。

扩展结点 35，判断物品 F 是否放入车中，物品 F 的体积是 12，搬家车的容量是 20，如果物品 F 放入车中，车上物品的体积就是物品 A、物品 B、物品 C 和物品 F 的总体积为 20，恰号等于第一辆搬家车的容量，没有剩余一点空间，是要找到的最佳装车方案，当然未放入车上的剩余物品的体积是物品 G、物品 H 的体积之和为 18。既然找到了最佳的装车策略，就停止整个解空间树的搜索，如图 8.44 所示。

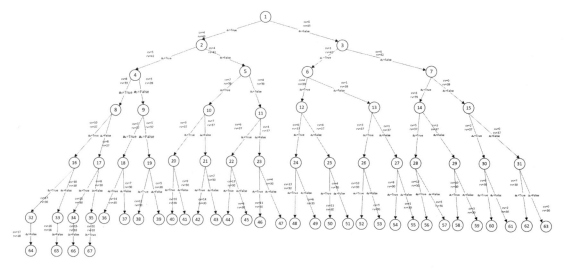

图 8.44　搜索到最佳装车方案

这时候通过分支限界法找到了装满第一辆车的方案，立即停止对整个空间树的搜索，找到的搬家车装载方案是(True,True,True,False,False,True,False,False)，即物品 A、物品 B、物品 C 和物品 F 装到第一辆搬家车上，物品 D、物品 E、物品 G 和物品 H 装到第二辆搬家车上。通过分支限界法找到的装载方案和回溯法找到的装载方案是一致的。

8.4.3　集装箱的装载过程

通过上面的图解，相信读者对于通过分支限界法求解集装箱装载问题已经有了了解。分支限界法通过系统地搜索整个解空间，比较所有的解决方案，选择其中一个最优的解决方案作为最终的解，在分支限界法搜索的过程中设计约束函数和限界函数，减少了搜索空间，提高了搜索效率。在本例子中，还增加了一个剪枝条件，如果找到了一种装车策略恰好可以装满第一辆车、不留一点空间，可以认为找到了最佳的装车方案，立即停止整个空间树的搜索。装载问题的完整代码如下所示。

```python
# 结点保存路径向量
class Node:
    def __init__(self, remainingVolume, currentVolume, x):
        # 剩余的体积
        self.remainingVolume = remainingVolume
        # 当前体积
        self.currentVolume = currentVolume
        #搜索路径
        self.x = x


#k 表示解空间树的第 k 层
class FIFOLoadCode:

    def __init__(self, volumes: list, capacity: int):
        # 各个物品的体积
        self.volumes = volumes
        # 背包容量
        self.capacity = capacity
        # 当前的最大体积
        self.best_volume = 0
        # 当前的最优解
        self.best_solution = []
        #搜索标识符
        self.finished = False

    def process_solution(self, currentNode: Node, k: int, n:int):
        if currentNode.currentVolume == self.capacity:
            self.finished = True
            self.best_volume = currentNode.currentVolume
            self.best_solution = currentNode.x.copy()
            for i in range(k,n):
                self.best_solution.append(False)

        # 当前体积大于最大体积，更新最优向量和最优值
        if currentNode.currentVolume > self.best_volume:
            self.best_volume = currentNode.currentVolume
            self.best_solution = currentNode.x.copy()
```

```python
    def get_best_solution(self):
        return self.best_solution

    def get_best_volume(self):
        return self.best_volume

    def bfs(self, currentNode: Node, n: int, k: int):
        q = []
        q.append(Node(-1, -1, []))
        while True:
            if currentNode.currentVolume + currentNode.remainingVolume > self.best_volume:
                candidates = self.construct_candidates(k, n, currentNode)

                if self.finished:
                    print("找到了装满第一辆车的方案，提前结束空间树的搜索")
                    break

                for candidate in candidates:
                    q.append(candidate)

            currentNode = q.pop(0)
            if currentNode.currentVolume == -1:
                if len(q) == 0:
                    return
                else:
                    q.append(Node(-1, -1, []))
                    currentNode = q.pop(0)
                    k = k + 1

    def construct_candidates(self, k: int, n: int, currentNode: Node) -> list:
        candidates: list = []
        if k < n:
            # 对左子树进行剪枝
            if currentNode.currentVolume + self.volumes[k] <= self.capacity:
                x: list = currentNode.x.copy()
                x.append(True)
                expandNode = Node(currentNode.remainingVolume - self.volumes[k], currentNode.currentVolume + self.volumes[k], x)

                candidates.append(expandNode)

                if expandNode.currentVolume == self.capacity:
                    self.process_solution(expandNode, k + 1, n)
```

```python
            if (n-1) == k:
                self.process_solution(expandNode,k+1,n)
        # 对右子树进行剪枝
        if currentNode.currentVolume + currentNode.remainingVolume - self.volumes[k] > self.best_volume:
            x: list = currentNode.x.copy()
            x.append(False)
            expandNode = Node(currentNode.remainingVolume - self.volumes[k], currentNode.currentVolume,x)
            candidates.append(expandNode)

            if expandNode.currentVolume == self.capacity:
                self.process_solution(expandNode, k + 1)
            if (n - 1) == k:
                self.process_solution(expandNode, k + 1)
    return candidates


if __name__ == '__main__':
    volumes = [4, 1, 3, 2, 7, 12, 11, 7]
    n = 8
    capacity1 = 20
    capacity2 = 27
    loadCode = FIFOLoadCode(volumes, capacity1)
    remainingVolume = 0
    for value in volumes:
        remainingVolume = remainingVolume + value
    loadCode.bfs(Node(remainingVolume, 0, []), n, 0)
    best_solution = loadCode.get_best_solution()
    best_volume = loadCode.get_best_volume()

    total_volume = 0
    for volume in volumes:
        total_volume = total_volume + volume

    if total_volume - best_volume > capacity2:
        print("没有装载方案")
    else:
        print("第一辆装载车：")
        for index, value in enumerate(best_solution):
            if value == True:
                print("物品%s，体积：%d" % (chr(index+ord('A')), volumes[index]))
        print("第二辆装载车：")
        for index, value in enumerate(best_solution):
            if value == False:
                print("物品%s，体积：%d" % (chr(index+ord('A')), volumes[index]))
```

装载问题程序运行结果如图 8.45 所示。

```
找到了装满第一辆车的方案，提前结束空间树的搜索
第一辆装载车：
物品A，体积：4
物品B，体积：1
物品C，体积：3
物品F，体积：12
第二辆装载车：
物品D，体积：2
物品E，体积：7
物品G，体积：11
物品H，体积：7
```

图 8.45　装载问题程序运行结果

可以发现，程序的运行结果和图 8.44 最终的分析结果是一致的。我们已经成功地通过分支限界法帮助搬家师傅找到了最佳的装车策略，并且找到的最佳装车策略和通过回溯法找到的最佳装车策略是一致的，搬家师傅可以通过两辆搬家车将所有的物品运到新家中。接下来我们对程序中重要的数据结构和方法进行讲解。

首先继续套用前面介绍的 bfs 框架，整个框架的代码如下所示。

```python
def bfs(self, currentNode: Node, n: int, k: int):
    q = []
    q.append(Node(-1, -1, []))
    while True:
        if currentNode.currentVolume + currentNode.remainingVolume > self.best_volume:
            candidates = self.construct_candidates(k, n, currentNode)

            if self.finished:
                print("找到了装满第一辆车的方案，提前结束空间树的搜索")
                break

            for candidate in candidates:
                q.append(candidate)

        currentNode = q.pop(0)
        if currentNode.currentVolume == -1:
            if len(q) == 0:
                return
            else:
                q.append(Node(-1, -1, []))
                currentNode = q.pop(0)
                k = k + 1
```

如果当前扩展结点的车上已经放入的物品的体积加上剩余物品的总体积还小于已经找到的

装车方案的物品总体积，则没有必要继续扩展该结点，代码如下所示。

```
if currentNode.currentVolume + currentNode.remainingVolume > self.best_volume:
    candidates = self.construct_candidates(k, n, currentNode)
```

在本例子中，还增加了一个剪枝条件，如果当前结点的车上已经放入的物品的体积恰好等于第一辆车的容量、不留一点空间，可以认为找到了最佳的装车方案，立即停止整个空间树的搜索，代码如下所示。

```
if self.finished:
    print("找到了装满第一辆车的方案，提前结束空间树的搜索")
    break
```

而对于候选解的构造代码 construct_candidates 是装载问题代码中最重要的函数，construct_candidates 构造装载物品可能的候选解，并通过约束函数和限界函数分别对左子树和右子树进行剪枝，代码如下所示。

```
def construct_candidates(self, k: int, n: int, currentNode: Node) -> list:
    candidates: list = []
    if k < n:
        # 对左子树进行剪枝
        if currentNode.currentVolume + self.volumes[k] <= self.capacity:
            x: list = currentNode.x.copy()
            x.append(True)
            expandNode = Node(currentNode.remainingVolume - self.volumes[k], currentNode.currentVolume + self.volumes[k], x)
            candidates.append(expandNode)

            if expandNode.currentVolume == self.capacity:
                self.process_solution(expandNode, k + 1, n)
            if (n-1) == k:
                self.process_solution(expandNode, k+1, n)
        # 对右子树进行剪枝
        if currentNode.currentVolume + currentNode.remainingVolume - self.volumes[k] > self.best_volume:
            x: list = currentNode.x.copy()
            x.append(False)
            expandNode = Node(currentNode.remainingVolume - self.volumes[k], currentNode.currentVolume, x)
            candidates.append(expandNode)

            if expandNode.currentVolume == self.capacity:
                self.process_solution(expandNode, k + 1)
            if (n - 1) == k:
                self.process_solution(expandNode, k + 1)
    return candidates
```

在搜索第 k 个物品的时候，如果车上已放入物品的体积加上第 k 个物品的体积小于搬家车的容量，表示第 k 个物品可以放入车上，其判断条件为 currentNode.currentVolume +

self.volumes[k] <= self.capacity；如果车上已放入物品的体积加上剩余物品的体积大于已经找到的装载策略的物品总体积，表示第 k 个物品可以不放入车上，其判断条件为 currentNode.currentVolume + currentNode.remainingVolume - self.volumes[k] > self.best_volumes。

在集装箱装载问题中，当扩展结点的当前体积恰好等于搬家车的容量时，表示找到了一个最终解，代码如下所示。

```
if expandNode.currentVolume == self.capacity:
    self.process_solution(expandNode, k + 1,n)
```

当判断最后一个物品是否装载时也表示找到了一个解，但是这种情况不一定是最终解，为了提前得到 best_value 用于分支限界法的剪枝，将 is_a_solution 放在了 construct_candidates 中为 (n-1)==k，代码如下所示。

```
if (n - 1) == k:
    self.process_solution(expandNode, k + 1)
```

而对于解的处理 process_solution 函数的目的是更新最优解向量和最优值，如果当前解大于最优解就将当前解更新为最优解，否则不更新；如果扩展结点的当前体积恰好等于搬家车的容量，则还需要将后面物品的状态全部置为 False，表示后面的物品都不放入车上即可，代码如下所示。

```
def process_solution(self, currentNode: Node, k: int,n:int):
    if currentNode.currentVolume == self.capacity:
        self.finished = True
        self.best_volume = currentNode.currentVolume
        self.best_solution = currentNode.x.copy()
        for i in range(k,n):
            self.best_solution.append(False)

    # 当前体积大于最大体积，更新最优向量和最优值
    if currentNode.currentVolume > self.best_volume:
        self.best_volume = currentNode.currentVolume
        self.best_solution = currentNode.x.copy()
```